食品安全管理实践集

熊传武　王　海　主编

合肥工业大学出版社

图书在版编目(CIP)数据

食品安全管理实践集/熊传武，王海主编．—合肥：合肥工业大学出版社，2022.6(2023.2重印)

ISBN 978-7-5650-5946-9

Ⅰ.①食… Ⅱ.①熊…②王… Ⅲ.①食品安全—安全管理 Ⅳ.①TS201.6

中国版本图书馆CIP数据核字(2022)第103347号

食品安全管理实践集

SHIPIN ANQUAN GUANLI SHIJIAN JI

熊传武 王 海 主编　　责任编辑 张择瑞 童晨晨

出 版	合肥工业大学出版社	版 次	2022年6月第1版
地 址	合肥市屯溪路193号	印 次	2023年2月第2次印刷
邮 编	230009	开 本	787毫米×1092毫米 1/16
电 话	理工图书出版中心：0551-62903204	印 张	20
	营销与储运管理中心：0551-62903198	字 数	450千字
网 址	www.hfutpress.com.cn	印 刷	安徽联众印刷有限公司
E-mail	hfutpress@163.com	发 行	全国新华书店

ISBN 978-7-5650-5946-9　　定价：99.00元

编　委　会

序　言

在消费升级和法规加严的大环境下，食品安全受到了人们前所未有的关注。2022年“3·15”晚会曝光了“土坑酸菜”和“假粉丝”的食品问题，一夜之间所涉及的上下游企业受到了牵连，企业在业绩和品牌形象上都遭受到了巨大的负面影响。

食品安全的重要性不言而喻，生产安全的产品是食品企业赖以生存的根本。食品企业需要有完备的厂房、设施和设备等硬实力，更需要有良好的食品安全管理能力这一软实力。食品安全的能力建设将是食品企业未来重要的竞争力之一。

《食品安全管理实践集》集结了来自食品领域的25位专家兼具理论性和实践性的知识与经验，这些知识与经验对于食品企业来说具有很好的学习和实践指导作用。上海闽泰环境卫生服务有限公司非常荣幸受邀参与此书的编写。有害生物（俗称：虫害）是食品安全中最常见的投诉问题之一，也是检验企业食品安全管理成效的显性指标，如何科学和系统地综合管理虫害风险，如何保护食品企业的品牌声誉，上海闽泰环境卫生服务有限公司这15年来一直在深耕与探索，并不断践行“传递价值　共同成长”理念。

“借汝之光，得见光明”。衷心希望此书能对相关食品企业在改善食品安全管理方面有所帮助！

顾祥

上海闽泰环境卫生服务有限公司

2022年5月

前　言

食品安全管理是一门应用科学，需要将相关法律法规和与食品科学相关的理论与方法在企业中落地实施，才能确保产品及其生产过程符合法律法规和安全的要求，从而保障消费者的健康和权益。食品安全没有零风险，不同的食品类别、不同规模的企业、不同发展阶段，对食品安全风险可接受水平的定义都会有所差别，这就需要食品安全管理人员具备相应的能力来管控风险。与此同时，随着消费者对产品期望值的日益提高，企业面临的食品安全管理挑战也越来越大。因此，“他山之石，可以攻玉”，食品安全管理人员更希望能借鉴行业的最佳实践来提升自身食品安全管理能力，提高自身企业的管理水平。然而，虽说食品安全管理是非竞争性的，但是由于食品生产存在一定的敏感性，食品安全管理人员去其他优秀企业参观和学习的机会有限。而且，目前市场上关于食品安全管理相关理论研究的著作较多，但实践类的著作较少，这就给食品安全管理人员的能力提升带来了一定困难。

为了给食品安全管理提供更有效的借鉴，帮助食品企业将各类理论和方法快速落地并有效运行，熊传武博士及其团队建立了“质安选”微信公众号，邀请了行业的相关专家就食品安全管理的实践进行分享。五年来，公众号上共发布的食品安全管理实践原创文章超过500篇。在从中精选高质量内容的基础上，团队再次定向邀请行业专家做了相应的补充，终于将《食品安全管理实践集》一书顺利完成。本书包括合规管理、现场GMP管理、食品安全管理体系三个章节。

本书主要突出实操性，能帮助食品安全管理人员迅速搭建食品安全管理中各个模块的框架；针对常见问题和痛点，书中解释了各类要求的来源和各种标准的比较，让读者能够知其然，更知其所以然；书中提供了各类管理工具，如文件、表单、必备工器具的对比和选择方法等。我们希望通过本书的出版，为食品安全管理从业人员提供“拿来即用，用之有效”的指导工具。本书同时可以作为内部团队培训时使用的工具书，从而提升公司整体的食品安全管理能力，保证生产出合规、安全和符合客户要求的产品。

本书在内容上有三个特点：

（1）内容的实操性。本书的作者都是在食品行业头部企业中从事法规管理、现场管理、质量管理、采购管理等工作的专家，所分享的内容都在自己的企业中实际使用过，且很多是运行多年、经过多次迭代的内容，是行之有效的实践经验。

（2）实践的可复制性。本书的作者很多来自集团公司总部，实践通常是在某个工厂实施过并在获得成功后复制到集团多个工厂的，所以实践的可复制性强；读者可以根据内容进行操作，可复制性好，效果可预期。

（3）内容的延展性。本书各章节的内容大都从某个点出发，最后连点成线、连线成面，既能解决具体的痛点和难题，又具有很好的延展性，通过具体的实施，能举一反三，同时解决一类问题。

在本书编撰过程中，作者参考了大量的文献专著，也引用了一些网络文章和图片，但对于没能找到原文出处的内容未能在参考文献中一一列出，在此向原作者表示感谢并表达歉意。由于作者水平有限，成书仓促，本书遗漏和不足之处在所难免，恳请同行和广大读者批评指正，联系邮箱：info@iqc-china.com。

编委会

2022年5月

目录 Contents

合规管理篇

食品企业如何进行合规管理

王　海　上海悦孜企业信息咨询有限公司

1　背景及其重要性

2015年10月1日，史上最严食品安全法发布以来，各部委和各级政府积极制定相应配套政策，确保新法有效实施。中华人民共和国国家卫生健康委员会将过去30年间各部委制定的4900多个食品安全国家标准逐步缩减为1200多个，通过转化、修订、整合和适时废止等方式，形成了现行食品安全国家标准体系。

以上措施导致最近3年来各项政策法规和新标准密集出台，让企业应接不暇。这也使得企业稍有不慎就有可能出现不合规的情况，从而导致客户投诉，甚至出现产品召回、媒体通报等现象。作为质量经理，合规是开展一切工作的基础，也是质量管理工作的重中之重。本文将从资源配备、识别与应对和实践与提升三个方面进行分享。

2　资源配备：专兼结合、内外兼修

随着近年来法规体系的不断完善，新法规、新标准的密集出台，企业未来一段时间的合规管理工作可谓时间紧、任务重。这就要求企业必须配备相应的资源。首先，需要在职责上做明确规定。除了少量全球化的食品类公司有独立的合规部门外，大部分食品类公司合规职能都属于质量部。我们可以从质量部名称的变化上发现，其名称由早期的品控/品管部（QC/QA）到质量部（QS），到后来的食品安全与质量部（FSQA），再到现在的食品安全、质量与法规部（FSQR）。其次，明确职责后，可以根据公司业务情况、产品复杂程度和人力资源预算等因素，考虑设置专职法规组/法规专员或兼职法规人员；若仅有兼职法规人员不够或者专职人员配备不足，还可以选择外部第三方法规服务提供商来补充，但现在法规提供商多以提供法规培训服务为主，或提供新法规、新标准的发布预警服务，很少能提供深入的新法规及其对企业的影响分析服务。

基于此，企业在资源配置上应做到专兼结合、内外兼修，即尽量配备专职法规人员，或者至少配备兼职人员，同时充分利用外部法规服务商的服务，如新法规、新标准发布预警和重要法规的培训服务。例如，某调味品公司有几百个单品，涉及的原辅料可能超过1000种，合规的挑战非常大，即便设置专职的法规专员或法规组，也很难保证第一时间识别所有的新法规、新标准。此时第三方的新法规、新标准发布预警服务可以确保新法规、新标准不会被遗漏，在识别的基础上，由公司内部法规专员或兼职法规人员进行深入的变更对比及其影响分析。针对较为重要的新法规、新标准，公司可以利用外部的专业培训，帮助内部人员迅速掌握新法规、新标准，以降低合规风险。

3 识别与应对：点面结合、融会贯通

近年来，各项法规、规章、制度逐步完善，标准也形成了包括通用标准、产品标准、生产经营规范标准、检验方法标准四大类的食品安全国家标准体系。对于企业而言，投入资源去识别与产品直接相关的法规、规章、制度、通用标准、产品标准等还是可以做到的，但要及时掌握所有原辅料（包括添加剂、加工助剂等）、包材、物流等各方面法规、标准及其更新状态，同时建立合适的应对措施是很难做到的。例如，GB 4806.9—2016《食品安全国家标准 食品接触用金属材料及制品》系列标准生效后，很多企业未能及时识别，更无从谈起制定相应的措施；对于企业而言，仅依靠专兼职法规人员是不够的，还需要充分利用相关部门的资源，如包材的采购部门可能更容易获得有关 GB 4806.9—2016 或者其他原辅料标准的更新信息，如 EHS 部门可能更容易获得有关环保和社会责任方面法规的更新信息；可以建立合适的渠道进行内部沟通，确保此类信息被识别。

对于企业而言，除了充分利用各点资源收集新法规、新标准外，定期、全面的法规扫描也是必要的。“全面”意味着从农田到餐桌的全产业链，范围包括从上游原辅料（农药残留、药物残留、污染物等）、包装材料，加工环节的添加剂、化学品（清洗剂、消毒剂）等，到储存、运输环节温度要求等。扫描周期可以根据实际情况制定，最近一段时间，各类法规、标准密集出台、更新，等此次大变更后，每年实施一次全面扫描即可。通过点面结合的方式，全面识别所有的法规，为全面合规奠定基础。供应链示意图如图 1 所示。

图 1 供应链示意图

全面识别新法规、新标准后，企业要建立并实施有效的应对措施才能确保企业合规。同样，应对措施也应全面。例如，GB 20799—2016《食品安全国家标准 肉和肉制品经营卫生规范》于 2017 年 12 月 23 日生效，其对冷冻肉制品运输时的可接受温度做了调整，将其由 −12 ℃调整到 −15 ℃，这个变更不仅对肉制品企业提出了要求，对物流企业也提出了要求。而 GB 31605—2020《食品安全国家标准 食品冷链物流卫生规范》中要求冷冻食品运输和储藏环境不高于 −18 ℃，而食品企业可能会忽略这个冷链运输规范。GB 20799—2016 替代的标准均为推荐性标准（GB/T 20799—2014、GB/T 20735—2008 等），很多企业在过去制定企业标准时都参考或者采用了 −12 ℃的要求，新标准生效后，企业并没有意识到企业标准也应做相应的变更。

总之，在识别变更时，要点面结合，全面识别不遗漏；在建立应对措施时，要融会贯通，确保执行无死角。

4 实践与提升：层层深入、反客为主

合规实践包括三个层次，即被动合规、主动影响、制定标准（见图 2）。

企业配备了充足的资源，做了全面识别和有效的应对可能还不够，因为有时法规或标准存在一些很难界定的“灰色”部分，这样被动的合规往往让企业处于两难的境地。例如，在我国，次氯酸钠广泛应用于家禽屠宰行业中的家禽胴体消毒，这在 NY/T 1174—2006《肉鸡屠宰质量管理规范》的规定中是被允许的，但在 GB 14930.2—2012《食品安全国家标准 消毒剂》中却没有说明，次氯酸钠到底能否在家禽屠宰行业中使用就让企业十分为难。随后，行业又推动了 GB 14930.2—2012 的修订，新的征求意见稿已经将“禽屠宰环节胴体消毒要求”以附录 B 的形式加入，但目前尚未正式发布，如图 3 所示。

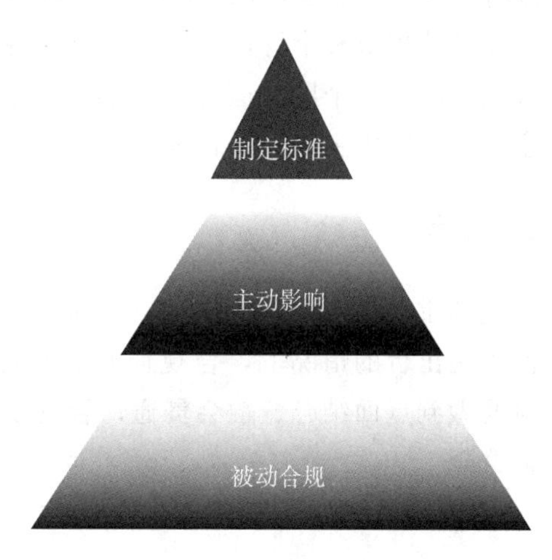

图 2 合规实践三层次图

GB 14930.2—xxxx

附录 B

禽屠宰环节胴体消毒要求

B.1 次氯酸钠消毒剂和含过氧乙酸、过氧化氢、乙酸、羟基乙叉二膦酸的过氧乙酸消毒剂也可用于禽屠宰环节的胴体消毒，使用时应符合以下要求：

B.1.1 上述两种消毒剂仅允许用于禽屠宰环节的预冷水中，使用时应合理控制预冷水中的消毒液浓度。预冷池中的预冷水应定期更换，防止其污染胴体，并保证水中的消毒剂浓度保持在规定水平。

B.1.2 使用含过氧乙酸、过氧化氢、乙酸、羟基乙叉二膦酸的过氧乙酸消毒剂时，预冷水中过氧乙酸、过氧化氢和羟基乙叉二膦酸的最大使用浓度分别为 2000 mg/kg、1474 mg/kg 和 136 mg/kg。禽胴体浸泡次数不超过 1 次，浸泡时间不超过 90 min。

B.1.3 使用次氯酸钠消毒剂时，预冷水补水管末端游离有效氯浓度不超过 50 mg/L，禽胴体浸泡次数不超过 1 次，浸泡时间不超过 90 min。

B.1.4 禽胴体消毒完毕后应用有一定压力的冷却水进行冲洗并沥干。

图 3 GB 14930.2 征求意见稿截图

所以仅仅做到被动合规是不够的，还需要在全面识别的基础上，能预测法规、标准变化方向和趋势，并早做计划，在法规变更之前，结合行业现状，对法规制定部门或单位实施有效影响，如联合行业协会在标准起草阶段和征求意见阶段进行充分、有效的沟通，确保制定的法规或标准既满足食品安全和质量要求，又符合行业发展现状，

具有可操作性。

在科技发展日新月异的时代里，产品和商业模式更迭速度飞快，如对于近年来快速发展的电商和外卖平台业务，现有法规和标准体系已无法全面覆盖，此类企业如何能做到有效合规？企业可以主动联合行业协会，协同主管部门一同制定相应的法规/标准，这样既能规范整个行业，促进行业发展，同时又能确保自己的合规。

合规实践的三个层次适合不同的企业和企业的不同阶段，企业应层层深入，变被动为主动，反客为主，确保合规。

5 结论

合规的重要性对任何企业都不言而喻，针对近年来法规体系不断完善，新法规、新标准密集出台的情况下，合规资源的配备要做到专兼结合、内外兼修；法规的识别与应对要做到点面结合、融会贯通；合规实践与提升要层层深入、反客为主。如此方可全面合规。

两式三招：教你从 0 到 1 速建食品法规清单

林丽棠

食品从业者有一个底线，那就是遵纪守法，一切行为符合相关法律法规的要求。同时，这也是每一家食品企业、每一个食品人最基本的要求。

1 企业法规管理的难点

要保证企业符合法律法规的要求，就要知道有哪些法规是企业适用的。那么我们怎么知道跟企业相关的食品法律法规有哪些呢？这个问题其实不难，相信大部分食品企业都已经有了自己的法规清单，法规清单就是解决上述问题的一个好工具。

法规清单还需要更新维护。在更新法规清单的过程中，可能会遇到下面的问题：

（1）中华人民共和国国家卫生健康委员会卫健委发布了一个通知公告，要不要把这条公告放进法规清单里？

（2）一直在定期维护清单，为什么审核时还是会发现有失效的法规？

（3）我们经常说的食品法规，具体包含哪些？

下文的内容就通过简单的两个公式让你快速建立企业的法规清单，还有三招维护法规清单的技巧，高效剔除过期法规，让法规清单保持为最新状态。

2 两个公式速建法规清单

我国的食品法律法规体系是由食品法律、法规、规章、规范性文件和标准组成的（见图 1）。这些都是食品企业需要保证合规的，即企业的法规清单需要包含这些内容。

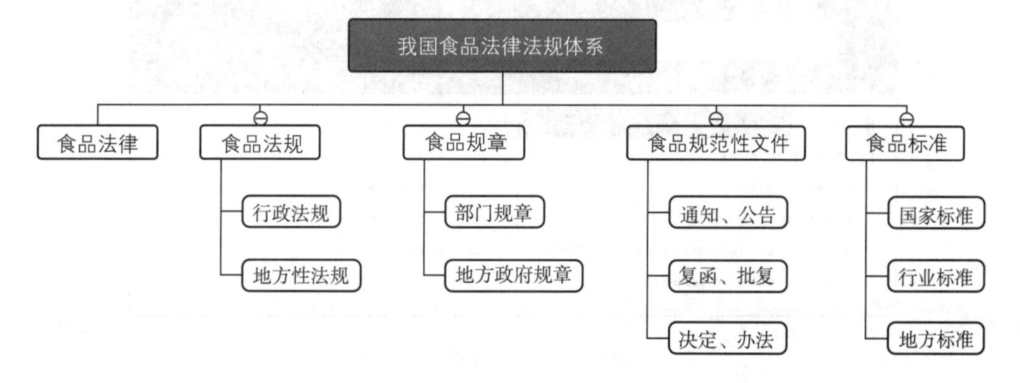

图 1 我国食品法律法规体系

我们先来看食品法规，根据《中华人民共和国立法法》，我国的法律法规可以分为法律、法规、规章。此外还有非立法性的、具有约束力的规范性文件，如图 2 所示。

企业可以按照公式“食品法规＝食品法律＋食品法规＋食品规章＋食品规范性文件”来建立自己的法规清单。

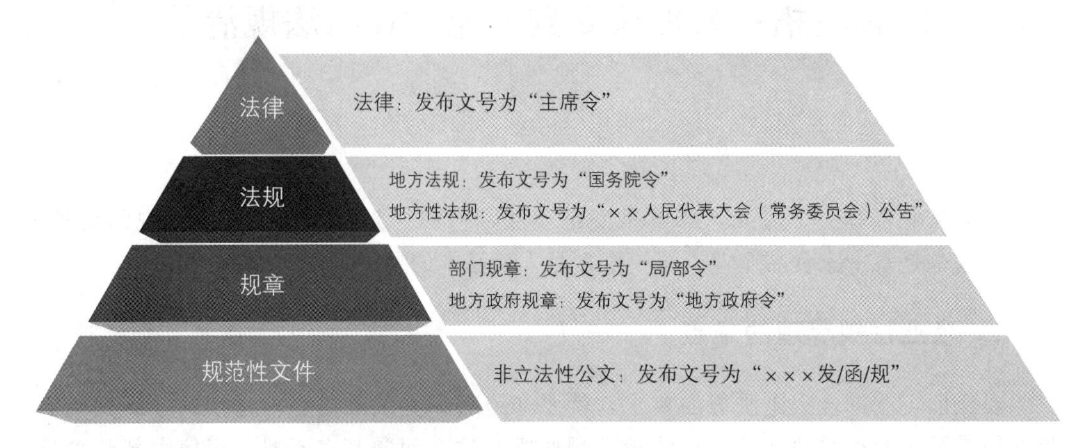

图 2　我国法律法规体系层级图

法律、法规、规章、规范性文件在制定和审议、签发、法律效力、适用范围等方面是不同的。对于一般食品从业者来说，只要看它的发布文号，就能知道这个法规属于哪一类。

常用食品法规的参考清单可以通过食品行业常用法律法规汇总网站 http：//law. foodmate. net/show－175610. html[①] 查找。企业可以以这个为基础，再在网上查找一些关于本行业的法规清单范本，同时结合自己的工作需要，补充形成自己的法规清单。

有了法规清单后，你需要的所有法规，在以下两个网站都可以查看和下载。

（1）国家法律法规数据库（https：//flk. npc. gov. cn/dfxfg. html）。

国家法律法规数据库网站截图如图 3 所示。

图 3　国家法律法规数据库网站截图

① 食品伙伴网—食品法规中心网址。

(2) 食品伙伴网—食品法规中心（http：//law. foodmate. net）。

食品伙伴网—食品法规中心页面截图如图 4 所示。

图 4　食品伙伴网—食品法规中心页面截图

介绍完法规，我们来看标准。依照《中华人民共和国标准化法》，标准包括国家标准、行业标准、地方标准、团体标准和企业标准。其中强制性的国家标准是企业必须遵照执行的，行业标准和地方标准是推荐性标准，鼓励采用，但是一旦采用之后就变成了强制要求。

食品企业可以按照公式“食品安全国家标准＝通用标准＋食品产品标准＋食品相关产品标准＋生产经营规范标准＋检验标准”来形成自己的标准清单，如图 5 所示。其中，通用标准包括食品标签、食品添加剂、食品危害性指标、通用生产经营规范等标准；生产经营规范标准包括：食品产品标准包括普通食品、营养与特殊膳食食品、食品添加剂、营养强化剂的标准；食品相关产品标准包括包材等食品接触材料、洗消剂等标准；生产经营规范标准包括乳制品良好生产规范、罐头食品生产卫生规范、饮料生产卫生规范等各类用以规范食品生产过程的标准；检验标准包括理化、微生物、毒理学、兽药和农药残留等检验方法的标准。

图 5 包含了常用的通用标准。企业可以按照自己的产品类别来收集食品产品标准和生产经营规范标准，检验标准则主要按产品执行标准里规定的收集。

通过以下两个网站，可以查看和下载需要的食品标准。

(1) 食品安全国家标准数据检索平台（https：//sppt. cfsa. net. cn：8086/db）。

食品安全国家标准数据检索平台截图如图 6 所示。

(2) 食品伙伴网—食品标准（http：//down. foodmate. net/standard/index. html）。

食品伙伴网—食品标准页面截图如图 7 所示。

按照食品法规和标准的两个公式建立起来的法规清单是系统完整的。建立条理分明的法规清单也有助于企业后续开展维护工作。

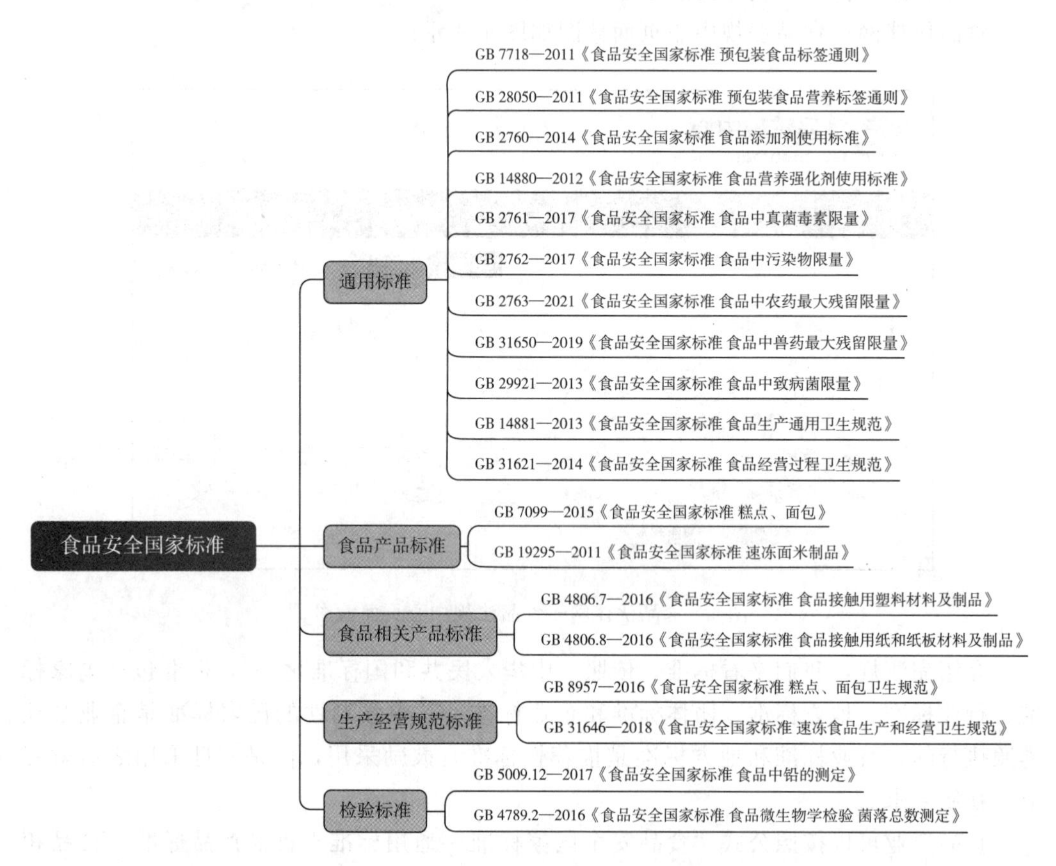

图 5 食品安全国家标准体系类型图

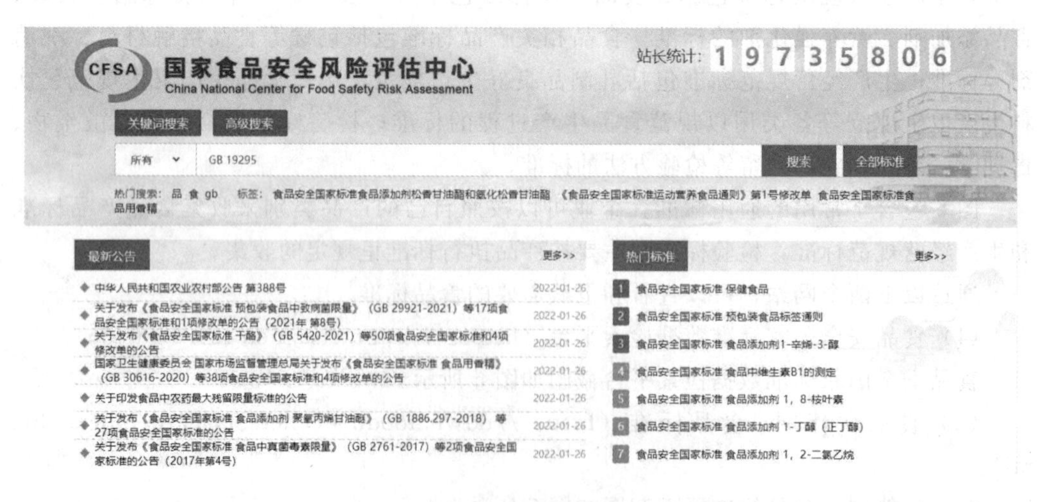

图 6 食品安全国家标准数据检索平台截图

图 7　食品伙伴网—食品标准页面截图

3　三招保持法规清单为最新状态

建立了法规清单后，还需要经常进行回顾和更新，以保证法规清单处于最新的状态。怎么保证法规清单是最新的呢？下面三招，让你的法规清单常用常新。

第一招，每月或每周定期收集新法规标准。常规的定期更新工作是必要的，企业可以确定一个更新法规清单的频率，一般是每月或每周收集一次新发布的法规或标准。收集的时候，就关注距上次更新至今，新发布的法规标准中有哪些是适用于自己公司的。新发布的法规标准资讯可以在网站 http：//news. foodmate. net/quanwei/中找到。

第二招，将新法规按新订或修订更新到法规清单中去。对于收集到的新法规和标准，先看发布公告或正文内容，了解这个法规或标准是新订还是修订的。如果是新订的，则按类别新增进法规清单里；如果是修订的，就看原法规什么时间被替代，在法规清单里备注，以便到期后删除。

第三招，审核前务必临时查漏补缺。当企业有内审、二方或三方审核的时候，一般法规清单不会正好定期更新完成，这时候就要进行临时更新了，避免遗漏中间这段时间发布的新法规。更新方法同样是按前面的两招，即先筛选收集，再更新法规清单。

如何建立一个完整的法规清单，并且维护清单保持最新状态，总结如图 8 所示。

速建法规清单

- ✔两式速建
  - 法规=法律+法规+规章+规范性文件
  - 食品安全国家标准=通用标准+食品产品标准+食品相关产品标准+生产经营规范标准+检验标准
- ✔三招更新
  - 定期收集新法规标准
  - 将新法规按新订或修订更新到法规清单中去
  - 审核前务必查漏补缺

图 8　两式三招速建法规清单思维导图

GB 7718 更新后，质量经理要做什么？

王　海　上海悦孜企业信息咨询有限公司

GB 7718《食品安全国家标准 预包装食品标签通则》修订的征求意见稿先后发布多次，每次都会立刻在“食品人”圈子中“霸屏”，内容主要包括修订编制说明和新旧版本的对比。总结下来变化点有 14 个，影响最大的有两点，一是过敏原由“推荐性”改为“强制性”标识，其实，从 GB 7718—2011 实施到现在，很多企业在客户的要求下都已经标注了过敏原；二是生产日期，这也是争议比较大的一点，修订版删除“不得加贴、补印生产日期”和“篡改”及有关内容。针对第二点，从企业的角度来看合情合理，此举可以减少产品报废量；从消费者的角度来看，“生产日期能随便改了”，这还了得！本质上讲，还是看得出新版的进步的，要求更多是基于风险制订的，而非简单的“一刀切”，当然，在后期遇到具体问题时，还是要具体分析，应综合权衡产品报废成本和消费者的担心之间的利害关系，才能做出最后的决定。

不出意外，2022 年最终版的 GB 7718 会发布。按照惯例，加上缓冲期，大概会于 2023 年正式实施。那么，作为质量经理，新标准、新要求出台后我们需要做什么呢？

1　准备实施培训

新标准和新要求出台后，质量经理应主动学习，还需要评估内容的难度，做好相应的培训策划和准备，培训包括内部培训和外部培训。如果觉得有必要实施培训，那首先就需要将此标准的培训纳入年度培训计划，预留时间和预算，获得管理层和人事部的批准。其次，确定培训对象和培训方式，明晰哪些人需要参加培训，选择外部培训还是内部培训？是通过“送出去”还是“请进来”的方式？

2　影响确认（是否需要变更包装）

包装信息中除了过敏原信息变更的影响面比较大，其他条款变更并不会导致大多数企业更换包装，所以在经过培训、了解要求的基础上，质量经理应确认新标准对企业的影响，如是否需要变更包装。如果涉及过敏原信息的标识，则需要做一次全面的扫描，首先确保强制标识的 8 类，同时也应考虑其他国家规定的过敏原和同一车间同一生产线的标识情况，建议要有一定的前瞻性，为标准下一次变更时需要再次更换包装留出余地。

3　与相关方及时沟通

如果评估下来发现还是需要做包装的变更，需要及时做好相关方的沟通，相关方包括外部相关方和内部相关方。首先，需要与外部相关方——客户沟通，外部相关方分为B2B和B2C；B2B客户（如餐饮连锁业客户）同一产品会有2个以上的供应商，为保证产品包装一致性，通常会协调大家一起更换，这个时候还需要关注其他供应商的现有包材库存和转换计划，只有这样才能最终确定一个转换计划；相对而言，与B2C客户的沟通较为简单，只需要跟客户做好沟通即可。其次，需要与内部相关方沟通，内部相关方主要涉及仓储、销售、生产、采购等各个部门，让所有相关方得到相同的信息，才能保证转换的顺利进行。

4 检查包材库存和预估消耗期

对涉及变更的各类包材的库存进行盘查，确定数量；根据历史生产和销售情况，对消耗期进行预估；考虑包材的最小起订量、制作时间等因素，制定不同的切换方案。

5 切换计划

综合考虑内部相关方和外部相关方的要求、库存现状以及成本等明确因素，选择最优的切换方案，形成系统的切换计划，包括时间和责任人等。

6 设计和印刷新标签

根据新标准要求设计新标签，标签需要经相关部门审阅，确保其满足新标准的要求，必要时可寻求第三方或者专家的意见，若没有问题即可印刷。

7 实施切换

按照切换计划实施切换，切换初期需要做好相应的监管工作，同时做好旧标签的管理和报废工作，防止非预期的使用现象出现，避免出现同一批号产品有两种不同标签的情况。

8 回顾切换效果

完成切换的第一个周期（1周到1个月）时，需要对切换效果进行回顾，包括及时跟内外部相关方进行必要的沟通，收集反馈问题，做到及早发现问题、解决问题。

食品工厂打码管理

王　海　上海悦孜企业信息咨询有限公司

作为质量经理，每年都需要回顾产品投诉案件，这既是管理体系的要求，也是在进行企业内部的管理评审活动中需要输入的内容之一。细心的质量经理不难发现，多数公司的产品投诉案件中最多的两类问题为异物和标签。异物问题不难理解，相对于化学和生物危害，产品中的物理危害更容易被客户（餐饮企业、零售企业）和普通消费者发现，因为不需要借助检测设备和专业知识，人们肉眼即可识别。标签问题主要是来自职业打假人的挑战。标签问题又分为两类，一类是设计新产品标签时考虑不周全，未能完全满足法规的要求，此类问题出现的频率较低；另外一类则是打码的问题，主要是生产日期和保质期打印错误（包括漏打日期情况），内部未能发现，从而流入市场。针对出现打码问题的产品，处理起来非常棘手，虽说打码问题没有引起食品安全和质量风险，但因为GB 7718—2011《食品安全国家标准 预包装食品标签通则》中第4.1.7.1条明确规定：日期标示不得另外加贴、补印或篡改。所以在很多时候，产品只能做报废处理，造成较大的经济损失；更有甚者，需要回收或召回产品，报告相应主管部门，并在其网站和相应场所进行公示，这会给品牌带来不利影响。下面将针对“打码”，从“Plan—Do—Check—Action（PDCA）”的角度讨论管理过程中容易出现的问题及对策。

1　Plan（策划）：打码程序设计

鉴于上文提及的情况，多数公司对于打码管理还是给予了一定的重视，建立了相应的打码管理程序（包括打码信息确认、首件确认、过程监控、文件记录等），且程序较为完善，员工也能有效执行，但企业仍会收到关于打码的投诉。深入分析原因发现，出问题的环节并非常规的生产过程，而是一些“非常规”的过程，那么“非常规”的过程包括哪些呢？目前，打码分为内袋打码和外箱打码，下面分别举例说明异常情况。

内袋打码基本上以自动打码为主，对于少量小批量产品仍会进行人工贴标（标签中需要人工卡印日期）。自动打码，如使用卷膜自动包装机在更换或者出现故障卡膜时，喷码机可能感应不灵，从而出现少量漏打码的情况；人工打码会因为数量问题，出现多打码、少打码（后补打码）等异常情况，可能会被非预期使用等。这些都是容易出现打码问题的非常规过程。

外箱打码同样分为自动打码和人工卡印日期两种。外箱破损换箱也应特别注意，基于经验可知，外箱打码错误的投诉案件中超过50%是由外箱破损换箱导致的，因为大部分工厂未识别此过程，且换箱操作很多时候是由仓管实施的，甚至有少量工厂是委托外仓实施的，这些人员并不了解打码的要求，至于QA的批准和确认更无从谈起了。另外，同内袋打码一样，机器（包括自动封箱机和打码机，两者通常配合使用）故障也是外箱自动打码需要考虑的非常规过程。

打码管理程序并未识别诸如此类的非常规过程，没有建立针对性的管控措施，因此出现问题和投诉事件就不足为奇了。设计打码管理程序时应充分考虑所有的常规和非常规过程，建议生产、QA和仓管等多部门合作，识别所有可能涉及打码的过程，共同编制针对此类过程的管控措施，如此才能从根源上最大限度地防止遗漏。

2 Do（实施）：打码现场管理

基于常规过程和非常规过程建立了打码管理程序后，应制定操作指引，实施相应的培训，使员工可以正常实施操作。在打码实施过程中，也存在一些容易被人忽略的环节会导致出现打码问题，接下来用一些案例进行说明。

首先，在第一个案例中生产日期或保质期出现了“20210229”的情况，当然这是个极端的例子，除了2月，4月、6月等月出现31号的情况也不少见，出现这些情况的原因是打码操作员工直接根据上个月的信息进行操作，没有考虑到闰年和大小月的问题。现在，比较好的工厂会在年初把全年的生产日期和保质期计算好，制成一张生产日期/保质期表，下发到打码车间，这基本可以解决上述问题。但是，不久后工厂再次出现打码问题，调查后发现，原来是因为操作工弄丢了原来的生产日期/保质期表后没有上报，而是根据自己的印象做了一张表，没有系统考虑闰年和大小月的问题，而之前下发的生产日期/保质期表没有正式的签发信息，等于没有受控；进一步改善措施是，QA做好生产日期/保质期表后，应签发受控，塑封后再下发打码车间，这样基本可以解决此类问题。

其次，谈一谈打码字粒的问题，打码字粒广泛应用于内袋打码和外箱日期的卡印，因字粒使用时间长会出现磨损，相似的字粒出现了不清楚的情况，如“6”和“9”，“9”和“8”，“2”和“5”等，若字粒未能及时更换，会导致因打码模糊而引起投诉的事件发生。

再次，谈一谈外箱双面打码，双面打码可能出现一面漏打码或两面打码不一致的情况，一面漏打码多数是因为人工卡印时遗漏了。喷码不一致一般是由于设置参数时，员工将其中一台忘记修改参数了。了解原因后，则需要有针对性地制定操作指南并实施员工培训方案。

最后，谈一谈人工打码工具使用的便利性。部分工厂打码区域全是油墨，打码员很容易浑身染上油墨，不便手握日期卡印工具，甚至会出现卡印工具磨手的情况。设想一下，如此的环境如何能保证操作员严格按照要求打码？针对此问题，建议尽可能尽早使用机器打码代替人工打码，暂时无法替代的，建议想办法优化日期卡印工具，如给卡印工具增加硅胶套、改善打码区域环境等。

3 Check（检查）：程序实施有效性验证

检查的意义在于验证程序设计和过程控制的有效性，除了需要监控所有的常规过程，对识别的非常规过程更需要给予关注，同时也应全面考虑上文中提到的在打码过程中容易出现问题的四个方面。因此，需要根据不同的情况制定检查方案，规定不同的检查频率和要求；需要定期根据外部的变化进行回顾和调整，变化包括新的打码问题投诉调查结果、打码设备/工具的更新、顾客新的要求变更等。

4 Action（行动）：重点关注有效性

针对改善打码问题的措施，大多数是“万精油”式的答案：事情由“员工疏忽导致”，整改措施为“实施员工培训”。但是类似问题很快又会重复出现。其实，改进的重点是关注有效性，需要明白根本原因是什么？制定整改措施时，需要先问几个问题：

（1）产生问题的原因是否被有效识别？

（2）是否建立了针对性的措施？

（3）员工是否具备相应的技能？

（4）员工是否愿意按照要求去做？

（5）员工是否愿意用“心”去做（还是只是用“手”在做）？

回答完以上问题，再制定有针对性的措施，并作为下一次回顾的输入，持续改进打码管理。

5 结论

产品的打码问题是常见的投诉情况之一，虽然此情况并无食品安全和质量问题，但涉及法规问题，处理起来较为棘手，且会对经济和品牌造成较大影响。做好打码管理需要在程序设计时充分识别常规过程和非常规过程，在现场管理时要注意容易出问题的环节，开展有效的监督检查，确保程序有效运行，针对出现的问题，实施有效的改进，持续完善打码管理工作。

如何有效避免产品酸价超标

张　倩　上海悦孜企业信息咨询有限公司　安徽质安选食品安全科技有限公司

在合规管理的实践中，我们需要经常去查看国家市场监督管理总局的食品抽检结果，以便发现合规风险。历次的国家市场监督管理总局的食品抽检结果如图 1 所示，综合来看，除了过氧化值超标的合规风险，酸价的不合格率占比也在 3%左右，整体偏高，下文就谈一谈食品中的酸价。

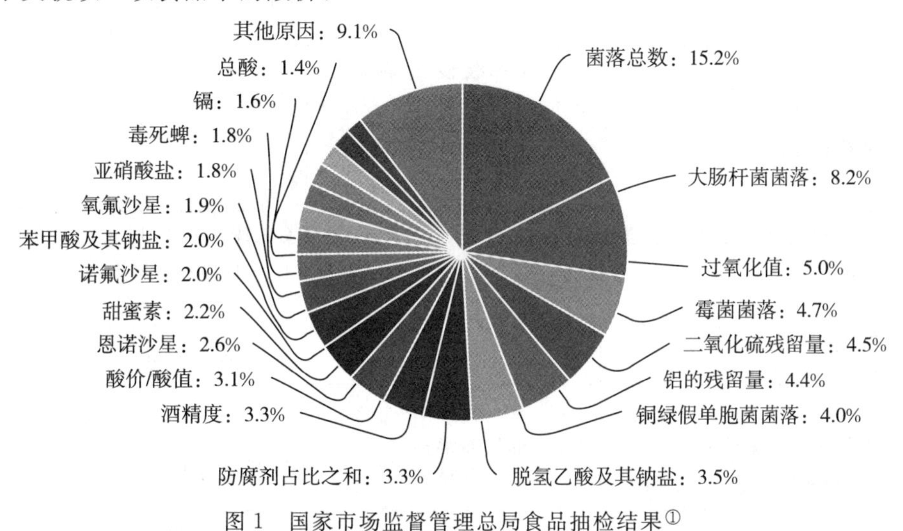

图 1　国家市场监督管理总局食品抽检结果[①]

1　酸价的限量要求

既然很多产品都出现了酸价超标的现象，那么各类产品中酸价的限量要求又是多少呢？表 1 汇总了部分标准中对产品过氧化值的限量要求，供大家参考。

表 1　过氧化值的限量要求

序号	产品	过氧化值限量/（mg·g^{-1}）	标准序列号及名称
1	植物原油	25（米糠油）、10（棕榈油、玉米油、橄榄油、棉籽油、椰子油）、4（其他）	GB 2716—2018《食品安全国家标准 植物油》
	食用植物油	3	
	煎炸过程中的食用植物油	5	

① 新闻来源：https：//mp. weixin. qq. com/s/dFSAtazdZGqSTWvXb4tBdA

（续表）

序号	产品	过氧化值限量/（mg·g^{-1}）	标准序列号及名称
2	食用动物油脂	2.5	GB 10146—2015《食品安全国家标准 食用动物油脂》
3	食用氢化油 人造奶油（黄油） 起酥油 代可可脂（类可可脂） 植脂奶油 粉末油脂等	1	GB 15196—2015《食品安全国家标准 食用油脂制品》
4	花椒籽油	1.0（一级） 3.0（二级）	GB/T 22479—2008《花椒籽油》
5	葵花籽油 葵花籽原油	0.50（一级浸出葵花籽油） 2.0（二级浸出葵花籽油） 1.5（一级压榨葵花籽油）	GB/T 10464—2017《葵花籽油》
6	生干和熟制的坚果与籽类食品	3	GB 19300—2014《食品安全国家标准坚果与籽类食品》
7	糕点和面包	5	GB 7099—2015《食品安全国家标准 糕点、面包》
8	方便面 方便米粉（米线） 方便粉丝	1.8（油炸面饼）	GB 17400—2015《食品安全国家标准 方便面》
9	饼干	5	GB 7100—2015《食品安全国家标准 饼干》

2 酸价超标的危害

酸价又称酸值，以中和1 g油脂中游离脂肪酸所需氢氧化钾（KOH）的毫克数来表示，是表示脂肪中游离脂肪酸含量的重要标志，脂肪在长期保藏过程中，由于微生物、酶和热的作用发生缓慢水解，产生了游离脂肪酸。脂肪的质量与游离脂肪酸的含量有关，一般常用酸价来衡量；酸价越小，说明产品的新鲜度和精炼程度越好，即质量越好。

如果人体摄入酸价过高的油脂，则会感到肠胃不适，出现腹泻现象，并有可能出现肝脏被损害的情况。

3 酸价超标的影响因素

既然产品的酸价超标会对人体产生危害，那么哪些因素会导致酸价上升呢？

3.1 原料和原料保存

一般来说，用于油脂加工的原料会直接影响油脂的酸价，如成熟油料种子较不成熟或正发芽、生霉的种子制取获得的油脂的酸价要小。同时，原料保存不当或存放过久会使原料中的油脂发生分解，那么加工出来的油脂的酸价必然会升高。

3.2 油脂加工工艺

生产过程中，对操作工艺控制不严、温度过高、时间过久，都会促使其含有的油脂加速分解。例如，油脂加工改性过程中进行酯交换时，油脂中的甘油三酸酯相互作用引起酯基交换或分子重排。甘油三酸酯在制油过程中受到热或解脂酶的作用而分解产生游离脂肪酸，从而使油中酸价升高。

3.3 油脂的贮藏方法与条件

包装材料和包装形式的不同，都可能会影响贮藏期间的成品油脂所受到的水分、温度、光线等的作用，而贮存环境的温度、湿度又会极大地影响油脂的酸价变化。存储时间越长，被分解为游离脂肪酸的油脂越多，使酸价增大，贮藏稳定性降低。

4 企业如何控制酸价

了解了影响食品酸价上升的因素，企业就要有针对性地控制酸价。

4.1 控制原料

选取成熟度高、无霉变的原料加工油脂是保证油脂品质的第一步。企业在采购油脂时，也应该加强进厂油脂原料的检测，确保进厂油脂质量合格。

4.2 加工工艺

在生产加工油脂产品时需要控制温度，降低制作油脂工艺环节中的热度，油脂中的脂肪酶是分解油脂的关键，加工时可以采用化学方法降低或消除脂肪酶的含量，从而降低油脂分解的风险。在使用油脂加工食品时，也要尽量减少水分的掺入。

4.3 贮藏管理

贮藏最重要的是要控制水分和温度。水分入侵是油脂酸价升高的内在因素，要严格控制油脂存储的环境和包装情况，控制水分的入侵。同时温度会影响脂肪酶的活性，而脂肪酶直接作用于油脂分解的过程。

5 酸价的检测

食品中酸价的检测可以参照 GB 5009.229—2016《食品安全国家标准 食品中酸价的测定》。该标准规定了食品中酸价的三种测定方法，即冷溶剂指示剂滴定法（第一法）、冷溶剂自动电位滴定法（第二法）和热乙醇指示剂滴定法（第三法）。每种测定方法适用的产品范围不同，但基本原理是相同的。

6 酸价与过氧化值的区别

在检测油脂时，酸价和过氧化值常被放在一起提及，所以人们普遍关心酸价和过氧化值之间的关系。在这里需要说明的是，酸价和过氧化值都是评定油脂好坏的指标，但是两者是没有确切的正相关关系的。我们可以从表 2 所列的几个方面看两者的区别。

表 2　酸价和过氧化值的区别

项目	酸价	过氧化值
概念	(1) 反映油脂变质程度的指标; (2) 中和 1 g 化学物质所需要的氢氧化钾的毫克数	(1) 反映油脂和脂肪酸等被氧化程度的一种指标; (2) 检测过氧化值来判断质量和变质程度
描述对象	食品或油脂中可以离解出来的酸值	食品或油脂中能够被测定的中羰基的量
内涵	(1) 油脂酸败的第一部分：油脂的酶解过程，油脂直接水解为甘油和脂肪酸; (2) 油脂酸败的第三部分：过氧化物再进一步氧化为低级的醛、酮、酸	油脂酸败的第二部分：油脂中的不饱和脂肪酸的双键被氧化打开形成过氧化物

食品或油脂酸败过程中酸价与过氧化值可以同时存在，但是酸败到最后会只有酸价而没有过氧化值。油脂为不饱和脂肪酸时，就会先出现过氧化值然后再出现酸价，酸价会一直上升，而过氧化值会升了又降（不成比例）。

“如果你认为合规性的成本很高，那你可以尝试下不合规的后果”

王 海 上海悦孜企业信息咨询有限公司

2020 年 GFSI（全球食品安全倡议）会议召开之后，“如果你认为合规性的成本很高，那你可以尝试下不合规的后果”这句话立刻在“食品人”的圈子里面刷屏了，如图 1 所示。

“If you think compliance is expensive – try non-compliance.”

“如果你认为合规性的成本很高 – 那你可以尝试下不合规的后果”

图 1 2020 年 GFSI 会议中嘉宾分享语录

这句话，可以用来说服合规意识不强的老板和同事；当然，也可以用来鞭策合规意识不强的供应商；但是，仅有这句话还是不够的。下文中汇总了近年来有关合规问题的经典案例，了解了这些，你便可以有理有据的舌战群儒。

1 2019 年 3 月，南京“外婆家”餐厅被顶格处罚，罚款超 41 万元[①]

2019 年 3 月 15 日，江苏广电融媒体新闻中心《2019·护航安全消费》中，报道了“外婆家”餐厅南京水平方店存在着蔬菜不洗就下锅、过期蔬菜修改生产日期继续用、拖把在洗菜池里清洗、工作人员踩着案板走等多个食品卫生问题。2019 年 3 月 28 日，南京秦淮区市场监督管理局对该餐厅进行警告处理，没收违法所得，按照最高 20 倍罚款，并责令其停业整改半个月，整改到位方可开业。

本案罚款 41 万元，绝对值不算高，关键是力度为最高倍数：20 倍，这体现了市场监督管理局的态度。后期即使该店整改到位重新开业，估计在短期内也很难赢回消费者信任，同时这给其他 100 多家门店带来了不同程度的影响。

① 新闻来源：http：//finance.ifeng.com/c/7lU4Gzbx236

2　2019年2月，三全水饺检出非洲猪瘟病毒①

2019年2月15日，有媒体报道，三全公司生产的三个批次的水饺在湖南湘西自治州、甘肃酒泉市抽检出疑似非洲猪瘟病毒核酸阳性。三全公司立刻回应：疑似批次包括20190113H的1000 g灌汤猪肉水饺、20181111H的500 g灌汤猪肉香菇水饺、20181129H的500 g灌汤猪肉芹菜水饺已经全部封存，并积极配合有关方面进行调查。

受“猪瘟事件”影响，2月18日，三全食品股价开盘大跌近7%，截至收盘，报7.42元/股，市值60.08亿元，较2月14日收盘时蒸发3.32亿元。同时，灌汤水饺在所有电商平台被下架。

简单计算一下损失：股票市场直接损失3.32亿元；不论调查结果如何，这三个批次产品肯定是要召回的；从现在非洲猪瘟疫情的形势来看，可能是一场持久战，在非洲猪瘟疫情过去前，估计灌汤水饺的销售会受到极大的影响，短期内各大电商平台肯定不会再上架此类产品；销售业绩受到影响也将持续影响股票市场的表现。

3　2018年12月，北京同仁堂蜂蜜生产日期问题②

2018年12月15日，北京同仁堂下属公司被媒体曝出“回收过期蜂蜜、涉嫌更改生产日期”；此后一周，2018年12月17日至21日，北京同仁堂股票市值蒸发约40亿元。

2019年2月11日，江苏滨海县市场监督管理局和北京大兴区食品药品监督管理局公布行政处罚结果，其中，滨海县市场监督管理局开出了1408.83万元的罚单。

2019年2月18日，国家市场监督管理总局撤销2016年3月颁发给同仁堂的“中国质量奖”，通报截图如图2所示。

简单计算一下损失：股票市场损失约40亿元，罚款1400万元，“中国质量奖”被收回。潜在的品牌影响力和丢失的消费者信任更是无法被计算和统计。

4　2017年7月，“一笼小确幸”餐厅68人食物中毒③

2017年7月19日，多名顾客在网红餐厅“一笼小确幸”就餐后，发生肠道不适情况，该市市场监督管理局随即展开调查。原来，食物中毒的68人均曾食用由奶油芝士酱制作的甜点，该芝士酱系由中央厨房上海某餐饮公司供货，但餐饮公司持有的食品经营许可证并不含即食食品，而该公司向门店供应的奶油芝士酱为即食食品，超过了其食品经营许可证的范围；随后责令该公司立即改正违法行为，并决定对该公司做出处罚：没收其违法所得并处以罚款，共计112.7万余元，同时吊销其食品经营许可证；上诉后，二审维持原判。

---

① 新闻来源：http://www.sohu.com/a/295553171_652017

② 新闻来源：https://gkml.samr.gov.cn/nsjg/xwxcs/201902/t20190219_290745.html#

③ 新闻来源：https://baijiahao.baidu.com/s?id=1623892749014724015&wfr=spider&for=pc

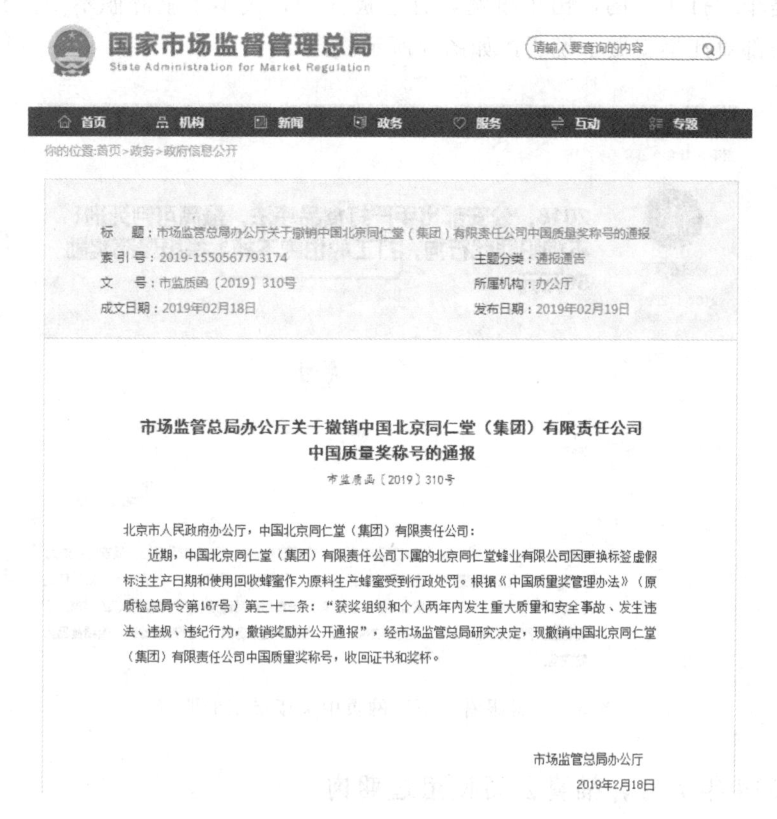

市场监管总局办公厅关于撤销中国北京同仁堂（集团）有限责任公司中国质量奖称号的通报

市监质函〔2019〕310号

北京市人民政府办公厅，中国北京同仁堂（集团）有限责任公司：

近期，中国北京同仁堂（集团）有限责任公司下属的北京同仁堂蜂业有限公司因更换标签虚假标注生产日期和使用回收蜂蜜作为原料生产蜂蜜受到行政处罚。根据《中国质量奖管理办法》（原质检总局令第167号）第三十二条："获奖组织和个人两年内发生重大质量和安全事故、发生违法、违规、违纪行为，撤销奖励并公开通报"，经市场监管总局研究决定，现撤销中国北京同仁堂（集团）有限责任公司中国质量奖称号，收回证书和奖杯。

市场监管总局办公厅

2019年2月18日

图 2　市场监管总局撤销北京同仁堂质量奖通报截图

雷军在一次演讲上说过："创新决定我们能飞多高，而品质决定了我们能走多远。"自带流量的网红餐厅在创新上确实做得不错，但若没有合规和品质意识，成果最终均会一夜归零。

5　2017 年 3 月，FARINE 面包使用过期面粉①

2017 年 3 月 22 日，某网友发帖称，上海知名面包店 FARINE 武康路店（上海市武康路 378 号）存在加工卫生条件恶劣，使用过期、发霉的面粉制作面包等问题，引起了社会高度关注；随后调查发现，2015 年 12 月、2016 年 5 月、2016 年 8 月，FARINE [法香餐饮管理（上海）有限公司] 从国外进口品名为"T55　Tradition""T80"等的面粉用于生产、制作面包、糕点。

2019 年 2 月 22 日法院发布消息称，FARINE 品牌两家涉事公司因制售伪劣产品罪，其中法香公司罚金 180 万元，法欣公司罚金 80 万元，另外 6 人获刑，分别为 2～3 年不等。

经济损失不是此案例的重点，此案例旨在敲响食品从业人员的警钟，很多人都以

① 新闻来源：https：//baijiahao. baidu. com/s? id＝1626588863435215702&wfr＝spider&for＝pc

为：我就是个“打工”的，出了事情，有老板扛着，大不了就辞职不干。其实不是这样的，公安部对此早就做了说明，如图 3 所示。

搜狐 新闻 体育 汽车 房产 旅游 教育 时尚 科技 财经

搜狐 > 社会 > 正文

警眼看天下

2107 文章 2605万 总阅读

查看TA的文章>

2018，公安部出手严打食品违法，最高可判死刑！不构犯罪就行拘，打工的也跑不掉！举报最高奖励50万元！

2018-02-02 17:20

死刑 / 安全 / 食品安全

关注

分享到

来源：刑事正义

2018年1月25日，国家食品药品监管总局、公安部联合发布《关于加大食品药品安全执法力度严格落实食品药品违法行为处罚到人的规定》（以下简称《规定》），要求各级食品药品监管部门、公安机关严格落实党中央、国务院关于食品药品违法行为“处罚到人”的要求。认真调查并严肃追究相关责任人员的法律责任，用最严格的监管、最严厉的处罚，保障食品药品安全。

图 3　“警眼看天下”网页中关于员工的职责

6　2014 年 7 月，福喜公司使用过期肉[①]

2014 年 7 月 20 日上海电视台曝光了上海福喜食品有限公司使用过期变质肉类作为快餐原材料。法院经审理查明，2013 年 3 月至 2014 年 7 月间，上海福喜、河北福喜两家公司的生产和销售部分不符合客户工艺和原料要求，被退货或终止了订单，造成了相关产品大量积压。杨立群等人为挽回经济损失，经商议决定并下达指令，沿用原处理方案，将上述产品重新加工包装后继续销售或作为原料进行生产，致使部分不合格产品流入市场。

法院以生产、销售伪劣产品罪分别判处两家福喜公司罚金人民币 120 万元；被告人 10 人均被判有期徒刑 1 年 7 个月至 3 年不等，并处罚金 3 万元至 8 万元不等，其中包括厂长、计划经理、质量经理和仓储物流经理等。

此案例的重点不在罚款和有期徒刑，重点是受到波及的当事人的职业生涯基本结束，所以 QA 岗位从业人员要严守底线。

7　2011 年 3 月，双汇“瘦肉精”事件

2011 年 3 月 15 日，中央电视台新闻频道在其播出的“3·15”特别行动《“健美猪”真相》节目中，指出被喂有瘦肉精的生猪涉嫌流入双汇集团旗下济源双汇食品有

① 新闻来源：http://business.sohu.com/20160202/n436640132.shtml

限公司。

节目播出后仅 1 小时，双汇发展股价开始跳水，到当天中午时已经跌停，短短几个小时双汇发展市值蒸发 52 亿元。同时，肉制品板块也纷纷下跌。

2011 年 7 月 25 日，法院公开开庭审理了两起涉“瘦肉精”刑事案件，当庭对 8 名被告人依法做出判决，其中制造销售“瘦肉精”的被告人刘襄因犯以危险方法危害公共安全罪被判处死刑，缓期两年执行，其他 4 名制售“瘦肉精”的被告人、3 名负有食品安全监管职责的被告人分别被判处有期徒刑至无期徒刑。

8 2008 年，三鹿奶粉含有三聚氰胺①

2008 年 5 月 20 日和 21 日，一位网民揭露他于 2007 年 11 月在浙江泰顺县城一家超市里购买的三鹿奶粉有质量问题，该奶粉令他女儿小便异常，与三鹿集团和县工商局交涉无果；2008 年 9 月 8 日，甘肃岷县 14 名婴儿同时患有肾结石病症，引起外界关注；至 2008 年 9 月 11 日，甘肃全省共发现 59 例肾结石患儿，部分患儿已发展为肾功能不全，同时已死亡 1 人，这些婴儿均食用了三鹿 18 元左右价位的奶粉。

根据官方公布的数字，截至 2008 年 9 月 21 日，因食用婴幼儿奶粉而接受门诊治疗咨询且已康复的婴幼儿累计 39965 人，正在住院的有 12892 人，此前已治愈出院 1579 人，死亡 4 人，另截至 2008 年 9 月 25 日，香港有 5 人、澳门有 1 人确诊患病。

2009 年 1 月 22 日，法院对三鹿问题奶粉系列刑事案件中的 4 名被告人做出判决，分别判处死刑、无期徒刑和有期徒刑等。

三鹿集团曾经是全国三大乳业集团之一，集团的主打产品“三鹿牌”系列配方奶粉连续 15 年产量、销量全国第一；液态奶产销量进入全国前 4 名。2007 年三鹿集团的年销售总额高达 100 亿元，当时三鹿的品牌价值也高达 149 亿元，整个企业红红火火，40 载创业，仅 1 年颠覆。

都说食品人工作如履薄冰、如临深渊。谨记合规，守住底线，才能风平浪静。

---

① 新闻来源网址：http：//news. sohu. com/20090122/n261907463. shtml

案例分析：被检测不合格的食品是否就是不符合食品安全标准的食品？

刘 皓 雷 军 易国岭 上海双创律师事务所

1 案情概要

孙某在上海××食品有限公司的天猫网店上购买了150袋莲子，单价为82.8元，共计12419.99元。该莲子的外包装上显示，生产者系上海××食品有限公司，销售者系上海豪××食品有限公司，产品标准号为NY/T 1504。

孙某将该莲子送交第三方检测机构，检测其中镉的含量，检测方法为GB/T 5009.15—2013《食品安全国家标准 食品中镉的测定》，判定依据为NY/T 1504—2007《莲子》，其中的卫生指标规定，镉的含量应小于或等于0.05 mg/kg。但检测出来镉的含量为0.067 mg/kg，大于0.05 mg/kg，判定该产品质量为不合格。

孙某遂诉至法院，请求判令两被告公司退还货款12419.99元，并支付货款十倍的惩罚性赔偿金124199.9元。

两被告委托上海双创律师事务所刘皓律师团队应诉。刘皓律师提出答辩称：适用《中华人民共和国食品安全法》第一百四十八条第二款判令十倍惩罚性赔偿的前提是"生产不符合食品安全标准的食品或者经营明知是不符合食品安全标准的食品"，而《中华人民共和国食品安全法》第二十五条规定："食品安全标准是强制执行的标准。"也就是说，食品安全标准有别于食品合格标准，食品安全标准是强制性标准（国家标准），必须适用。原告依据农业农村部推荐标准NY/T 1504—2007来判断食品是否合格是可以的，但以此来诉请十倍赔偿是错误的。本案应适用强制性标准GB 2762—2017《食品安全国家标准 食品中污染物限量》，判断涉案莲子中镉的含量是否符合该标准的相关规定，从而判断企业是否需要承担十倍惩罚性赔偿。

法院最终采纳了该答辩意见，驳回了原告孙某要求支付货款十倍惩罚性赔偿金的诉请。

2 案件分析

2.1 食品安全标准到底指什么？

现代化的基础是标准化。《中华人民共和国标准化法》第二条规定："本法所称标准（含标准样品），是指农业、工业、服务业以及社会事业等领域需要统一的技术要求。标准包括国家标准、行业标准、地方标准和团体标准、企业标准。国家标准分为强制性标准、推荐性标准，行业标准、地方标准是推荐性标准。强制性标准必须执行。

国家鼓励采用推荐性标准。”各行各业、不同层级的标准浩如烟海，但只有强制性标准是必须执行的标准。“必须执行”意味着这是底线，是入门级的最低标准，其他标准或跟国家标准采用同样的要求，或高于国家标准，所以《中华人民共和国标准化法》第二条才会在最后写上这么一句话：“国家鼓励采用推荐性标准”。

同样的道理也适用于食品业。《中华人民共和国食品安全法》第二十五条规定：“食品安全标准是强制执行的标准。除食品安全标准外，不得制定其他食品强制性标准。”第二十六条第一项规定：“食品安全标准应当包括下列内容：（一）食品、食品添加剂、食品相关产品中的致病性微生物，农药残留、兽药残留、生物毒素、重金属等污染物质以及其他危害人体健康物质的限量规定。”我国制定有 GB 2762—2017《食品安全国家标准 食品中污染物限量的国家标准》，作为重金属的镉应适用该标准。该标准表中“食品中镉限量指标”规定的坚果及籽类中镉的限量只对花生做了要求，是 0.5 mg/kg，也就是说，GB 2762—2017 对除花生之外的坚果及籽类没有镉的限量要求，而莲子正属于籽类。

GB 19300—2014《食品安全国家标准 坚果与籽类食品》中 2.1.2“籽类”规定：“瓜、果、蔬菜、油料等植物的籽粒，包括葵花籽、西瓜籽、南瓜子、花生、蚕豆、豌豆、大豆等。”4.4.1 规定：“污染物限量应符合 GB 2762 的规定，其中豆类食品应符合 GB 2762 中对豆类及其制品的规定，其他品种应符合 GB 2062 中坚果及籽类的规定。”《国家食品安全监督抽检实施细则（2021 年版）》在“三十三、食用农产品”下“7 生干坚果与籽类食品”的“7.2 产品种类”中进一步明确：“籽类指瓜、果、蔬菜、油料等植物的籽粒，包括花生、芝麻、莲子、葵花籽及其他瓜子（西瓜籽、南瓜子等）等籽类。”并紧接着在“7.3 检验依据”中将 GB 2762 列入，明确地表明了国家的态度，判定莲子中镉的含量是否符合食品安全标准，要以 GB 2762 作为依据。NY/T 1504 是农业行业标准，在此不应适用。

具体到本案，虽然涉案莲子检测出来镉的含量为 0.067 mg/kg，但 GB 2762 根本就没有对莲子中镉的限量作出要求，就算类推适用对花生的要求，其也小于 0.5 mg/kg，完全符合该标准，所以不应适用货款十倍的惩罚性赔偿条款。

2.2 标签上标示的产品标准号还要不要遵守?

产品标准号是预包装食品标签当中必须标示的内容。GB 7718—2011《食品安全国家标准 预包装食品标签通则》4.1.10“产品标准代号”规定：“在国内生产并在国内销售的预包装食品（不包括进口预包装食品）应标示产品所执行的标准代号和顺序号。”要求在预包装食品标签上标示产品标准号，目的是保证消费者的知情权，且所标示的产品标准号构成买卖合同的一部分。也就是说，假如生产者将标示有某标准号的食品卖给销售者，生产者应保证该食品符合该标准，否则就是违约。假如销售者将该食品卖给消费者，销售者应保证该食品符合该标准，否则就是违约。具体到本案，涉案莲子中镉的含量虽然符合 GB 2762 的规定，但不符合外包装上标示的产品标准号 NY/T 1504 的规定，而涉案莲子的生产者是被告上海××食品有限公司，销售者是被告上海豪××食品有限公司，与原告孙某建立买卖合同关系的是被告上海豪××食品有限公司，其构成违约，所以法院判令被告上海豪××食品有限公司向原告孙某退货退款。

由此可见，标签上标示的产品标准号还是要遵守的，这相当于生产者和销售者的自我约束，达不到标示的标准应承担违约责任（无特殊约定的情况下为“退货退款”）。

3 抗辩启示

推荐性标准一旦被企业采用，就会变成强制性标准吗？这需要区别对待。我国《中华人民共和国标准化法》明确了“强制性标准必须执行”和“推荐性标准，国家鼓励企业自愿采用”的基本区别。强制性标准是国家对产品的一道安全警戒线，企业不得以合同约定方式绕过强制性标准规定要求。任何企业均需遵守。而企业对外销售的产品明示执行推荐性标准，是自己对其产品质量的承诺与明示担保，应符合该推荐性标准。仅仅是该企业需要遵守，不遵守则应承担合同违约责任。

那么，不合格食品是否等同于不符合食品安全标准的食品呢？

首先，国家标准是最低标准，企业标准、行业标准均应当不低于国家标准。故违反企业标准、行业标准不一定违反国家标准。而《中华人民共和国食品安全法》中所有的行政处罚或十倍赔偿的法律要件前提均是违反国家标准，即最低标准。其次，此种情况下，应依《中华人民共和国民法典》由卖家承担违约责任。可见，判断不合格食品是否是不符合食品安全标准的食品，最关键之处是不合格食品的认定依据是否是国家标准。

4 合规指引

4.1 准确选择产品所执行的标准号

本案中，假如被告上海××食品有限公司选择的产品执行标准号是 GB 19300—2014《食品安全国家标准 坚果与籽类食品》，该案纠纷可能就不会发生。

4.2 确保产品符合标准的要求

不论选择哪个标准，确保产品符合宣称的标准要求是企业的合同义务，也是社会义务。就算如本案两被告一样未被判惩罚性赔偿，但违背对消费者的承诺仍会对商品声誉造成负面影响。

案例分析：名称中有“儿童”二字的食品就是婴幼儿辅助食品吗？

刘　皓　雷　军　易国岭　上海双创律师事务所

1　案情概要

贺某在淘宝网店“山西××健康科技有限公司品牌店”购买儿童益生菌粉36盒，发现该食品的执行标准为GB/T 29602—2013《固体饮料》，生产者是汕头××生物科技有限公司，食品生产许可证号为SC12344051100821，许可品种明细表中包含明细为风味固体饮料、蛋白固体饮料、其他固体饮料（植物固体饮料、谷物固体饮料、营养素固体饮料、食用菌固体饮料），未见有特殊膳食用食品生产资质。此外，该食品的详情介绍网页中有“适合0到12岁的宝宝服用”字样。

贺某认为，汕头××生物科技有限公司超越许可范围生产特殊膳食食品，山西××健康科技有限公司明知而仍然经营，二者均构成违法，遂起诉要求被告山西××健康科技有限公司和被告汕头××生物科技有限公司返还货款9118元，并要求十倍赔偿共91180元，两项合计100298元。

被告山西××健康科技有限公司委托上海双创律师事务所刘皓律师团队应诉。刘皓律师提出答辩称：我国现有食品分类系统中除婴幼儿配方食品、婴幼儿辅助食品按人群划分外，绝大部分按食品属性分类。标有“婴幼儿”或者“儿童”字样的产品并非全部都是特殊膳食用食品，也可能是普通食品。只有符合定义且在标准附录A所列出的类别内的产品才可以被视为特殊膳食用食品。而不是单纯的看定义和适用人群（如婴幼儿、儿童、孕妇、老人等字样）。涉案食品并不属于《婴幼儿辅助食品生产许可审查细则（2017版）》中规定的特殊膳食食品，因为涉案食品主要原料为益生菌（乳双歧杆菌Bi-07、乳双歧杆菌HN019、鼠李糖乳杆菌HN001），显然不是婴幼儿谷类辅助食品和婴幼儿罐装辅助食品。同时，益生菌本身是有益微生物，不是维生素也不是矿物质，更不是营养素，所以也不属于其他特殊膳食食品（辅食营养补充品）。而且，原告贺某也没有提供证据证明涉案食品中含有婴幼儿或儿童不可食用的成分，故涉案食品没有超范围生产，也没有违反食品安全标准。而选择儿童这一群体，是企业的销售定位，属其自主决定权范畴。

一审基层法院至再审高院均采纳了该答辩意见，驳回了原告贺某的全部诉请。

2　案件分析

2.1　都是食品分类“双标”惹的祸

根据《市场监管总局关于修订公布食品生产许可分类目录的公告》（国家市场监督

管理总局公告 2020 年第 8 号），我国将食品分为 31 大类，其中绝大部分按照食品属性分类，只有 3 大类按照用途或者人群进行分类，即特殊医学用途配方食品、婴幼儿配方食品、特殊膳食食品（分别是第 28 大类、第 29 大类、第 30 大类），其中，特殊医学用途配方食品需要注册，婴幼儿配方食品的配方需要注册，因此消费者对这两种食品一般能够正确识别，本文不予讨论。但面对特殊膳食用食品的时候，情况就不一样了。

《婴幼儿辅助食品生产许可审查细则（2017 版）》第一条规定，婴幼儿辅助食品，是指供给 6～36 月龄婴幼儿食用的婴幼儿谷类辅助食品和婴幼儿罐装辅助食品以及 6～36 月龄婴幼儿及 37～60 月龄儿童食用的辅食营养补充品。第二条规定，婴幼儿辅助食品的申证类别为特殊膳食食品。特殊膳食食品包括婴幼儿谷类辅助食品、婴幼儿罐装辅助食品和其他特殊膳食食品（辅食营养补充品）3 个小类，每个小类下面还有若干明细品种，见表 1 所列。

从表 1 可以看到，婴幼儿谷类辅助食品和婴幼儿罐装辅助食品下面的某些明细品种跟其他大类的有些食品至少在名称上有重合，如“婴幼儿饼干”和“饼干”，前者是婴幼儿谷类辅助食品的一种，执行标准是 GB 10769—2018《食品安全国家标准 婴幼儿谷类辅助食品》，后者是 31 大类食品中的第 8 大类，执行标准是 GB 7100—2015《食品安全国家标准 饼干》，明细品种有酥性饼干、韧性饼干、发酵饼干、压缩饼干、曲奇饼干、夹心（注心）饼干、威化饼干、蛋圆饼干、蛋卷、煎饼、装饰饼干、水泡饼干等，但不包括“婴幼儿饼干”。

表 1 婴幼儿辅助食品生产许可食品类别目录列表①

食品类别	类别名称	品种明细	定义	执行标准	备注
特殊膳食食品	婴幼儿谷类辅助食品	1. 婴幼儿谷物辅助食品（婴幼儿米粉、婴幼儿小米米粉、其他） 2. 婴幼儿高蛋白谷物辅助食品（高蛋白婴幼儿米粉、高蛋白婴幼儿小米米粉、其他） 3. 婴幼儿生制类谷物辅助食品（婴幼儿面条、婴幼儿颗粒面、其他） 4. 婴幼儿饼干或其他婴幼儿谷物辅助食品（婴幼儿饼干、婴幼儿米饼、婴幼儿磨牙棒、其他）	以一种或多种谷物（如小麦、大米、大麦、燕麦、黑麦、玉米等）为主要原料，且谷物占干物质组成的 25%以上，添加适量的营养强化剂和（或）其他辅料，经加工制成的适于 6 月龄以上婴儿和幼儿食用的辅助食品	GB 10769《食品安全国家标准 婴幼儿谷类辅助食品》	婴幼儿谷物辅助食品及婴幼儿高蛋白谷物辅助食品需以谷物（如大米、小米）为原料开始生产

① 摘自《婴幼儿辅助食品生产许可审查细则（2017 版）》。

（续表）

食品类别	类别名称	品种明细	定义	执行标准	备注
特殊膳食食品	婴幼儿罐装辅助食品	1. 泥（糊）状罐装食品（婴幼儿果蔬泥、婴幼儿肉泥、婴幼儿鱼泥、其他） 2. 颗粒状罐装食品（婴幼儿颗粒果蔬泥、婴幼儿颗粒肉泥、婴幼儿颗粒鱼泥、其他） 3. 汁类罐装食品（婴幼儿水果汁、婴幼儿蔬菜汁、其他）	食品原料经处理、灌装、密封、杀菌或无菌灌装后达到商业无菌，可在常温下保存的适于6月龄以上婴幼儿食用的食品	GB 10770《食品安全国家标准 婴幼儿罐装辅助食品》	颗粒状罐装食品指的是食品含有5 mm以下的碎块，颗粒大小应保障不会引起婴幼儿吞咽困难
	其他特殊膳食食品（辅食营养补充品）	辅食营养素补充食品	一种含多种微量营养素（维生素和矿物质等）的补充品，其中含或不含食物基质和其他辅料，添加在6～36月龄婴幼儿即食辅食中食用，也可用于37～60月龄儿童。	GB 22570《食品安全国家标准 辅食营养补充品》	不包括以胶囊、口服液、丸剂等名称、形态生产的产品

法律并没有禁止6～36月龄的婴幼儿食用执行GB 7100生产出来的饼干，但既然把“婴幼儿饼干”从“饼干”当中分离出来，列在婴幼儿谷类辅助食品之下，肯定是推荐婴幼儿食用执行GB 10769生产出来的饼干。然而，家长们有得“选”，生产者却没得“选”，只要宣称是“婴幼儿饼干”，就必须执行GB 10769。如果挂羊头卖狗肉，宣称是“婴幼儿饼干”或者“婴幼儿谷类辅助食品”，却执行GB 7100，则不符合食品安全标准。

从本质上说，婴幼儿谷类辅助食品和婴幼儿罐装辅助食品其实是为了给婴幼儿更好的营养而特意从某些食品大类当中分离出来的，为了监管方便，就在前面加了“婴幼儿”三个字作为定语，并执行不同的标准。而有些大类的食品想分离一部分出来列在婴幼儿谷类辅助食品和婴幼儿罐装辅助食品之下都没这个资格，如本案中的“儿童益生菌粉”，婴幼儿谷类辅助食品和婴幼儿罐装辅助食品的明细品种当中有它吗？没有。本案中的“儿童益生菌粉”已经明示执行的标准是GB/T 29602，有规定表明执行GB/T 29602生产出来的固体饮料不能给儿童食用吗？也没有。

也就是说，婴幼儿谷类辅助食品和婴幼儿罐装辅助食品是适合6～36月龄婴幼儿食用的，但6～36月龄婴幼儿可以食用的并非都是婴幼儿谷类辅助食品和婴幼儿罐装辅助食品。这是一个逻辑常识：有a必有b，但有b不一定有a。原告犯了一个逻辑错误，但归根结底是食品分类“双标”惹的祸。

2.2 “儿童食品”：真需求还是假概念?

在食品名称当中使用“儿童”两字，似乎可以让该食品瞬间身价倍涨，谁不愿让孩子吃得更好呢？但是，我国目前并没有专门的儿童食品安全国家标准，仅有中国副食流通协会发布的团体标准《儿童零食通用要求》，市面上所谓“儿童食品”的营养成分与普通食品并没有本质区别，根据它明示的执行标准就能判断，如果不是执行 GB 10769、GB 10770、GB 22570 的，那它就是普通食品，只是穿上了“儿童食品”的“马甲”。国家也注意到了这个问题，市场监督管理总局《食品标识监督管理办法（征求意见稿)》第十二条规定：“没有法律法规、规章和食品安全标准等规定的，食品标识上不得使用文字或者图案明示、暗示或者强调产品适合婴幼儿、儿童、老人、孕妇等特定人群。”但该办法至今没有正式发文。因为这又涉及企业自主销售权的敏感问题。

3 抗辩启示

市面上出现了各种儿童辅食、儿童零食和儿童调味品，那么到底什么是儿童食品呢？事实上，目前我国仅有针对 0～36 个月婴幼儿的配方食品、辅食的食品安全标准。而对于 3 周岁以上的儿童，我国并没有出台相关国家标准。即使标注“儿童”字样或印有卡通形象的食品，也并非根据儿童生长发育的需要进行产品的设计和生产。只能按普通食品标准进行管理。食品企业利用儿童食品概念增加产品卖点、定位消费人群虽是行销行为，但稍有不慎就会在预包装标签上存在误导消费者嫌疑，稍有不慎就会遭受职业索赔人的民事赔偿之诉和行政投诉举报等无妄之灾。

4 合规指引

精准把握特殊膳食食品与普通食品的界限，在广告宣传当中谨慎使用“儿童食品”字样，避免被职业索赔人误伤。

若企业实在希望使用“儿童食品”字样，建议明确产品实际执行标准；可加注“使用月龄大于 60 个月”字样，以规避相关风险。

现场 GMP 管理篇

个人卫生管理类

食品工厂如何有效管理工作服

庞　伟　上海悦孜企业信息咨询有限公司

在日常的生活中，大家有没有过在食物中误食头发的经历呢？据日本毛发科学协会报道，正常成年人的头发有 10 万根左右，按照正常的代谢周期平均每天有 70～80 根头发脱落。按这样计算的话，在车间工作 8 小时，每个员工可能会产生 18～25 根脱落的头发，那么这些脱落的头发应该怎么进行防护呢？作为食品生产企业，头发异物也是常常被投诉或者被二方、三方审核客户关注的重点，本文就跟大家一起来聊一聊跟头发防护有关的工作服管理。

通常在食品企业中常讲的“工作服”还包括帽子、发网、口罩、套袖和围裙等，其实这些都是工作服配套物品，这里重点介绍工作服管理，不包括配套物品。

1　穿戴工作服的作用

从食品安全和质量的角度来讲，穿戴工作服主要有利于防范和降低异物风险、化学污染风险和微生物污染风险，具体可以表现在以下 4 个方面：

（1）防止人体毛发、皮屑等脱落物对食品的污染和危害；

（2）避免口、鼻、耳产生的颗粒型污染物；

（3）预防生产人员所用的化妆品带来污染风险；

（4）降低服装面料的化学污染风险和便服的潜在脱落物风险。

2　工作服管理常见问题

食品工厂中工作服管理的问题常常表现在选择、穿戴清洗和消毒方面，总结来讲主要有 5 点：

（1）工作服面料和款式等选择不合理，如腰部以上有口袋、纽扣等；

（2）工作服的穿戴不规范，如穿戴的顺序颠倒、头发或便服外露等；

（3）工作服的存放管理混乱，如工作服与便服或个人物品混放等；

（4）工作服清洗不及时、不彻底，如没有按照规定的频率进行回收和清洗处理等；

（5）工作服消毒不充分，缺少工作服消毒效果验证，如消毒方式和消毒时间不足等。

3 与工作服相关的标准要求

作为食品生产企业，除了应了解穿戴工作服具有防范和降低异物、化学污染和微生物污染风险的作用，还应该了解标准规范中有关要求，这样才能更好地符合法律法规、标准和客户的要求，有效降低风险。不同标准中对工作服的要求见表1所列。

表1 不同标准中对工作服的要求

标准	工作服的要求					
	设计、选材、制作	文件要求	不同风险区域要求	清洁	存放	更换
GB 14881—2013	适应不同作业区要求（合理选择口袋位置、扣子连接扣件）	制定清洗保洁制度	配备专用工作服	保持干净完好	分开存放	必要时及时更换
AIB国际统一检查标准	合适的、清洁的工作服（口袋位于腰部以下）	高风险遵守特定的程序	高风险特定工作服	受控环境下定期清洗，高风险区域不允许员工清洗	与外衣和个人物品单独存放	必要时，提供更衣设施
BRCGS食品V8.0	设计得当（口袋位于腰部以下，不得缝扣子）	穿工作服的规定 洗衣的规定	有所区别	规定了员工、企业、三方清洗的情况	分开存放	高风险每天至少一次
IFS食品-V7.1	符合产品要求	建立相应的程序 清洗指导书	符合产品要求	员工、企业、三方清洗风险分析，清洁后检查	分别存放	符合产品的要求

此外，GB/T 37850—2019《食品从业人员用工作服技术要求》也规定了食品从业人员用工作服的总体要求、技术要求、检验方法、检验规则和适用范围等内容。

4　工作服的选择管理

在选择工作服时，建议充分考虑面料、款式、缝制工艺、颜色和标识及数量 5 个要素，具体原则见表 2 所列。

表 2　工作服选择的要素和原则

要素	原则
面料	（1）工作服本身不能成为散发灰尘源或污染源 （2）具有防范人体毛发、皮屑等脱落物风险的作用 （3）工作服自身不能有脱落物，如纤维、线头、纤维球等 注：对产品卫生等级要求极高的产品，建议选择防静电服装面料
款式	（1）适用区域对人体所需防护要求的严格程度 （2）员工动作幅度可能对产品产生的影响 注：根据上述原则选择连体式、分体式或大衣式工作服（见图 1）
缝制工艺	（1）防止工作服自身产生异物 （2）避免由工作服携带引入异物 注：采用包缝工艺，无外置口袋、不使用纽扣、无流苏等装饰物
颜色和标识	（1）有效区分不同岗位/洁净区域的员工 （2）工作服标记数字编号，便于工作服的个人管理 注：现场作业人员宜采用浅色工作服，推荐以白色、粉色和蓝色区分
数量	（1）满足车间人数需求； （2）符合工作服清洗频率要求 注：参照《餐饮业和集体用餐配送单位卫生规范》，每人至少 2 套

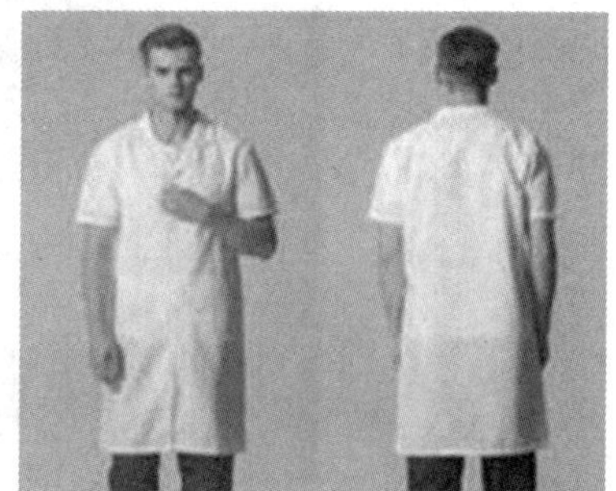

图 1　不同款式工作服

5 工作服的穿戴管理

5.1 工作服的穿戴管理

以清洁作业区穿戴连体式工作服为例，具体的工作服穿戴流程如图 2 所示，可分解为 8 个步骤实现。

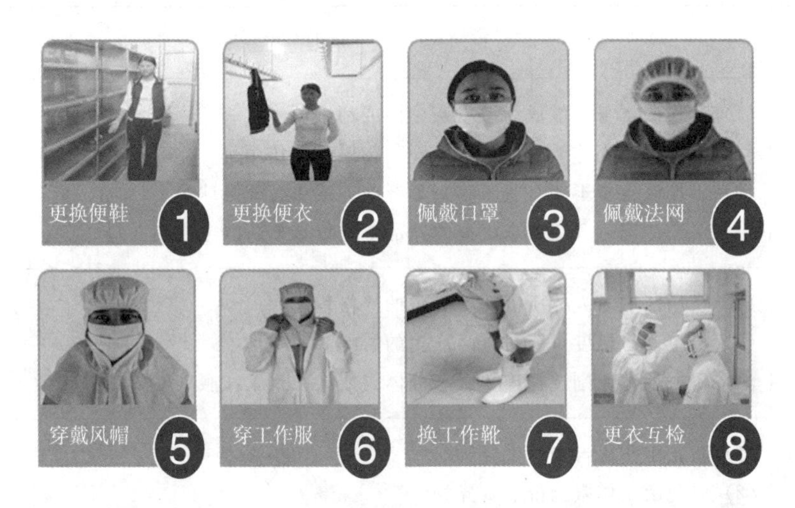

图 2 工作服穿戴流程

工作服的穿戴遵循由内而外、自上至下的原则。

工作服穿戴的口诀：便鞋、便衣早早换，口罩、发网、风帽依次戴，穿工服、换工靴，更衣检查切莫缺。

5.2 工作服的暂存管理

在实际的生产管理过程中常遇工作服暂存不符合规范的问题，尤其是员工班次临时结束需要就餐时或者上厕所时，审核人员在审核过程中经常发现上午去企业现场和下午去企业现场时员工更衣室工作服管理差别很大，如图 3 所示。

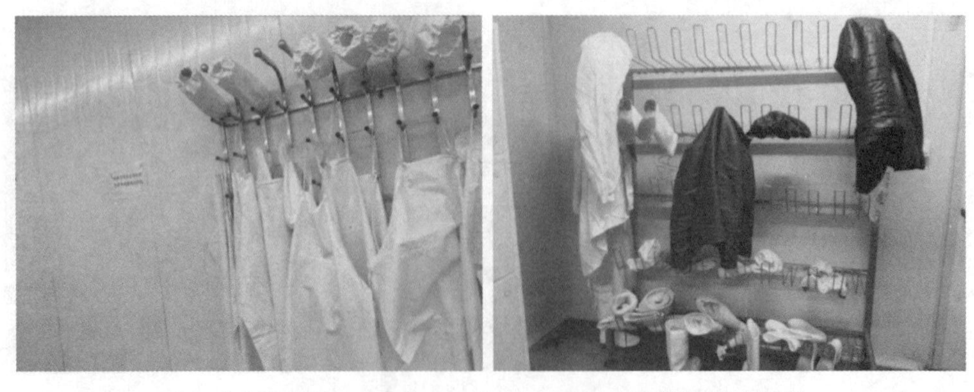

(a) 上午的情况　　(b) 下午的情况

图 3 工作服的临时存放管理

5.3 工作服的摘脱管理

为了保护员工的健康和减少风险的引入，在实际的生产中工作服的摘脱也应按照标准要求进行管理，摘脱下来的工作服应集中分区收集至专用容器中，并做好标记。

工作服的摘脱遵循由外而内、自下至上的原则。

工作服穿戴的口诀：脱鞋靴、去工服，发帽、发网、口罩依次摘，顺序切莫前后颠。

6 工作服的清洗和消毒管理

清洗工作服前要注意检查工作服有无破损、缝线脱落等情况，并按照清洁区、准清洁区、一般清洁区的顺序依次清洗，不得混放洗涤。

6.1 工作服的清洗频率（见表 3）

表 3 工作服清洗频率表

区域	清洗频率建议
清洁区	每天（班）清洗消毒
准清洁区	5—10 月份每班清洗消毒，其他季节至少每两天清洗一次
一般作业区	每周至少清洗两次

工作服的清洗频率与穿戴工作服的区域卫生要求息息相关，参照 GB 14881—2013《食品生产通用卫生规范》和 GB 50687—2011《食品工业洁净用房建筑技术规范》，一般将生产区分为一般作业区、准清洁区、清洁作业区。工作服具体的清洗频率应结合产品的特点，按照风险评估的结果实施。

6.2 工作服的清洗方式

不同工作服清洗方式对比见表 4 所列。

表 4 不同工作服清洗方式对比

项目	外包清洗	公司洗衣房	员工本人清洗
优势	专业程度高 处理能力强 企业省心	便于集中管理	成本低
劣势	成本高	前期投入大 需专人管理	清洗频率不受控 清洗质量不受控
文件	工作服管理程序 外包清洗商的选择、评估 工作服清洗接收记录	工作服管理程序 工作服清洗消毒记录 化学品使用记录 洗衣设备维护和清洁记录	工作服管理程序 工作服检查记录

6.3　工作服的消毒方法

（1）清洗前使用消毒液浸泡，清洗后进行烘干杀菌处理（见图4）。

（2）紫外线消毒处理。建议将清洗、烘干后的工作服在洗衣房或更衣室采用紫外线照射，时间不少于30 min，外包清洗和员工本人清洗的工作服同样适用使用前紫外线消毒处理（见图5）。

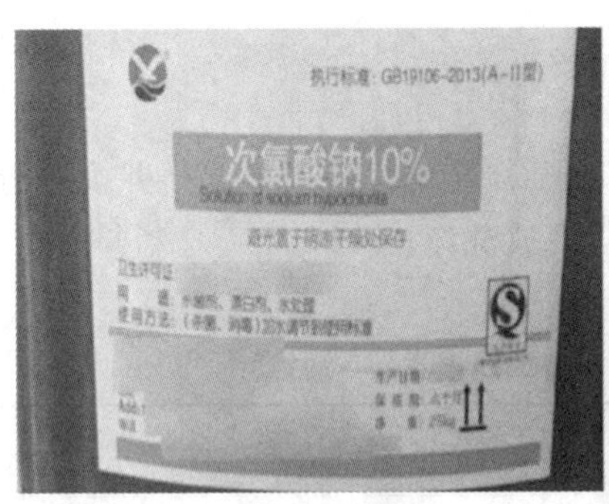

图4　工作服浸泡和烘干

图5　工作服紫外线消毒

（3）臭氧消毒处理。采用臭氧对工作服进行消毒时（见图6），确保工作服悬挂区域相对湿度控制在90%左右，同时在臭氧浓度达到10～20 ppm，每平方米面积达臭氧量25～50 mg/h后保持15 min。

图6　工作服臭氧消毒

6.4　工作服的消毒效果验证

清洗消毒效果建议依据GB 19082—2009《医用一次性防护服技术要求》对工作服进行涂抹实验，尤其是洁净区员工穿戴的工作服。采样时间定在生产员工上班换工作服之前，采样点宜选择袖口或门襟处。

6.5 我们可以从哪里开始行动?

（1）查看正在使用的员工工作服面料、款式、数量等是否合适。

（2）检查对员工工作服的穿戴、暂存和摘脱有没有规范管理。

（3）确认员工工作服的清洗、消毒和清洗消毒效果验证步骤有无遗漏。

TPU材质围裙、袖套产品

张 倩 上海悦孜企业信息咨询有限公司 安徽质安选食品安全科技有限公司

在食品的生产环节中，有很多工作岗位需要员工穿戴围裙或袖套，尤其是水产品、肉制品等加工型企业。选择合适的围裙和袖套不仅可以给员工提供有效的防护，还能防止食品受到污染。接下来我们就从多个方面介绍一下TPU材质围裙或袖套产品。

1 材质选择

食品和餐饮企业选择的围裙和袖套应符合以下要求：防水、防油、安全的材质、不会污染食品、易清洗、不易破损、无口袋、有较好的伸缩弹性。目前市面上常见的围裙袖套材质有以下三种。

1.1 PVC（聚氯乙烯）

聚氯乙烯对光、热的稳定性较差。软化点为80 ℃，于130 ℃开始分解。受热分解出有毒气体氯化氢，并发生变色。阳光下氧气会使PVC发生光氧化分解，柔性下降，最后发脆。

1.2 TPU（热塑性聚氨酯弹性体橡胶）

热塑性聚氨酯弹性体橡胶的硬度范围很宽，是硬度介于橡胶和塑料的一类高分子材料。具有机械强度高、耐寒性突出、加工性能好、耐油、耐水、耐霉菌等特点。

1.3 PU（聚氨酯）

聚氨酯是一种高分子材料，即人们常说的人造革、皮革。

PVC、TPU、PU三种材质的综合性能比较见表1所列。

表1 PVC、TPU、PU三种材质的综合性能比较

性能	PVC	TPU	PU
面料规格 1 S=0.01 mm（厚度） 1 gms=1 g/m²（重量）	20 S，36 S，50 S，60 S	20 S，30 S	300 gms，400 gms
气味	有令人不愉快气味	无气味	有皮革气味
耐用性	较好	非常好	一般
低温下是否发硬	会	不会	会
拉伸后是否会变形	变形后不易恢复	不易变形，恢复性好	变形后不易恢复
材质是否容易老化	易老化，产生褶皱破碎	不易老化，耐高温、酸碱环境	易老化，产生褶皱破碎
是否适用于工业应用	适用	适用	适用

2 优势产品推介

上文比较了围裙和袖套的三种材质的综合性能，我们可以看出 TPU 材质具有良好的使用性能。以下介绍质安选 TPU 材质围裙和袖套的产品特点。

2.1 分色

考虑到不同区域色标管理的要求，质安选提供多种颜色的 TPU 围裙和袖套供企业选择。TPU 分色情况见表 2 所列。

表 2 TPU 分色

颜色	围裙	袖套
白色		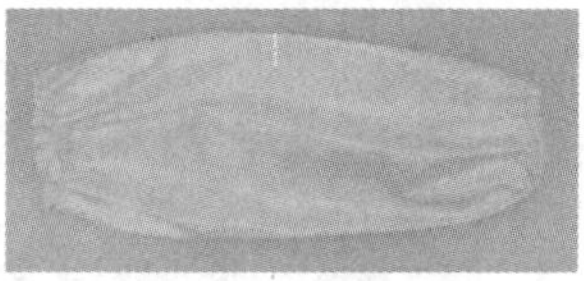
蓝色		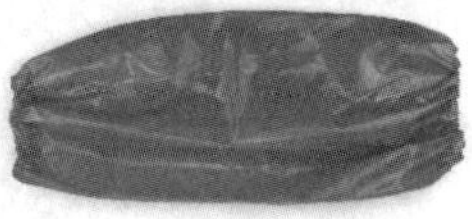
黄色		

2.2 厚度

为了满足不同企业的需求，质安选还提供了不同厚度的围裙供企业选择。如图 1 和图 2 所示。

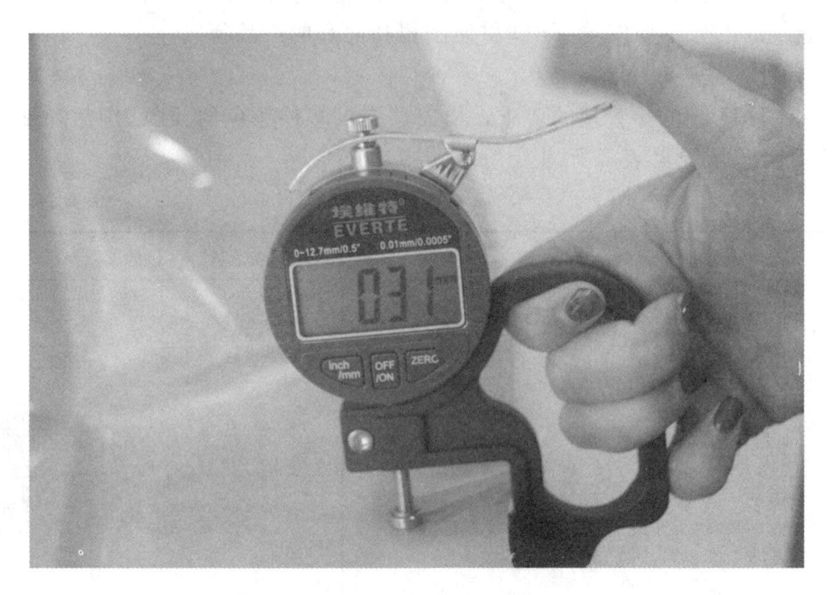

图 1 30 S（0.3 mm）厚度的围裙

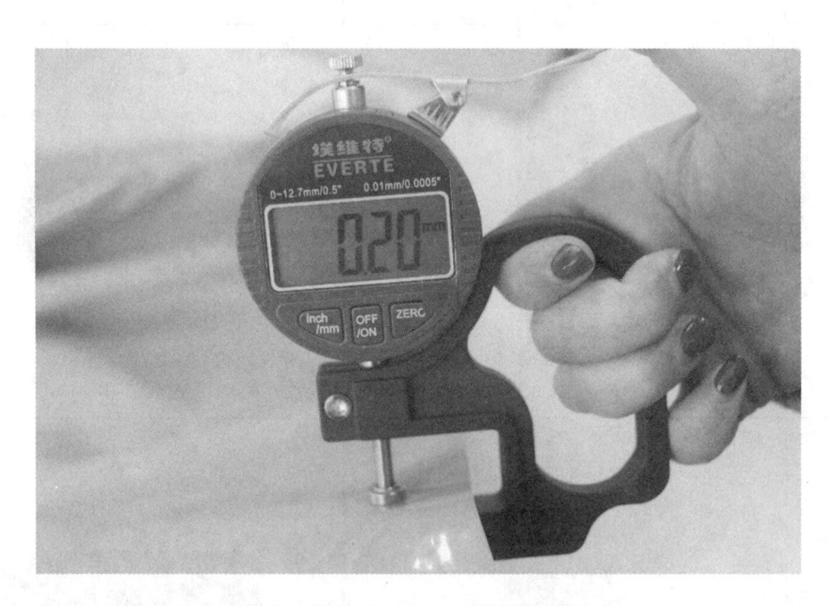

图 2 20 S（0.2 mm）厚度的围裙

2.3 食品级检测

针对可能与食品接触的 TPU 围裙和袖套，质安选提供 TPU 材质的食品级检测报告，报告中包括元素迁移和塑化剂等指标，总检测指标数量为 18 项。保证向食品企业提供安全可靠的产品（见图 3）。

150900341106

检验检测报告

报告编号:SH21SW11984

样　品　名　称：质安选 TPU 围裙罩衣

委　托　单　位：

检　验　类　别：委托检验

普研（上海[illegible]标准[illegible]术服务有限公司

中国•上海•浦东[illegible]500 弄 12 号

2667 6902 4183 8

检验检测报告

报告编号:SH21SW11984　　第1页，共4页

以下检测样品信息由委托方所提供及确认

样品信息	样品名称	质安选 TPU 围裙罩衣		
	商标	/	型号/规格	/
	生产日期/批号	20211110	产品类型/等级	/
	样品数量	10 套	样品状态	完好
	生产商			
	生产商地址			
客户信息	委托单位			
	委托单位地址			
检测信息	样品接收日期	2021-11-24	样品检测日期	2021-11-24 至 2021-11-30
	检测项目	见本报告检测结果页		
	检测依据	国市监食生【2019】214 号		
检测结论	经检验，所检项目中除塑化剂（邻苯二甲酸酯类15项）提供实测数据外，其余所检项目符合上述检测依据的规定要求，详见本报告检测结果页。 （检验检测专用章） 签发日期：2021-11-30			
备注	/			

批准：吴海平　　审核：　　编制：

Gratech Co., Ltd.　http://www.gratech.com.cn　Tel：400 621 6160　Fax：+86 (21) 6160 9768

检验检测报告

报告编号:SH21SW11984　　第2页，共4页

检测结果：

序号	检验检测项目	单位	检验检测方法	技术要求	检验检测结果	单项判定
1	邻苯二甲酸二甲酯(DMP)	mg/kg	GB 31604.30-2016	/	未检出(定量限:5.00mg/kg)	/
2	邻苯二甲酸二乙酯(DEP)	mg/kg	GB 31604.30-2016	/	未检出(定量限:5.00mg/kg)	/
3	邻苯二甲酸二异丁酯(DIBP)	mg/kg	GB 31604.30-2016	/	未检出(定量限:5.00mg/kg)	/
4	邻苯二甲酸二(2-甲氧基)乙酯(DMEP)	mg/kg	GB 31604.30-2016	/	未检出(定量限:5.00mg/kg)	/
5	邻苯二甲酸二(4-甲基-2-戊基)酯(BMPP)	mg/kg	GB 31604.30-2016	/	未检出(定量限:5.00mg/kg)	/
6	邻苯二甲酸二(2-乙氧基)乙酯(DEEP)	mg/kg	GB 31604.30-2016	/	未检出(定量限:5.00mg/kg)	/
7	邻苯二甲酸二(2-丁氧基)乙酯(DBEP)	mg/kg	GB 31604.30-2016	/	未检出(定量限:5.00mg/kg)	/
8	邻苯二甲酸二(2-乙基)己酯(DEHP)	mg/kg	GB 31604.30-2016	≤1.5	未检出(定量限:5.00mg/kg)	符合
9	邻苯二甲酸丁基苄基酯(BBP)	mg/kg	GB 31604.30-2016	/	未检出(定量限:5.00mg/kg)	/
10	邻苯二甲酸二正丁酯(DBP)	mg/kg	GB 31604.30-2016	≤0.3	未检出(定量限:5.00mg/kg)	符合
11	邻苯二甲酸二戊酯(DPP)	mg/kg	GB 31604.30-2016	/	未检出(定量限:0.1mg/kg)	/
12	邻苯二甲酸二环己酯(DCHP)	mg/kg	GB 31604.30-2016	/	未检出(定量限:5.00mg/kg)	/
13	邻苯二甲酸二苯酯(DPhP)	mg/kg	GB 31604.30-2016	/	未检出(定量限:5.00mg/kg)	/
14	邻苯二甲酸二正辛酯(DNOP)	mg/kg	GB 31604.30-2016	/	未检出(定量限:5.00mg/kg)	/
15	邻苯二甲酸二壬酯(DNP)	mg/kg	GB 31604.30-2016	/	未检出(定量限:5.00mg/kg)	/
16	邻苯二甲酸二烯丙酯(DAP)	mg/kg	GB 31604.30-2016	/	未检出(定量限:5.00mg/kg)	/
17	邻苯二甲酸二异壬酯(DINP)	mg/kg	GB 31604.30-2016	≤9.0	未检出(定量限:50.0mg/kg)	符合

Gratech Co., Ltd.　http://www.gratech.com.cn　Tel：400 621 6160　Fax：+86 (21) 6160 9768

检验检测报告

报告编号:SH21SW11984　　第3页，共4页

序号	检验检测项目	单位	检验检测方法	技术要求	检验检测结果	单项判定
18	邻苯二甲酸二己酯(DHXP)	mg/kg	GB 31604.30-2016	/	未检出(定量限:5.00mg/kg)	/

备注：客户声明：测试结果只针对蓝色产品。

-报告结束-

声明：

（1）检测报告涂改无效；

（2）复印检测报告未盖红色检验检测专用章无效；

（3）检测报告无批准人签字及“检验检测专用章”均视无效；

（4）未经本公司同意，不得擅自使用本检测报告进行不当宣传；

（5）未经本公司书面批准，不得部分复制检测报告或报告（全文复制除外）；

（6）委托样品信息均由客户提供，本公司不对其真实性负责，检测结果仅适用于收到的样品；若有异议，请于检测报告发出之日起 15 日内向本单位提出，逾期不予受理；

（7）未加盖 CMA 标志的报告，数据或结果仅供科研、教学、企业内部质量控制、风险监测等目的使用。

Gratech Co., Ltd.　http://www.gratech.com.cn　Tel：400 621 6160　Fax：+86 (21) 6160 9768

检验检测报告

报告编号:SH21SW11984

第4页，共4页

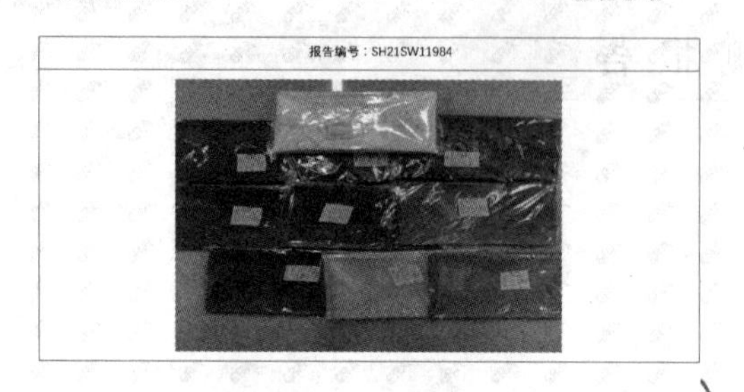

报告编号：SH21SW11984

Gratech Co., Ltd. http://www.gratech.com.cn Tel: 400 621 6160 Fax: +86 (21) 6160 9768

图 3　TPU 检测报告

食品工业手套选用指南

邵　磊　安徽质安选食品安全科技有限公司

食品行业的基础卫生是GMP中很重要的环节。近年来，政府飞行检查和二方/三方审核中对个人卫生的检查要求愈加严格，体现在手套上的常见不符合项有以下几种：

（1）使用一次性乳胶手套（缺点：国内外乳胶致手部过敏的案例较多）作业；

（2）使用PVC手套（缺点：弹性较差且耐温性能不佳，适用餐饮行业加工冷食类产品）作业；

（3）使用的一次性手套无合规的食品级接触检测报告（缺点：不符合GB 4806.11—2016中的检测标准要求，或无符合性声明）；

同时GB 14881—2013《食品安全国家标准 食品生产通用卫生规范》中6.6.2规定："应根据食品的特点及生产工艺的要求配备专用工作服，如衣、裤、鞋靴、帽和发网等，必要时还可配备口罩、围裙、套袖、手套等。"

为了更好地防止手部交叉污染，降低食品安全风险，越来越多的企业选择使用一次性食品级丁腈手套来严控手部对产品造成污染的风险，工作人员作业时佩戴手套的重要性体现在食品安全的如下几个方面：

（1）延缓食品接触表面微生物生长速率；

（2）避免手部皮屑、指甲等脱落的风险；

（3）蓝色的手套如果发生破损落入产品中肉眼可以直接发现，便于清理。

1　果蔬/烘焙行业

果蔬/烘焙行业手套产品与整理归纳规范见表1所列。

表1　果蔬/烘焙行业手套产品与整理归纳规范

配套手套要求	果蔬、烘焙加工时需要手部灵活、有触感，不需要克重太高的手套即可满足加工过程中手部防护要求
推荐手套种类	一次性食品级丁腈手套
推荐手套克重	3.5 g（以M号为准）
手套产品图片	GLOVEWORKS 一次性蓝色丁腈手套 L 100只

（续表）

手套整理归纳规范	 （配合质安选不锈钢手套收纳分配盒使用）

2 肉类/水产行业

肉类/水产行业手套产品与整理归纳规范见表 2 所列。

表 2 肉类/水产行业手套产品与整理归纳规范

配套手套要求		肉类/水产加工过程中油脂含量较多，加工过程中适宜配套克重较高的手套。同时由于带刀作业，建议使用摩擦系数较高的手套为佳。为了更好地降低工伤发生概率，建议戴不锈钢手套或 5 级防割手套作业
方案 1：一次性丁腈手套（普通版）	推荐手套克重	4.5～5 g（以 M 号为准）
	手套产品图片	
方案 2：一次性丁腈手套（升级版）	推荐手套克重	7 g（钻石纹理，具有较好的抓力）
	手套产品图片	
方案 3：手部防护系列	不锈钢手套	
	5 级食品级防割手套	使用 5 级防割手套，建议手套外佩戴 7.5 g 的加厚丁腈手套，以保持防割手套的清洁

（续表）

手套整理归纳规范	 （配合质安选不锈钢手套收纳分配盒使用）

3 实验室用手套

实验室用手套产品与整理归纳规范见表 3 所列。

表 3 实验室用手套产品与整理归纳规范

配套手套要求		在实验室中，因需要抓取玻璃器皿或精密仪器，需要手指部位有较好的抓力和摩擦力。丁腈手套和乳胶手套各有优势，丁腈手套耐穿刺、抗撕拉性能佳，乳胶手套弹性性能佳
方案 1：丁腈手套	推荐手套克重	4.5 g 丁腈手套（以 M 号为准）
	手套产品图片	
方案 2：乳胶手套	推荐手套克重	5.8 g 乳胶手套（以 M 号为准）
	手套产品图片	
手套整理归纳规范		（配合质安选不锈钢手套收纳分配盒使用）

4 一次性消毒袋装手套

一次性消毒袋装手套产品见表 4 所列。

表 4 一次性消毒袋装手套产品

配套手套要求	企业在高清洁区使用手套时，对手套本身的卫生要求严格，以防止手套对环境和手部产生污染，建议使用消毒袋装手套

（续表）

袋装丁腈手套克重	3.5 g（以 M 号为准）
袋装消毒丁腈手套产品图片	
袋装乳胶手套克重	5.9 g（以 M 号为准）
袋装消毒乳胶手套产品图片	

5 清洗消毒专用丁腈手套（可重复使用）

清洗消毒专用丁腈手套产品见表 5 所列。

表 5 清洗消毒专用丁腈手套产品

配套手套要求	企业在清洗消毒过程中需要对手部进行防护，建议佩戴厚度较高的丁腈手套
手套性能	丁腈材质具有较强的抗油性能，具有一定的酸碱防护能力
手套产品图片	

6 特殊颜色丁腈手套

特殊颜色丁腈手套产品见表 6 所列。

表 6 特殊颜色丁腈手套产品

配套手套要求	企业需要宣传自身良好的卫生形象，防护手套可使用白色或黑色的丁腈材质（区别于常规的蓝色）

（续表）

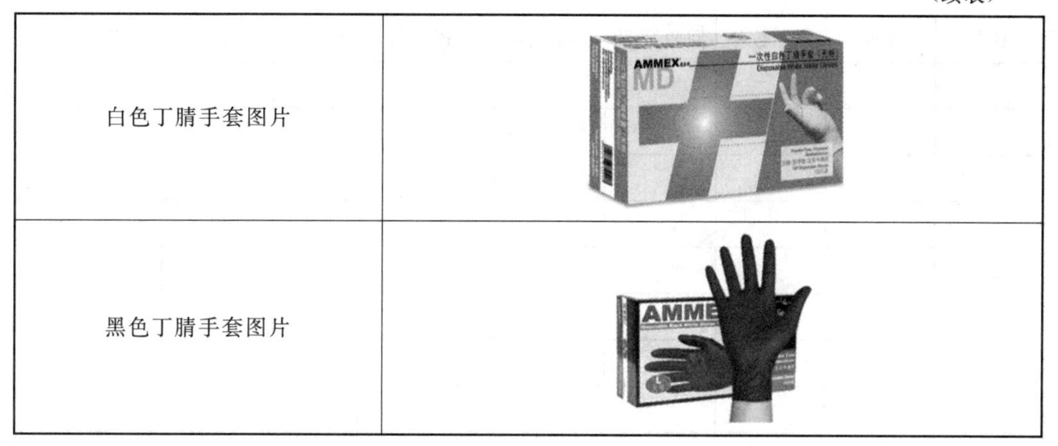

白色丁腈手套图片	
黑色丁腈手套图片	

7　一次性丁腈手套的常规管理要求

7.1　资质管理

常规接触食品的手套，应向供应商索要营业执照、食品级检测报告、报关单位注册登记证书（针对国外进口的手套）、医疗器械经营许可证（针对国内生产的医用手套）、符合性声明等。

7.2　手套管理

车间内部使用的手套应设置统一分发点，一般设置在车间固定区域，使用手套分配器分发最佳，切勿实行整盒分发至人的管理模式。

7.3　最佳实践

针对一次性手套实行手套分发回收制度，回收的主要目的是检查手套是否有破损，包括破损的碎片的去向和碎片的收集，以免误入产品中，通过该制度可以统计手套的完整性和使用量，手套分发回收记录样表见表 7 所列。

表 7　手套分发回收记录样表

记录编号：

日期	车间	分发数量	回收数量	破损数量	破损碎片是否收集	备注	负责人

（续表）

日期	车间	分发数量	回收数量	破损数量	破损碎片是否收集	备注	负责人
注：关于一次性丁腈手套的管理，应该统一发放，每天回收，回收前检查有无破损，不能够带出车间，不能私人保管。							

审核/日期：

洗手液无色无味的要求是从哪里来的？

王 海 上海悦孜企业信息咨询有限公司

很多工厂 QA 都遇到过这样的困惑，客户审核过后，其中一条不符合项为“工厂洗手液为绿色芦荟味洗手液，有潜在交叉污染风险”（见图 1）。而标准里面却并未提到“洗手液要无色无味”。本文将跟大家一起探寻关于“洗手液无色无味”的要求到底出自哪里。

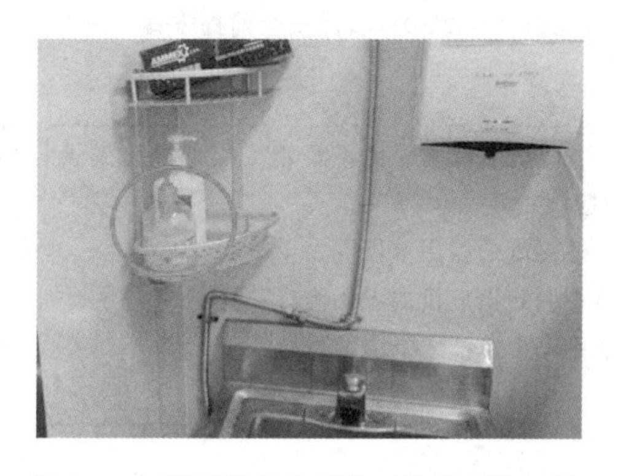

图 1 工厂使用绿色洗手液（常见不符合项）

1 标准要求

1.1 标准正文要求

GB 14881—2013《食品安全国家标准 食品企业通用卫生规范》是此类要求的主要出处，除此之外还有食品加工方面 GFSI 认可的 4 个标准（见表 1）。

表 1 各标准对洗手设施的要求

标准	要求	说明
GB 14881—2013	5.1.5.4 应在清洁作业区入口设置洗手、干手和消毒设施；如有需要，应在作业区内适当位置加设洗手和（或）消毒设施；与消毒设施配套的水龙头其开关应为非手动式	未明确要求
BRCGS Food V8	4.8.4 应在生产区的入口及其他适当处提供适用且充足的洗手设施。作为最低要求，此类洗手设施应提供： · 洗手提示标志 · 温度合适的充足水量 · 非手触式的水龙头 · 洗手液/肥皂 · 一次性纸巾或设计和位置合适的干手器	未明确要求

（续表）

标准	要求	说明
IFS Food V7.1	3.4.6 生产区的入口处和生产区内应提供充足的洗手设施以及员工设施。基于危害分析和相关风险的评估，其他领域（如包装区）也应配备这些设施 3.4.7 洗手设施应至少提供： · 有适合温度的自来水 · 皂液 · 适当的干手设施 · 非手动开启的垃圾箱	未明确要求，但提出了危害分析和风险评估的要求
FSSC 22000 V5.1	见 ISO/TS 22002－1《食品安全前提方案 第 1 部分 食品生产》	未明确要求，但有相关要求
《SQF 食品安全规范 食品制造 第 9 版》	11.3.2.3 洗手台应采用不锈钢或类似的防腐蚀材料制成，且至少应装备： · 合适温度的饮用水供应 · 装在固定给皂机的液体肥皂 · 非手动可清洁式纸巾抽取机 · 盛装用过纸巾的容器	未明确要求

这 5 个标准条款里面好像都没有关于洗手液的要求，难道以前的审核员的要求超标了？

其实并非如此，我们从 FSSC 22000 标准中就可以看出端倪，标准本身对前提方案部分未做单独的要求，而是直接引用了 ISO/TS 22001－1《食品安全前提方案 第 1 部分 食品生产》，对于其他的标准虽然没有直接引用，但也都是一样的逻辑。所以像“洗手液要不要无色无味”这样的小事情，就不需要在标准中特别说明了，交给前提方案即可。那我们就来看看前提方案中的要求吧。

1.2 前提方案要求

食品生产企业适用的前提方案为 ISO/TS 22002－1《食品安全前提方案 第 1 部分 食品生产》，但是即使通读全文也没有找到相关规定，但可以发现 2 个要求：

（1）食品级：清洗剂、消毒剂应该为“食品级”；

（2）提供肥皂或者皂液。

这个标准是 2009 版的，已经是十几年前的要求了，如今还适用吗？再者，以前对肥皂可能压根就不需要有无色无味的要求。

我们继续寻找，终于在 PAS 223：2011《食品包装设计和生产的食品安全前提方案》中发现了关于“无气味”的要求。

一定会有人质疑：

（1）这是包材生产的前提方案；

（2）这个标准已经失效了；

（3）“无气味”只是文中举的一个例子，最多能算推荐要求，不是强制要求。

暂不反驳，继续寻找，然后我们找到了替代 PAS 223：2011 的 ISO/TS 22002－4：2013《食品安全前提方案 第4部分 食品包装生产》。

文中居然通过黑色加粗“IMPORTANT”的方式来强调关于洗手液的要求：符合食品安全（如无味）。在此，笔者结合 PAS 223 一起回复：

（1）这是食品包装厂的要求，食品生产厂肯定只会比这个更严格；

（2）这个是 2013 年发布的，相比 2009 版标准，要求要更新；

（3）说“例如（e.g.）”是推荐要求就更说不通了，标准要求符合食品安全，但是无法穷尽列举，所以需要企业进行风险评估。

其实，引入“风险评估”的理念，也是 GB 14881—2013 版相比于 GB 14881－1994 版的亮点之一。例如，1994 版该标准中对洗手水龙头有十分具体的要求，但 2013 版就没有具体的要求，而是要求企业根据风险进行评估，配备合适数量的水龙头。

所以，标准要求洗手液应符合食品安全要求，标准无法穷尽列举，工厂需要进行风险评估；有标准中特别提到了洗手液“无味”的要求。

2 常规洗手液分析

由上文案例可知，该洗手液的使用非常广泛，非食品工厂使用是完全没有问题的，下面对其标签（见图 2）进行分析。

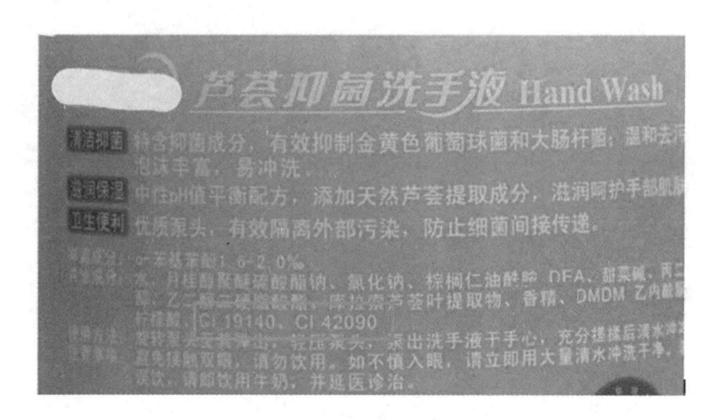

图 2 某品牌洗手液标签

（1）香精；

（2）CI 19140 是柠檬黄 4 号色素，CI 42090 是亮蓝色色素，而柠檬黄与亮蓝色组合呈翠绿色。

至此，相信大家能够彻底明白，为什么审核员说有颜色、带香味的洗手液有潜在交叉污染的风险了吧。

3 结论

各项标准虽然未明确指出洗手液应无色的要求，但洗手液有关于应符合食品安全的要求（对无味也有明确要求）。根据标准的发展趋势、对“风险评估”的思想以及对常用洗手液的成分分析，其实已经等于明确：食品工厂用洗手液应该无色无味！

4 我们可以从哪里开始行动？

（1）看看你工厂洗手液的标签，是不是有香精和色素（代号）；

（2）可查阅参考前文所述的标准。

无色无味洗手液的选择和资质要求

邵　磊　安徽质安选食品安全科技有限公司

1　食品加工行业需要使用什么类型的洗手液?

食品加工行业为什么需要使用无色无味的洗手液，在上一篇文章中我们进行了深入剖析。

2　关于无色无味洗手液的资质有哪些?

洗手液的相关资质要求见表 1 所列。

表 1　洗手液相关资质要求①

	序号	材料名称	是否必须
生产企业	1	营业执照	必须
	2	化妆品生产许可证	必须
	3	产品型式检测报告	必须
	4	化妆品安全评价报告	必须
	5	产品批次出厂检测报告	必须
	6	产品 MSDS	必须
	7	普通化妆品备案系统编号	必须
	8	体系认证证书	非必须
经营企业	1	营业执照	必须
	2	委托加工证明	必须
	3	危险化学品经营许可证	非必须

3　不同无色无味洗手液的生产资质

(1) 常规洗手液属于化妆品范畴，需要办理化妆品生产许可证；

(2) 洗手液宣称有抗菌、抑菌等性能的，需要办理消毒产品生产企业卫生许可证，并提供消毒产品卫生安全评价报告等系列资质；

① 上述资质汇总依据参考质安选无色无味洗手液。

（3）在全国工业产品生产许可证中第38类为“直接接触食品的材料等相关产品”，其中有“餐具洗涤剂”类别，但是洗手液不属于这个类别，因此洗手液不适用全国工业产品生产许可证范畴。

4 质安选洗手液升级变化情况

（1）使用方法：质安选洗手液（见图1）的包装上增加了压泵，改变了过去需要用分配器的单一模式。

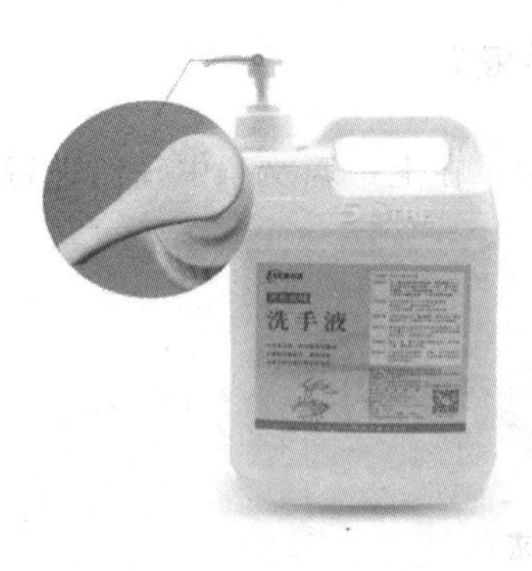

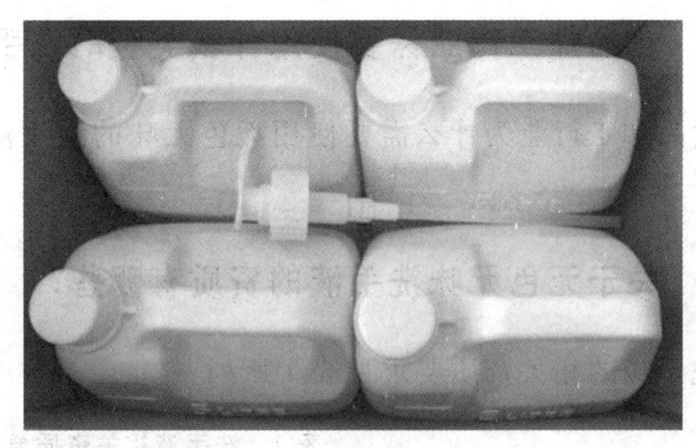

图1 质安选洗手液图片

（2）妆字号资质更齐全，增加化妆品系统备案和化妆品安全评价报告，合作上游单位为出口型工厂，生产过程中对质量管控更规范。

（3）包装升级：单桶包装加厚，降低物流破损发生概率，同时包装规格由3桶/箱升级为4桶/箱。

风淋管理，你做对了吗？

熊传武　上海悦孜企业信息咨询有限公司　安徽质安选食品安全科技有限公司

风淋系统对于食品从业人员来说并不陌生，它常置于食品车间的入口处。笔者参观一些食品车间时，发现有些工厂虽然为了更好地控制食品安全风险，使用了风淋系统，但很多食品生产企业对风淋系统的相关知识并不了解，其使用过程也存在一些问题。在这种情况下，风淋系统不但起不到预期的效果，反而会增加产品的安全风险。风淋系统在食品车间的应用对象包括人和货物，本文所述的主要为针对人群使用的风淋系统。

1　风淋的使用目的

风淋室（见图 1）是将具有强劲洁净效果的空气由可旋转喷嘴从各个方向喷射至人身上，有效而迅速清除附着在人体和工作服上的杂物（灰尘、头发、发屑等）的设备，它可以减少人进出高清洁区所带来的污染问题。风淋室的两道门电子互锁，可以兼起气闸室的作用，阻止外界污染和未被净化的空气进入洁净区域。

图 1　风淋室图片①

2　基本原理

风淋系统通常由风机、过滤器、箱体以及电器控制部分组成，其结构示意如图 2 所示。环境空气经过初效过滤器，由风机压入静压箱，再经过高效过滤器过滤后从喷淋口吹出高速洁净气流，洁净气流以高速均匀的风速喷射到人员表面，有效而迅速地

① 图片来源于百度图库。

清除人员从非洁净区所携带的杂物，再经由初、高效过滤器过滤后重新循环到风淋区域内[①]。

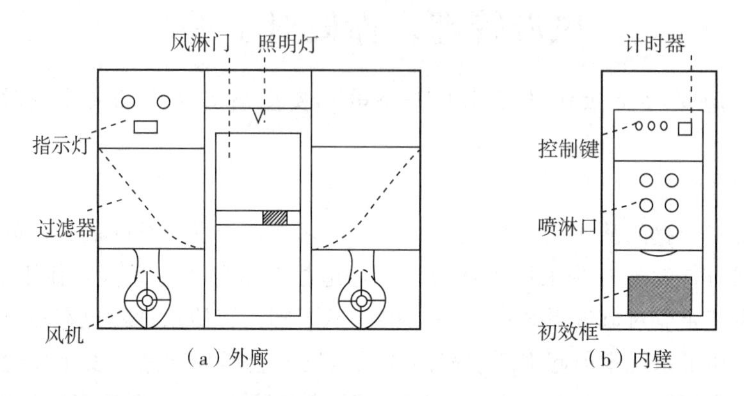

图 2 风淋系统结构示意图

高效过滤器的参数至关重要，其关乎风淋是否有对微生物有控制作用。通常，高效过滤器对直径为 0.3 μm（为头发直径的 1/200）以上的微粒去除效率可达 99.97%以上，是烟雾、灰尘以及细菌等污染物最有效的过滤媒介。

3 如何正确使用风淋

3.1 风淋的参数设置

3.1.1 风速

根据科学试验，我们可以得到风速与除尘效果之间的关系，图 3 给出了对不同粒径的灰尘施加不同风速之后的除尘效果。结果表明，在一定范围内，风速越高，除尘效果越明显。当风速达到 20 m/s 后，除尘效果随风速增加变化已不再明显。

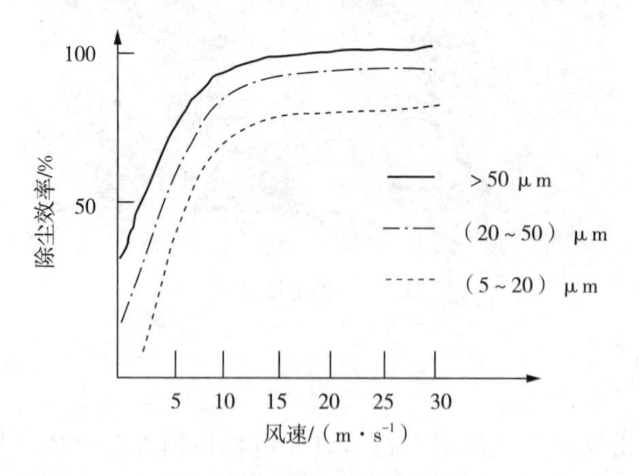

图 3 风速与除尘效率的关系[②]

① 季启政，顾世红，王慧．工业洁净室风淋系统测量方法研究［J］．宇航计测技术，2010，30（4）：66-69.

② 数据来源于 JG/T 296—2010.

根据 JG/T 296—2010《空气吹淋室》的标准，我们可以查出不同宽度的风淋室对出口风速的要求。通过表 1 可知，最低的出口风速要求为 21 m/s，喷口数的个数要求 12 个以上。此外，回风口的速度不宜大于 2 m/s。

表 1 常用规格空气吹淋室球型喷口最小平均风速及最小喷口数

吹淋室净宽度/mm	喷口直径/mm	喷口最小平均风速/（m·s^{-1}）	最少喷口数（单人）/个
700	28	25	16
	30	23	16
	32	22	12
	38	21	12
750	28	26	16
	30	25	16
	32	24	12
	38	21	12
770	28	27	16
	30	26	16
	32	25	12
	38	22	12
800	28	29	16
	30	27	16
	32	26	12
	38	23	12

注：对于双人吹淋室，最少喷口数应为表中相应数值的 2 倍，通道式吹淋室每米长度最少喷口数为 16 个。

了解了风速的要求之后，我们如何进行检测呢？测量风速可采用便携式热球电风速计或便携式热敏电阻恒温风速计，其测量范围可以覆盖 0～40 m/s，测量不确定度满足 2%。检测点数为喷淋口总数的 1/3，检测位置与喷淋口截面垂直并以距喷淋口不超过10 cm为宜。便携式风速计如图 4 所示。

图 4 便携式风速计

如果没有设备测量，可以先根据生活经验大致判断一下。依据表 2 风速对照表中的数据，风淋的出风等级需要达到 9 级。

表 2 风速对照表

风力等级/级	风的名称	风速/(m·s^{-1})	陆地状况	海面状况
3	微风	3.4～5.4	树叶及微枝摆动不息，旗帜展开	小浪
6	强风	10.8～13.8	大树枝摆动，电线呼呼有声，举伞困难	大浪
8	大风	17.2～20.7	微枝折毁，人向前行感觉阻力甚大	猛浪
9	烈风	20.8～24.4	建筑物有损坏（烟囱顶部及屋顶瓦片移动）	狂涛
10	狂风	24.5～28.4	陆上少见，可使树木拔起，将建筑物严重损坏	狂涛

3.1.2 风淋时间设置

了解了风淋的风速要求后，另外一个重要的问题就是风淋时间了。如果设置的时间长了则通行的效率低，如果时间太短风淋的效果会受影响。那么，到底多长时间合适呢？

根据 JG/T 296—2010《空气吹淋室》的标准，吹淋人员在风淋室内的吹淋时间应不少于 20 s，一般为 20～40 s，根据需要设定。

3.2 设置的位置

建议将风淋室设置在进入高清洁区的通道内，人员洗手消毒后进入。现场发现有些工厂有时把风淋设置在洗手区和消毒区之前，这样不太合适，因为工作人员容易在洗手过程中产生新的污染。另外建议风淋室和更衣室的方向错开，避免形成气流。

3.3 人员站立的方式

进入风淋室后，建议人员对准风口，让风可以吹到全身各部位。可以举起双手、转动身体使风淋的效果更佳，如图 5 所示。

图 5 风淋人员站立图示

3.4 维护与保养

对于风淋室的维护，要根据实际使用情况来确定频率。例如，对于前置的过滤网，可以用水洗或者真空洗尘等方式清洗，3 个月更换一次；主过滤网每年要检测 2～4 次，洁净车间要根据风速值或者是测压值来决定装置是否更换。具体包括：

（1）根据实际使用情况，定期将初效空气过滤器中的滤料取下清洗。

（2）当发现风速变小时，应首先检查初效空气过滤器表面是否发黑，若发黑，则说明预过滤器灰尘较多，阻力增大，即应拆下初效空气过滤器内的无纺布进行清洗或予以调换。

（3）当调换或清洗无纺布后仍不能提高风速，则说明高效空气过滤器已被堵塞，造成阻力增大，则应更换高效空气过滤器。

（4）更换高效空气过滤器时，需拆下喷球板，去除高效过滤器，按照原有高效过滤器的规格型号更换新的高效空气过滤器。安装时应确认高效过滤器上的箭头标记，箭头应指向气流的方向，并确保密封良好，防止渗漏。

（5）高效过滤器更换完毕后需确认边框无渗漏现象，并适当使用尘埃粒子计数器进行检测，仪器达到技术指标后方可进行正常工作。

4 食品企业是否需要风淋室？

GB 14881—2013《食品安全国家标准 食品生产通用卫生规范》提到了风淋室的使用，给出的要求是“必要时”，此外 GB 19304—2018《食品安全国家标准 包装饮用水生产卫生规范》强制要求了风淋室的使用，国家推荐标准 GB/T 25009—2010《蛋制品生产管理规范》中也要求了风淋室的设置。但我们查看了 GFSI 认可的相关标准，并未发现其提到明确的风淋室要求，具体见表 3 所列，所以企业要基于风险分析的原则，对本企业是否有必要安装风淋做出判断。

表 3 各标准对风淋室的要求

标准	关于风淋室的要求
GB 14881—2013《食品安全国家标准 食品生产通用卫生规范》	5.1.5.6 根据对食品加工人员清洁程度的要求，必要时应可设置风淋室、淋浴室等设施
GB 19304—2018《食品安全国家标准 包装饮用水生产卫生规范》	8.1.3.2 清洁作业区入口处应设置二次更衣室，设置风淋设施、换鞋（穿戴鞋套）设施或工作鞋靴消毒设施，洗手、干手、消毒设施。
GB/T 25009—2010《蛋制品生产管理规范》	7.2.4 清洁作业区应设置更衣室、清洗和洗手消毒区、风淋室等员工进入车间的过渡区
GFSI（IFS，BRCGS，FSSC 22000 等）	没有明确要求，基于风险

5 风淋设备的选购

5.1 风淋室大小

风淋室分为单人风淋室、双人风淋室、多人风淋室等，应选择适合企业的风淋室。可以根据车间的总人数和每班次进厂的时间，选择风淋室的大小。

5.2 吹淋方式

风淋室分为单吹风淋室、双吹风淋室、三吹风淋室。

5.3 风淋室的材质

风淋室的材质主要有冷轧钢板多层酸洗静电喷涂、外冷板内不锈钢、全不锈钢三种。不锈钢材质耐强酸、强碱，如使用场地比较潮湿或有酸碱性气体则选择全不锈钢风淋室，当然，对于食品行业首选不锈钢材质。

5.4 型号选择

根据JG/T 296—2010《空气吹淋室》中不同型号代表的意义，在选购时可以给予关注，如图6所示。根据这些型号可以快速选择到期望的风淋系统的设置。例如，ASR－S－0800－2－QP－2表示产品为人用小室式空气吹淋室，内通道的水平净宽度为800 mm，双侧吹淋，喷口为球形喷口，吹淋室由两段单人吹淋段连接而成，即为双人吹淋室（当吹淋室为单人吹淋室时，此项可缺省）。

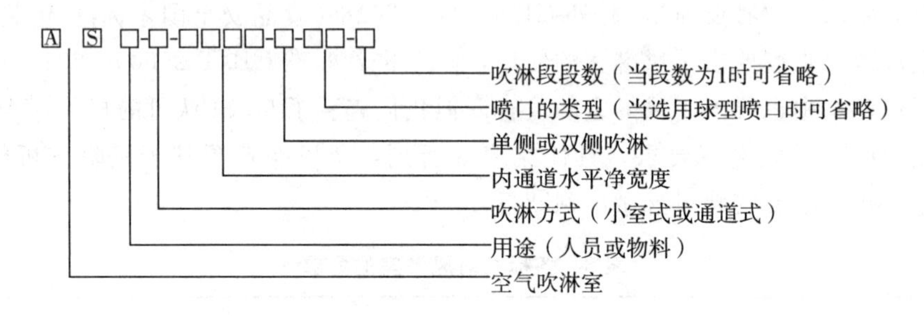

图6 空气吹淋室不同型号代表的意义

6 常见问题

6.1 风淋室形同虚设

有些企业为了提升形象或满足政府和客户的要求安装了风淋，但车间的门窗都没有保持封闭，这样的风淋系统基本上没有效果。甚至有些企业平时不启用风淋，只有在参观和检查时使用，其实这样的风险更大。

6.2 关键参数达不到要求

（1）风速达不到要求，风淋时只可感觉到微弱的风；

（2）风淋时间太短，风淋只有短短几秒钟；

（3）空气质量不达标。

6.3 没有定期维护保养

风淋没有按照计划进行修护；过滤网的维护和定期更换至关重要。

6.4 噪音太大

风淋室工作时噪音大，导致员工不愿意配合使用。根据相关研究，风淋系统每次工作时间较短，其噪音最好不超过75 dB。可以采用声级计，分别对风淋室内部和距离内侧风淋门1 m处进行检测。

7 小结

风淋室对于大多数食品企业来说并不是强制要求，但随着客户和企业内部要求加严后，风淋越来越多应用于食品工厂。要想正确使用风淋系统，我们需要正确地掌握风淋的相关知识，包括其工作原理、行业推荐参数和良好实践，并更好地使用、维护和保养风淋系统，使其功能发挥到最大。

更衣室管理的重中之重：消除八大卫生死角

黄永杰

更衣室是生产车间所有员工每日的必经之地，接下来笔者谈一谈对更衣室管理的看法。

1 更衣室的重要性

从功能分区看，很多工厂把更衣室作为一个独立的分区，在管理的时候由行政部负责，请外包第三方的工作人员进行管理，这样往往达不到要求。其实，更衣室属于生产车间的一部分，应按生产车间的要求进行管理。更衣室管理不当，会引入很多潜在的风险。

从审核要求看，更衣室是现场审核和客户参观的一部分，而且往往是第一站，第一站的管理情况会给客户和审核员留下非常重要的第一印象，甚至会影响整个审核或参观的结果。

2 审核中发现更衣室的GMP问题和原因分析

2.1 审核中主要发现的问题

(1) 员工个人物品柜内放有公司规定不宜放置的物品，如打火机、易腐食物、气味大的物品；

(2) 垃圾桶内有果皮、饮料、冲剂包装等；

(3) 柜子顶部、底部有口罩、纸巾、耳塞、发网、工具、零件等物品；

(4) 衣服乱摆乱放；

(5) 工鞋、私鞋乱放，工鞋表面有粉尘，鞋底黏有食物残渣、胶纸等；

(6) 更衣室有异味、霉味等。

2.2 原因分析

我们从以下角度来分析一下更衣室产生卫生问题的主要原因：

(1) 策划：没有识别卫生死角，针对性培训不够。

(2) 实施：没有明确的职责，员工未按照要求执行；检查出来问题后往往算成外包公司的问题。

(3) 检查：因为没有识别卫生死角，所以检查的时候往往会忽略卫生死角。

(4) 改善：没有检查出问题，或者查出问题但责任不明确，导致改善效果不好。

其实最主要的原因，还是企业没有系统识别更衣室的卫生死角并进行针对性地管理。

3 更衣室的八大卫生死角

3.1 卫生死角一：个人物品柜

3.1.1 主要表现

（1）个人物品柜有食品、饮料等违反公司规定的物品，容易吸引虫害（见图 1）；

（2）离职的员工未清理个人物品，长时间会积尘或结蜘蛛网。

3.1.2 建议方案

（1）每月定期清理员工柜子；

（2）定期应打开无人使用的柜子进行检查和清洁；

（3）员工离职后应检查柜子是否清理干净。

3.2 卫生死角二：更衣柜顶部

3.2.1 主要表现

（1）平顶式柜子顶部不易被检查到，但容易积尘和摆放物品；

（2）斜顶式柜子（见图 2）容易被错误认为不会积尘而不做检查和清洁，时间长也会积尘。

图 1 个人物品柜中放有水果

图 2 斜顶式衣柜

3.2.2 建议方案

（1）应将平顶式的柜子更换成斜顶式；

（2）每日清洁柜子顶部，并应配备方便的手刮式清洁工具。

3.3 卫生死角三：更衣柜、垃圾桶、消防柜底部

3.3.1 主要表现

（1）柜子底部需要蹲下才能检查和清洁，是难发现点；

（2）柜子脚底和靠近墙边不易被清洁，是难清洁点；

（3）员工清洁垃圾桶时容易忽略底部，时间长该处会有蜘蛛网、粉尘等；

（4）消防柜归安全部负责，里面有消防器材，不易清洁，清洁工容易忽视而不清洁，时间长会有蜘蛛网、粉尘等；

（5）更衣柜底部有垃圾（见图3）。

图3 更衣柜底部有垃圾

3.3.2 建议方案

（1）每日清洁，负责人定期抽查；

（2）定期移动柜子，对柜子脚底、墙边进行彻底清洁；

（3）在清洁记录表中增加一栏“重点关注位置”，明确相关职责。

3.4 卫生死角四：脏衣收集柜/桶内壁

3.4.1 主要表现

（1）工衣携带汗水、产品碎屑、沾有色素、油污，脏衣收集凌乱（见图4）等，容易污染收集柜；

（2）脏衣收集柜由洗衣公司或洗衣人员管理，但清洁工作没有明确由谁负责。

图4 脏衣收集凌乱

3.4.2 建议方案

（1）在脏衣柜内部增加一个套袋，减少脏衣服与柜子接触；

（2）规定由清洁工负责定期检查清洁收集柜。

3.5 卫生死角五：工鞋及鞋架

3.5.1 主要表现

（1）员工在车间作业，身上会沾有粉尘、产品碎屑、沙粒、封箱胶带等异物；

（2）没有清洁的工鞋/个人鞋放置鞋架上，鞋架受到污染会被弄脏（见图5）。

图5 脏工鞋和鞋架

3.5.2 建议方案

（1）配备清洁鞋子的工具，如擦鞋机、刷子等；

（2）要求员工定期清洁个人工鞋；

（3）定期清洁鞋架，同时检查工鞋的清洁状况，记录脏鞋鞋号并反馈。

3.6　卫生死角六：擦鞋机内部

3.6.1　主要表现

（1）用滚筒式毛刷擦鞋时容易使污染物飞溅到内部；

（2）刷毛内部藏有很多不易清洗的污染物和杂质，难以清理（见图 6）。

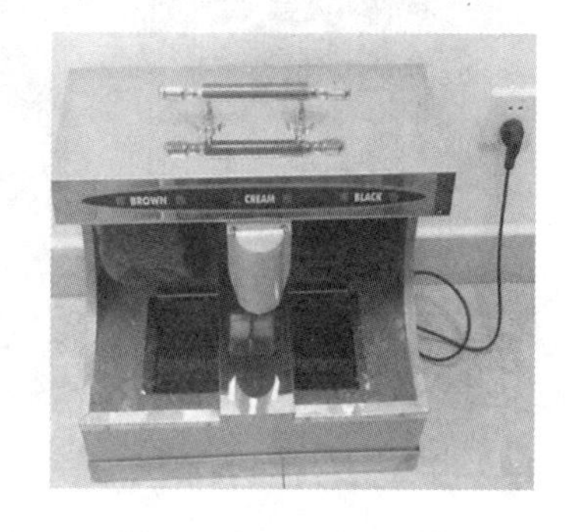

图 6　擦鞋机内部脏污

3.6.2　建议方案

（1）编制擦鞋机清洁的 SOP（标准作业程序），规定清洁步骤、频率和清洁效果，并培训清洁工；

（2）应备有轮换的毛刷，及时拆卸清洁和更换。

3.7　卫生死角七：风扇扇叶、空调风口滤网、抽风口滤网

3.7.1　主要表现

（1）风扇扇叶、空调风口滤网、抽风口滤网会有静电，容易吸尘（见图 7～图 9）；

（2）位于高空位置，清洁难度大；

（3）借助其他部门的支持，如需要由工程部协助拆卸。

图 7　风扇扇叶有灰尘

图 8　空调风口滤网有灰尘

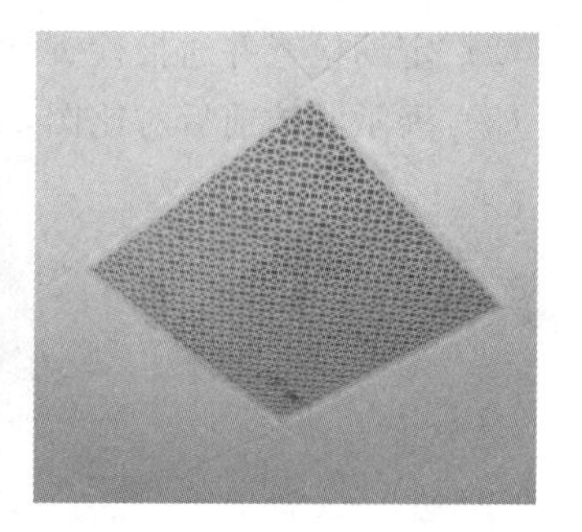

图 9　抽风口滤网有灰尘

3.7.2　建议方案

（1）设备安装成易拆卸式，如卡扣式；

（2）配备合适的工具（如梯子）和人员（两人协作）；

（3）根据日常的检查情况，规定合适的清洁频率。

3.8　卫生死角八：冲凉房的花洒头、墙壁、天花板、地漏

3.8.1　主要表现

（1）花洒头经常会有水滴且不容易被拆卸清洁，时间长了容易发霉（见图 10）；

（2）冲凉房比较潮湿，墙壁、天花板等位置不易被清洁，时间长了容易长霉（见图 11）；

（3）员工冲凉时掉落的头发、毛巾棉线等积聚在地漏，会产生积水（见图 12）。

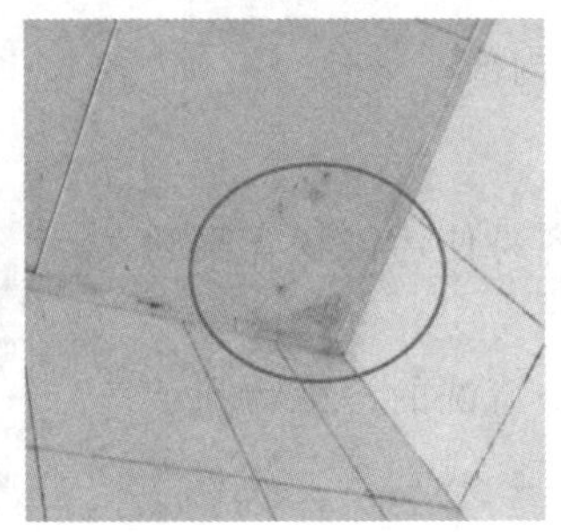

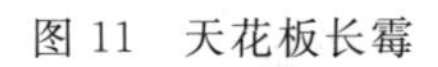

图 10　花洒头发霉　　图 11　天花板长霉　　图 12　地漏脏污有积水

3.8.2　建议方案

（1）定期拆卸花洒头清洁；

（2）定期清洁墙壁、天花板；

（3）配备专用的高空清洁工具；

（4）安排清洁工定期检查和清洁地漏，清理积水。

4　我们可以从哪里开始行动?

（1）根据更衣室的情况，制定检查清单；

（2）定期检查并通报检查结果；

（3）展示清洁前后对比图，及时认可改善效果。

现场专项管理类

食品车间灯光照度要求来自哪里？还需要执行吗？

王　海　上海悦孜企业信息咨询有限公司

“车间的亮度够不够?”，可能很多工厂的伙伴都在客户审核或者官方审核时被问到过这样的问题。笔者去拜访工厂或者做审核的时候，遇到比较暗的车间，通常也会问这个问题，往往得不到满意的结果。食品车间的灯光照度到底有没有要求？如果有，要求来自哪里？如果没有，那么我们可以直接回答没有吗?

1　照度要求来自哪里?

照度就是指光照的强度，通俗来说，就是我们常说的亮度。

1.1　GB 14881—2013《食品安全国家标准 食品生产通用卫生规范》要求

说起要求，首先看标准，现行 2013 版 GB 14881 中对照明的要求如图 1 所示。

> 5.1.7　照明设施
>
> 5.1.7.1　厂房内应有充足的自然采光或人工照明，光泽和亮度应能满足生产和操作需要；光源应使食品呈现真实的颜色。
>
> 5.1.7.2　如需在暴露食品和原料的正上方安装照明设施，应使用安全型照明设施或采取防护措施。

图 1　GB 14881—2013《食品安全国家标准 食品生产通用卫生规范》中的照明要求

可见标准里面并没有要求照度，这下工作人员可以放心大胆地回答“没有”了。

那么什么是“满足生产和操作需求”的照度呢？1994 版 GB 14881 中的要求如图 2 所示。

> 4.5.9　采光、照明
>
> 4.5.9.1　车间或工作地应有充足的自然采光或人工照明。车间采光系数不应低于标准Ⅳ级；检验场所工作面混合照度不应低于 540 lx；加工场所工作面不应低于 220 lx；其他场所一般不应低于 110 lx。
>
> 4.5.9.2　位于工作台、食品和原料上方的照明设备应加防护罩。

图 2　GB 14881—94《食品企业通用卫生规范》中的照明要求

1994 版标准在不同区域分别给出的 110 lx、220 lx 和 540 lx 的指引是具有可操作性的。

1.2 其他标准的要求

除了 GB 14881，还有很多现行有效的标准中对照明同样有比较具体的指引，其中包括出口类企业卫生规范、强制标准（乳制品和特医食品）和推荐标准（肉制品和罐头制品），见表 1 所列。

表 1 有照明要求的各类标准

序号	标准号	标准名	发布时间	备注
1	GB 14881—94	《食品企业通用卫生规范》	1994 年	已废止，被 GB 14881—2013 版替代
2	GB 16330—1996	《饮用天然矿泉水厂卫生规范》	1996 年	已废止，被 GB 19304—2018 替代
3	—	《出口水产品生产企业注册卫生规范》	1995 年	—
4	—	《出口脱水果蔬生产企业注册卫生规范》	1996 年	—
5	—	《出口面糖制品加工企业注册卫生规范》	1996 年	—
6	—	《出口肠衣加工企业注册卫生规范》	1996 年	—
7	国认注［2001］1 号	《出口速冻方便食品生产企业注册卫生规范》	2001 年	—
8	国认注［2003］81 号	《出口饮料生产企业注册卫生规范》	2003 年	—
9	国认注［2003］51 号	《出口罐头生产企业注册卫生规范》	2003 年	—
10	国认注［2003］51 号	《出口速冻果蔬生产企业注册卫生规范》	2003 年	—
11	—	《出口肉类屠宰加工企业注册卫生规范》	2003 年	—
12	国认注［2004］47 号	《出口茶叶生产企业注册卫生规范》	2004 年	—
13	国认注函［2005］218 号	《出口泡菜生产企业注册卫生规范》	2005 年	—

（续表）

序号	标准号	标准名	发布时间	备注
14	GB 12695—2003	《饮料企业良好生产规范》	2003 年	已废止，被 GB 12695—2016《饮料生产安全规范》替代
15	GB 12693—2010	《食品安全国家标准 乳制品良好生产规范》	2010 年	—
16	GB 29923—2013	《食品安全国家标准 特殊医学用途配方食品良好生产规范》	2013 年	—
17	GB/T 20940—2007	《肉制品企业良好操作规范》	2007 年	—
18	GB/T 20938—2007	《罐头食品企业良好操作规范》	2007 年	—

综合来看，大部分的标准跟 GB 14881—94 中的要求是一致的，包括表 2 所列内容。

表 2　照明要求

区域	要求
检验场所工作面	≥540 lx
加工场所工作面	≥220 lx
其他场所	≥110 lx

随着 2013 版 GB 14881 发布后，后期发布的标准，基本上都是参考 GB 14881 的要求的，不再给出具体的参数指引了。

1.3　特殊要求

那么是否有不一样的要求呢？

当然，在饮料企业有一些不一样的要求，见表 3 所列。

表 3　饮料企业照明要求

<table>
<tr><th>标准名</th><th>GB 14881—94《食品企业通用卫生规范》（已废止）</th><th>国认注［2003］81 号《出口饮料生产企业注册卫生规范》</th><th>GB 12695—2003《饮料企业良好生产规范》（已废止）</th><th>GB 12695—2016《食品安全国家标准 饮料生产卫生规范》</th></tr>
<tr><td rowspan="2">检验场所</td><td rowspan="2">≥540 lx</td><td>灯检：≥1000 lx</td><td rowspan="2">—</td><td rowspan="5">参考 GB 14881—2013，满足生产和操作需求</td></tr>
<tr><td>其他：≥540 lx</td></tr>
<tr><td rowspan="2">加工场所</td><td rowspan="2">≥220 lx</td><td rowspan="2">≥220 lx</td><td>装配和罐装：≥800 lx</td></tr>
<tr><td>其他：≥220 lx</td></tr>
<tr><td>其他场所</td><td>≥110 lx</td><td>—</td><td>—</td></tr>
</table>

1.4　最初的出处

1994 版的 GB 14881 是关于照度要求的最初出处吗？

我们发现 GB 12698—1990《黄酒厂卫生规范》（已废止）中出现照度的要求，如图 3 所示。

5.5.7　照明

工厂应有充足的自然采光和人工照明，加工车间采光系统不得低于标准Ⅳ级，检验场所工作面混合照度不低于 540 lx（勒克斯），加工场所工作面不低于 220 lx（勒克斯），其他场所不低于 110 lx（勒克斯）。车间内吊挂在食品上方的灯泡和灯具必须有安全防护装置，以防破碎而污染。

图 3　GB 12698—1990《黄酒厂卫生规范》关于照明的要求

将卫生规范系列的标准全部找到，首先是 1991 年发布的系列标准，发现《黄酒厂卫生规范》确实是当时唯一一个有关于照明明确指引的标准，如图 4 所示。

GB 12695-1990	饮料厂卫生规范	1991-03-18	1991-10-01	已经废止	卫生部
GB 12693-1990	乳品厂卫生规范	1991-03-18	1991-10-01	已经废止	卫生部
GB 12694-1990	肉类加工厂卫生规范	1991-03-18	1991-10-01	已经废止	卫生部
GB 12698-1990	黄酒厂卫生规范	1991-03-18	1991-10-01	已经废止	卫生部
GB 12696-1990	葡萄酒厂卫生规范	1991-03-18	1991-10-01	已经废止	卫生部
GB 12697-1990	果酒厂卫生规范	1991-03-18	1991-10-01	已经废止	卫生部

图 4　国标卫生规范系列标准查询截图

继续往前查，然后找到 1988 年发布的系列标准，如图 5 所示，也没有明确的指引。

GB 8953-1988	酱油厂卫生规范	1988-04-14	1989-01-01	已经废止	卫生部
GB 8955-1988	食用植物油厂卫生规范	1988-04-13	1989-01-01	已经废止	卫生部
GB 8954-1988	食醋厂卫生规范	1988-04-14	1989-01-01	已经废止	卫生部
GB 8950-1988	罐头厂卫生规范	1988-04-14	1989-01-01	已经废止	卫生部
GB 8957-1988	糕点厂卫生规范	1988-04-14	1989-01-01	已经废止	卫生部
GB 8952-1988	啤酒厂卫生规范	1988-04-14	1989-01-01	已经废止	卫生部
GB 8951-1988	白酒厂卫生规范	1988-04-14	1989-01-01	已经废止	卫生部
GB 8956-1988	蜜饯厂卫生规范	1988-02-29	1989-01-01	已经废止	卫生部

图 5　国标卫生规范系列标准查询截图

以 GB 8950—1988《罐头厂卫生规范》为例，标准要求如图 6 所示。

4.4.7　照明

工厂应有充足的自然照明或人工照明。厂房内照明灯具的光泽应尽量不改变被加工物的本色；亮度应满足工作场所和操作人员的正常工作需要。吊挂在食品上方的灯具，必须装有安全防护罩，以防灯具破碎而污染食品。

图 6　GB 8950—1988 中的照明要求

至此，我们基本可以确定，具体的照度参数指引，最早出现在 GB 12698—1990《黄酒厂卫生规范》中。

1.5 食品法典 CAC 要求

同时，我们也知道，国内很多标准都参考了食品法典 CAC（国际食品法典委员会）的标准，我们找到了如下说明，如图 7 所示。

> 4.4.7 照明应提供充分的自然或人工照明以确保一种卫生方式来操作，在必要处，照明不能导致颜色改变，亮度只要充分保证操作就可以。照明的装置应该在适宜处妥善保管以确保食品免受破损的污染。

图 7 CAC/RCP1-1969 标准照明相关条款中文截图

1.6 Food Code 要求

Food Code 2013 Recommendations of the United States Public Health Service Food and Drug Administration. 中的要求还是比较明确的，要求如图 8 所示。

> Lighting 6-303.11 Intensity.
>
> The light intensity shall be：
>
> a) At least 108 lux (10 feet candles) at a distance of 75 cm (30 inches) above the floor, in walk-in refrigeration units and dry food storage areas and in other areas and rooms during periods of cleaning;
>
> b) At least 215 lux (20 feet candles)：
>
> (1) At a surface where food is provided for consumer self-service such as buffets and salad bars or where fresh produce or packaged foods are sold or offered for consumption,
>
> (2) Inside equipment such as reach-in and under-counter refrigerators; and
>
> (3) At a distance of 75 cm (30 inches) above the floor in areas used for handwashing, warewashing, and equipment and utensil storage, and in toilet rooms; and
>
> c) At least 540 lux (50 feet candles) at a surface where a food employee is working with food or working with utensils or equipment such as knives, scicers, grinders, or saws where employee safety is a factor.

图 8 Food Code 标准照明相关条款英文截图

2 照度是否需要执行？

了解了照度要求的“前世今生”后，照度要求是否需要执行呢？

答案是肯定的。照度要求需要执行，有以下几点原因。

2.1 卫生死角往往是亮度不够的地方

工厂的卫生死角往往是亮度不够的地方，卫生死角往往也是现场管理的痛点。曾经有个人空降到一家食品工厂做质量经理，据他分享，入职后做的第一件事情就是观察现场，然后把很多亮度不够的地方全部加装上灯，很快很多卫生死角无处遁形，工厂的 GMP 管理成效也得到了较大的提升。

照度之所以能发挥如此功效，是有原因的。

2.2 照度可以影响员工行为

研究人员曾设计了一个“八个灯泡带来的改变”① 的研究，让两组人在不同的房间做测试，一个是光照非常好的房间，一个是3/4电灯都无法工作的房间，大家需要在有限的时间内完成20道数学测验，每答对一题都会有奖励，在最后的5分钟内，在报告单上给自己打分。结果显示：光线有问题房间的一组，结果的谎报率为61%，而光线没有问题的一组，谎报率为24%，仅仅改善房间内的照明条件，如在这一研究中用了8盏日光灯，不诚实行为就减少了37%。照度的影响，同样应用于食品安全和质量管理领域，良好的光照环境，更有利于员工遵守各项SOP和操作指引，也更容易达成好的预期，反之亦然。

2.3 最佳实践

虽然废止标准的参数还是可以作为指引，那么还有没有其他标准可以用来借鉴呢？答案是当然有，见表4所列。

表4 BRCGS标准最佳实践

照度/lx	主要活动	应用场景
150	感知一些细节	装卸区、配电室、厂房
200	持续感知较少细节	门厅及入口大厅
300	持续使用并感知一点细节	储存区、仓库、餐厅及厨房
500	需要感知细节的视觉任务	工厂生产区、一般办公室、实验室
750	需要仔细观察细节的视觉活动	质控目视检查、分级
1000	需要更仔细观察细节的视觉活动	精细装配
1500	需要高度集中观察细微的视觉活动	精细工作检查、精密装配

这是来自BRCGS标准的最佳实践，其应用场景更多，指导意义更强，可供大家参考。

3 如何测量和检查

这个就比较简单了，买个照度计（见图9），然后按照一定的频率去测量即可。

图9 照度计②

① 扬纳斯．食品安全等于行为——30条提高员工合规性的实证技巧［M］．孙娟娟译．北京：科学出版社，2018.

② 图片来源于网络。

4 我们可以从哪里开始行动?

(1) 可以考虑买个照度计;

(2) 看一下,工厂内哪些地方有必要加装灯;

(3) 把这篇文章推荐给你生产、工程的同事和从事 QA 的朋友们。

如何有效去除令人烦恼的冷凝水

邵 磊 安徽质安选食品安全科技有限公司

冷凝水，俗称“结露”，表现为在管道、通风口、墙壁、天花板等表面上出现水迹甚至水珠。冷凝水在食品加工车间中随处可见，尤其是在肉制品加工车间、水产品加工车间等更为常见。很多企业管理人员为之头疼不已，如果控制不好冷凝水则很容易产生交叉污染，严重影响食品加工过程的食品安全。

我们此前经历过多次客户审核（二方）和认证审核（三方），发现冷凝水问题是审核环节的重点关注项，因为这个是最容易被审核人员发现的。

不同的标准条款中可能会涉及类似的标准。

《GFSI 全球市场计划的审核指南》中要求：“设施是否维护良好、干净和消毒，能否防止产生物理、化学和微生物的污染？”

GB 14881—2013《食品安全国家标准 食品生产通用卫生规范》中 4.2.2.2 要求：“顶棚应易于清洁、消毒，在结构上不利于冷凝水垂直滴下，防止虫害和霉菌滋生。”

建议企业在开展通知性审核前应该对车间内的硬件设施进行卫生检查，遵循“从上（天花板）到下（地面），不忘四周（墙壁）”的原则，发现破损及时修复，并保持清洁卫生。当面临市场监督管理局飞行检查或客户的非通知性审核时，更应该提高对易出现冷凝水部件的卫生清洁效率，保证稳定的卫生清洁状态。

1 为什么会产生冷凝水？

湿空气的露点温度（空气中的水蒸气变为露珠时的温度）是判断是否结露的重要依据。如果温度下降到低于露点温度时，就会有冷凝水产生。因此如果送风温度低于室内露点温度，则易结露。风口结露也是由风口表面温度低于室内空气的露点温度所造成的。在同一温度时，相对湿度越高，水蒸气压力越大，则露点温度也越高，越易结露。同理，相对湿度相同时，温度越高，露点温度也越高，也就越容易结露。

由于不同产品（肉制品、水产品、速冻食品等）加工的工艺特性，前区、后区和冷库区域有不同的温度要求，冷热交换容易导致天花板（也包括各类风机和管道）表面产生大量冷凝水。同时由于设备和工器具清洗间温度高，通过空气冷凝的作用，车间天花板上会有大量冷凝水滴形成。冷凝水直接滴落在产品上或者其他食品接触面（设备或者工器具表面）可能会引起交叉污染。

2 冷凝水对食品安全有哪些具体风险？

2.1 微生物风险

天花板或四周墙壁长时间集聚冷凝水，容易加快微生物繁殖速度，尤其是霉菌的生长，从而导致表层发黑长霉，冷凝水的存在或长时间发霉环境容易产生微生物滋生的风险。

2.2 物理性风险

如果天花板或墙壁使用了涂料工艺，当冷凝水集聚严重时会引发表层墙面脱皮掉落，所以 GB 14881—2013《食品安全国家标准 食品生产通用卫生规范》中 4.2.2.1 要求："顶棚应使用无毒、无味、与生产需求相适应、易于观察清洁状况的材料建造；若直接在屋顶内层喷涂涂料作为顶棚，应使用无毒、无味、防霉、不易脱落、易于清洁的涂料。"如果天花板本身材质能够达到标准要求，滴落的冷凝水容易携带板材上的灰尘或其他异物一起滴落到下方的食品接触面或食品表面，容易产生物理性的风险。

3 常规的冷凝水控制措施优劣分析

3.1 优势

（1）采取减少排风量、加大送风量的方式来保证室内一定的正压值，防止因热湿空气的渗透而产生冷凝水。可采用改良型风机（如扁口风机）对天花板进行吹风，效果尚可，但因受风机口朝向问题，容易存在死角，且定做或改良风机涉及硬件改造，成本较高。

（2）增大风机送风量，以提高送风温度，减小送风温差，防止结露。送风温度应符合设计要求，以防止低温送风造成结露现象的发生。一般通过调节冷冻水流量（减少冷冻水流量）、提高送风温度或送风速度来解决，但这取决于风机本身的设置限值。

（3）在风机附近设置冷凝水接盘，通过引流方式，将冷凝水引入排水系统。此方法同样涉及较大范围的硬件改造，且只能解决风机周边的冷凝水，不能覆盖所有区域，在冷凝水接盘底部也会出现冷凝水。

（4）设立专门岗位，由专人负责定期清理天花板上的冷凝水，目前，此举是应对客户通知式审核的最佳途径，广受厂家欢迎。

3.2 劣势

使用的工具不专业，多数为员工自制或改造而来，如使用棉布或者海绵，甚至使用拖把，非专业工具清除效果不佳，效率低下，员工抱怨多，无法持续实施，导致此方法形同虚设，且棉布或海绵在持续作业过程中的交叉污染不能有效控制，从而可能引入新的潜在风险。

4 在不进行硬件改造的情况下，性价比高的冷凝水清洁操作实践

在食品企业短期内无法实施硬件改造的情况下，质安选提供高性价比的专业冷凝水清理神器——天花板冷凝水刮，该工具由伸缩手柄、导流管、蓄水瓶、刮板（材料

为食品级）等组成，也可以根据不同高度进行选择和组合，员工经过简单培训后即能够操作，可轻松去除天花板的冷凝水，同时还适用于水管、管道外冷凝水的彻底清除，具有效果好、效率高的特点，在控制好冷凝水的同时，能节约人工成本。

5 用于清洁天花板和墙面的操作工具

对冷凝水进行收集和清理后，也不要忽视定期对天花板和墙面表面的清洁，其表面不平整，因此容易集聚灰尘。很多工厂没有关注过天花板和墙面的清洁情况，这样也容易形成卫生死角。

质安选提供的优质百洁刷产品（见图 1），能够更好地对天花板和墙面进行高效清洁，百洁垫非一次性产品，可以安装更换，更好地降低使用成本。

图 1　百洁刷套装

在配料间，一定不能犯的 8 个错误

王　海　上海悦孜企业信息咨询有限公司

配料是生产操作的第一道工序，配料工作对产品的安全和质量十分重要，管理好配料间对内对外都有十分重要的意义。对内而言，管理好配料间，才能确保配料合规、产品配方稳定；对外而言，配料间是外部审核员特别关注的一个区域，管理好配料间，才能避免审核时出现严重的不符合标准的情况。然而，管好配料间并不容易，很多工厂由于配料品种多、配料间空间有限等限制，特别容易出现这样或者那样的问题，但是一定不能犯以下 8 个错误。

1　错误 1：物料无标识或标识不全

配料间的原辅料没有标识或者标识不全是配料间常见的问题之一，没有标识或标识不全可能会出现非预期使用和/或追溯无效的情况，配料的非预期使用会直接导致产品出现质量问题，严重时，会出现食品安全问题，如限量添加剂的非预期使用会导致产品出现添加剂超标的问题；追溯失效则会在发生质量问题时人员无法有效实施调查。

1.1　脱包后物料无标识

按照常规的操作要求，进入配料间的原辅料都需要脱包，脱包后原辅料的批号信息会随着外包丢失，如果没有重新制作标签，就会出现脱包后的产品没有标识的情况。

另外，原辅料脱包后，存放的特定的容器中没有批次标识，或者标识长期没有更新，会导致没有批次或者批次不准确的情况。

1.2　称量后物料无标识

按照特定的生产单元（如罐、锅）等进行称量，称量后的物料会装入周转袋（称量袋）中或者其他的周转容器中，如周转筐、周转桶、周转盆等，因为数量比较大，称量后的物料标识往往会缺失和遗漏。

2　错误 2：配料秤管理不当

秤是配料间最重要的工具之一，秤管理不好同样可能带来食品安全和质量的风险。

2.1　电子秤外校遗漏或者过期

虽说配料的电子秤并不在强制外校的范围，但是针对有限量添加剂使用的情况，很多工厂会把配料作为 CCP（关键控制点），会主动地将限量添加剂的电子秤做外校。

在实际的操作过程中，会出现电子秤外校遗漏或者外校过期的情况。

外校遗漏：配料间如果有两台以上的电子秤，容易出现遗漏情况。此外，对于电子秤故障、新购电子秤等情况，也容易出现外校遗漏的情况。

外校过期：工厂外校一般是集中实施的，过期的情况往往出现在新购的电子秤上。

2.2 未实施内校或未保留记录

除了外校，定期内校也是必需的，而很多企业并未实施内校，或者未保留相应的记录。某种意义上讲，内校可能比外校更重要，因为外校的频率较低，加之电子秤在配料间工作环境往往不佳，出故障的概率还是比较高的，内校能够更加容易与及时地发现故障。

内校又包括角差校准（5点校准）和线性校准，从要求上而言，最好能两者同时实施，一般情况下，实施角差校准就可以了。

3 错误3：称量操作不当

秤校准好后就是员工的操作，操作引起的误差往往比电子秤造成的误差更大，操作问题主要包括用大秤称小料和未去皮两种情况。

用量程大的秤称小料：配料间根据不同用量的原辅料，配置了不同量程范围的电子秤，但是有员工为了省事，直接用量程大的秤称小料，这样的情况特别常见，需要特别注意。

未去皮：主要由于员工忘记了去皮操作，称量很多物料时使用了不锈钢桶，如果忘记“去皮”，算下来的误差还是比较大的。

4 错误4：记录不当

根据管理体系的要求，配料称量需要保留记录，配料记录存在的问题主要包括批号缺失、记录不及时和审核无效。

批号缺失：包括批号全部缺失或者部分缺失。全部缺失是指没有按照相应的要求进行策划；部分缺失主要指在批号转换时仅记录了一个批号。

记录不及时：实际中特别容易出现记录不及时、临下班补填记录的情况。补填记录的操作也是出错的主要原因。

审核无效：很多工厂把配料设置为双人复核，或者配料记录由班组长审核，但实际过程中并没有有效实施双人复核或者班组长审核时仅仅签了字，并未实施有效审核。

5 错误5：剩余物料存放不当

称量过后的物料进入下一道工序，还有部分剩余物料，一部分退回仓库，还有一部分不会退回仓库，会放置在配料间，主要是一些用量较少的原料，如色素、香精和添加剂等。主要的问题包括存放容器和存放环境两部分。

存放容器：主要针对限量添加剂，通常需要双人双锁，这个在仓库能实现，但是在配料间往往容易忽视。

存放环境：主要针对一些光敏、热敏的原料，临时存放在配料间时的存放环境往往无法满足要求。

6　错误 6：人员培训与限量添加剂要求宣贯不充分

人员培训不充分：配料员是个关键岗位，尤其是将限量添加剂设置为 CCP 点的工厂，从事配料的人员是 CCP 点员工，很多标准中对 CCP 点员工培训都有特别的要求，针对杀菌、金探、X 光机等 CCP 点操作工，很多工厂能实施培训并保留记录，但对于配料环节的员工往往未能实施有效的培训，应该对配料员实施相应的培训，包括电子秤的操作、掌握限量添加剂的要求，等等；另外，配料人员变更的时候，也未及时实施相应的培训。

限量添加剂要求宣贯不充分：虽然上文在各个环节都提到了限量添加剂的要求，但是在实际操作过程中，配料间的员工对限量添加剂的重要性和要求并不了解，而员工对重要性理解不足，就不会产生足够的重视。

7　错误 7：异物管理不当

异物管理其实不仅限于配料间，还贯穿于整个工厂。在配料间有很多环节处于开放状态，或者涉及不同容器间的转移，还包括拆包、贴标签等操作，这些操作往往会引入异物风险。

开放区域异物：在称量环节需要特别关注配料间环境的异物风险，避免引入异物。

配料操作异物：配料操作主要包括拆包异物，如拆包线头、内袋破损的塑料碎片等；标签异物，如标签破损、标签脱落等；周转容器异物，如周转桶、周转筐的异物等。

8　错误 8：过敏原管理不当

就目前标准而言，新修订的 GB 7718 标准尚未正式发布，过敏原仍不是强制要求，所以，仍有很多工厂并没有将过敏原管理起来，而配料间又是过敏原管理的难点，新修订的 GB 7718 标准正式发布之前，有些工厂还是觉得可以再拖一拖。但大家都知道，新修订的 GB 7718 标准很快就会发布，发布之后，过敏原管理会变成强制要求。其实，在新的 GB 7718 征求意见发布之前，很多客户都已经有了相应的要求，所以过敏原应该尽快管理起来。

我们可以展开以下行动：

(1) 看一下我们是否有其中的 1 个或者几个同样的问题；

(2) 若有，选择其中的 1～3 个，分析原因，建立防控措施。

食品工厂设备如何防锈与除锈

苏　盈

工厂使用的设备设施由多种类型的材料制成，铁、铝等材料生锈很常见，但当不锈钢表面出现锈点或锈斑时，大家可能就会很惊讶“不锈钢也会生锈?”“生锈的不锈钢是不是就不是真正的不锈钢了?”“不锈钢生锈是不是不锈钢材质有问题?”

本篇文章，笔者想就以下几个方面的内容跟大家探讨一下不锈钢生锈这个问题。

（1）食品车间生锈的主要表现和危害；

（2）不锈钢生锈的主要原因；

（3）如何防锈和除锈。

1　食品车间生锈的主要表现和危害

在了解铁锈的危害之前，我们先来看看，设备生锈的主要表现及特点，见表 1 所列。

表 1　设备生锈的主要表现及特点

生锈的表现	特点	图片
锈点	红褐色斑点状，不易脱落，易清理	
锈渣	红褐色块状，疏松易脱落，相对易清理	
锈块	褐色块固体状，不易脱落，极难清理	

那么以上不同类型的铁锈可能带来哪些危害呢?

（1）异物危害：铁锈可能松脱而掉落到产品里，带来产品异物的风险。如果铁锈较为疏松，掉落到产品中会影响产品正常的颜色、风味等，如果长期食用或饮用铁含量超标的食物或水，会加重肾脏、肝脏负担，从而引发高血压等病症。如果铁锈长时间堆积形成锈块，而脱落的锈块较为坚硬或尖锐，可能会划伤人体消化道，严重时会引起消化道出血或穿孔。

（2）微生物藏匿滋生：疏松的锈点或锈渣中更容易藏匿和滋生微生物，特别是在高风险区域，更要注重对设备上铁锈的管理，降低高风险区域致病菌的繁殖速度。

（3）缩短设备寿命：生锈会造成设备上油漆、零部件等损坏或脱落（见图1），从而缩短设备寿命，增加工厂设备运行成本。

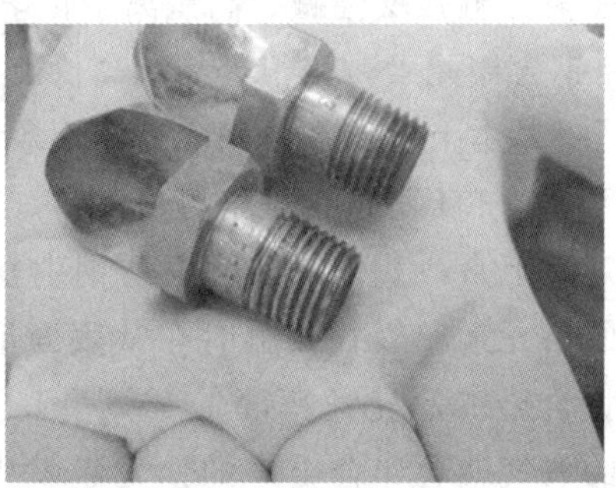

图1 生锈的设备配件

2 不锈钢生锈的主要原因

不锈钢是指在大气、酸、碱和盐等腐蚀性介质中呈现钝态、耐蚀而不生锈的高铬（铬含量一般为12%～30%）合金钢。

食品级不锈钢是指符合 GB 4806.9—2016《食品安全国家标准 食品接触用金属材料及制品》要求的不锈钢材料，标准中 4.1.3 规定“不锈钢食具容器及食品生产经营工具、设备的主体部分应选用奥氏体型不锈钢、奥氏体·铁素体型不锈钢、铁素体型不锈钢等不锈钢材料；不锈钢餐具和食品生产机械设备的钻磨工具等的主体部分也可采用马氏体型不锈钢材料。”

标准中提到的不锈钢材料名词比较专业，下表2中总结了其特点和在食品工厂中的应用供大家参考。

表2 不锈钢材料的特点和应用

不锈钢类型	特点	应用
奥氏体型不锈钢	具有很高的耐蚀性，良好的冷加工性，良好的韧性、塑性、焊接性，无磁性或弱磁性，但硬度较低	食品加工机械及盛装容器（如盆、勺子、碗、杯子等）
铁素体型不锈钢	导热系数大，较好的强度和硬度，有磁性，焊接性较差	耐热设备及工器具，如锅等
马氏体型不锈钢	强度、硬度较高，有磁性，塑性和焊接性较差，耐蚀性较差	餐具、刀具类

食品工厂常见的304不锈钢或316不锈钢属于奥氏体型不锈钢（备注：大家可能还会见到304L和316L材质，这两种材质相对于304不锈钢和316不锈钢的碳含量更低，含碳量越低，越不易被腐蚀），304不锈钢和316不锈钢是食品行业性能非常好的不锈钢，但二者稍有区别，工厂可根据实际情况选择。

（1）316不锈钢含镍量高于304不锈钢，这使其耐酸碱、耐高温、耐腐蚀、耐氧化的能力优于304不锈钢，除了应用于食品工业还用于外科手术器材。如果工厂设备某些部位或零配件需要接触强酸强碱、高氯离子化学品、高温等，可以选择316不锈钢。

（2）316不锈钢含钼元素，钼很容易和高价硫离子反应生成硫化物。

（3）316不锈钢基本上不存在热胀冷缩的现象，可用于制作精密零件。

（4）316不锈钢比304不锈钢价格更贵。

回到不锈钢定义上来，我们得知，不锈钢中富含铬元素正是不锈钢“不锈”的主要原因。合金中的铬元素和氧气接触时在其表面形成一层稳定的富铬氧化膜，称为钝化膜，此钝化膜将合金的氧化速率降低至微乎其微的范围。如果此钝化膜遭到破坏，空气中或介质中的氧气就会和合金中的铁元素发生缓慢的氧化反应，形成Fe_2O_3（铁锈的主要成分）或Fe_3O_4，这样不锈钢就生锈了。

食品工厂内存在哪些因素会破坏不锈钢表面的钝化膜而导致其生锈呢？

（1）化学品腐蚀：不锈钢表面黏附的酸、碱、盐类化学品会对钝化膜造成化学品腐蚀。例如，清洗设备所使用的清洁剂和消毒剂浓度过高或未冲洗干净导致长时间残留。值得注意的是，304不锈钢不耐氯离子，含有氯离子的液体或气体会腐蚀304不锈钢，如果工厂的设备大多是304不锈钢，应尽量避免或减少使用含氯清洁剂或消毒剂。如果不可避免的接触到了含氯化学品，则尽量选用316（L）型不锈钢设备。

（2）电化学反应：设备表面黏附的残留物，如肉渣、粉渣、蔬菜汁、金属碎屑等，在潮湿的环境中或有水和氧的情况下会产生有机酸或发生电化学反应，腐蚀不锈钢表面。

（3）机械损伤：员工不正确的切割、打磨、抛光、机械划伤等会破坏不锈钢表面的钝化膜。工厂维修人员切忌随便更改设备、野蛮操作。

（4）高温损伤：高温焊接会导致钝化膜破坏，焊接后形成的焊渣并未进行抛光和钝化，所以生锈往往从焊接处开始。

3 如何防锈及除锈

只有做好防锈，才能避免生锈或再次生锈。对于新购买或正在使用但从未生锈的设备或已除锈的设备有以下防锈方法。

（1）选择合适的材质：新设备尽量选用不锈钢材质，食品工厂通常选用304不锈钢或316不锈钢，其中316不锈钢的性能在大部分时候优于304不锈钢。随着技术的不断革新，市面上的不锈钢电机、不锈钢制冷风机、不锈钢过滤器、不锈钢更衣柜已经很常见，工厂可以择优选择。

（2）选择合适的化学品：正在使用的设备尽量不要选用含氯或者强酸、强碱等腐蚀性较强的化学品，可以使用季铵盐类消毒剂替代含氯消毒剂。

（3）及时清洁：工厂日常使用的设备其表面可见的食物残渣、污垢等在生产结束后需及时清除，特别注意识别设备及管道卫生死角，防止残留对设备造成腐蚀。

（4）对人员操作进行培训：对维修人员进行焊接技术培训，特别注意焊接时要充氩气且在焊接完后用高浓度硝酸钝化管道内壁；对相关员工进行操作规范的培训，引导他们不野蛮操作，以避免破坏设备表面的钝化膜。

（5）表面钝化/防护：对于已经进行物理或化学除锈后的不锈钢表面，如果条件允许，可对除锈部分进行钝化处理，使其再次形成氧化膜，延长不锈钢寿命。对于非不锈钢，其表面在除锈后如果有需要可再涂一层食品级润滑油。

若生产现场的设备生锈，工厂第一步应该做的就是除锈。除锈主要采用物理除锈和化学除锈两种方法。

（1）物理除锈：人工擦除或者使用砂纸打磨，使用砂纸时要注意不能太用力，以避免划伤不锈钢表面，破坏钝化膜。

（2）化学除锈：使用化学品除锈，如使用除锈膏、除锈油去除设备表面的浮锈，除锈工具如图 2 所示。

图 2　除锈工具

清洁消毒管理类

食品工厂化学品的管理

邵　磊　安徽质安选食品安全科技有限公司

化学品是指各种元素组成的纯净物和混合物，包括危险化学品和非危险化学品。

危险化学品是指具有毒害、腐蚀、爆炸、燃烧、助燃等性质，对人体、设施、环境具有危害的剧毒化学品和其他化学品。

关于化学品管理需要了解的几个法规或标准：

（1）GB13690—2009《化学品分类和危险性公示 通则》

（2）GB 15258—2009《 化学品安全标签编写规定》

（3）GB/T 16483—2008《化学品安全技术说明书 内容和项目顺序》

（4）《危险化学品安全管理条例》

（5）《危险化学品目录（2015 版）》

食品工厂可能使用的有毒化学品（包括危险化学品）种类很多，包括但不限于以下：

（1）清洗剂：洗手液、酸性或碱性清洗剂、烧碱、除垢剂等。

（2）杀菌消毒剂：84 消毒液、二氧化氯、过氧乙酸、次氯酸钠、食用酒精、过氧化氢等。

（3）食品添加剂：硝酸钠、亚硝酸钠、色素等。

（4）食品工业助剂：助滤、澄清、吸附、润滑、脱模、脱色、脱皮、提取溶剂、发酵用营养物质等。

（5）润滑剂：NSF H1 级或经 ISO 21469 认证的食品级润滑油或润滑脂；常规链条润滑剂，设备润滑油等。

（6）其他：杀虫剂、灭鼠剂、除锈剂、喷码油墨、实验室的化学制剂。

没有上述化学品，工厂可能无法正常运转，但使用时必须小心谨慎，严格按照产品说明书使用，做到正确标记、安全贮存，一旦上述化学品疏于管理或失控，可能对食品安全产生直接或间接的危害。

在企业制定的 SSOP（卫生标准操作程序）中，需要专门设置一个章节讲述“有毒化学品的标识、储存和使用”。

SSOP 术语是 Sanitation Standard Operating Procedure 的简称，是食品企业明确在食品生产中如何做到清洗、消毒、卫生保持的指导性文件。

SSOP 来源于 1995 年 2 月颁布的《美国肉、禽产品 HACCP 法规》，其中第一次提出了要求建立一种书面的常规可行程序——卫生标准操作程序（SSOP），确保生产出安全、无掺杂的食品。1995 年 12 月，美国食品药品监督管理局颁布的海产品 HACCP 法规中进一步明确了 SSOP 必须包括的 8 个方面及验证等相关程序，从而建立了 SSOP 的完整体系。

为了更好地管理生产环节中使用的化学品，我们需要了解以下的知识点。

1 采购验收

采购人员需要接受培训并考核合格，具备必要的化学品知识。

采购供应商和采购类别清单需要进行评审，应建立经食品安全小组批准的允许采购的化学品供应商清单和产品目录。评审供应商需要提供以下资质文件：营业执照、全国工业产品生产许可证（普通化学品）、危险化学品生产许可证、危险化学品经营许可证、产品型式检测报告等。

建立化学品进厂验收标准、制度。按规定的采购质量标准进行验收，进厂化学品必须由合格的供方提供，验收标准可以参照相应产品的执行标准，如食用酒精的执行标准为 GB 31640—2016，洗洁精的执行标准为 GB 14930.1—2015。

人员对采购进厂的化学品必须检查其包装、标识、标志完好方可收货，否则应拒收。

2 存放

（1）存放区域中建立化学品台账，内容包括名称、有效期、毒性、用途等。库房远离生产车间。库房有防老鼠、防虫、防蝇设施并保持通风、干燥。

（2）食品添加剂、加工助剂不得与其他化学品同库存放。

（3）食品级物资与非食品级物资分开贮放。

（4）一般化学品和有毒、有害化学品分开贮放。

（5）清洗剂、杀菌消毒剂与杀虫剂分开存放。

（6）库房管理员经过化学品知识培训、食品卫生知识培训并合格上岗。

（7）原包装容器的标签应标明：名称、生产厂名、厂址、生产日期、有效期、批准文号、使用说明、注意事项等。

（8）化学品仓库应上锁，库内设置警示牌，并有专人保管。

3 使用

（1）建立化学品领用、核销记录，由专人领货、发货。尤其对有毒有害危险化学品的使用做详细记录，如配制、用途、实施用量、使用人、剩余处置等。

（2）对使用化学品的操作人员、管理人员进行必要的培训。

（3）操作人员按制定的清洗消毒程序或其他相关的制度要求正确使用各种化学品。

（4）配置化学品的工作容器标签应标明名称、浓度、使用说明等。

（5）管理人员监控、抽查化学品使用情况，如复核使用的种类、使用浓度、使用量、使用的时机等。

（6）生产现场临时周转的化学品必须标识、隔离。除本班次使用的，其余应上锁，防止多用、误用。

（7）对有毒有害危险化学品，应如数收回使用后留下的包装容器并集中处理。

（8）车间在配置和使用化学品时应注意相关的防护，需要配置必要的手套、防护镜、洗眼器等，强化职业健康安全意识。

4 培训

关于化学品的使用、安全、管理防护等培训课题应该列入企业的年度培训计划中，并按计划有效实施。

与化学品的采购、储存、使用相关的所有人员，均应通过培训学习，并熟悉化学品的管理及防护知识。

食品企业应急演练方案中可以涵盖有毒化学品意外混入或泄露的内容。

5 常见问题探讨

5.1 车间内清洗、消毒用的化学品该不该存放在车间?

车间内清洗、消毒用的化学品不能直接储存在生产车间。

集中采购的化学品应在生产车间外设置的专门的化学品仓库中存放。

对于每天需配置的消毒剂，班前必须按每天的使用量领用，并进行领用登记。可以在生产车间外部设置密闭的化学品暂存柜，其可设置在更衣室区域或单独区域，化学品暂存柜必须能防泄露，上锁并专人管理，做好标识并张贴 MSDS（化学品安全技术说明书数据库），配置和剩余应该保留记录。

5.2 如何上锁，锁具的钥匙怎么办?

首先了解为什么要上锁。上锁主要是为了预防一些非预期的使用，这也是企业食品防护体系中的一个环节。企业使用的普通锁具的钥匙管理是个难题，按照个人物品管理要求，钥匙不能带入车间，那钥匙应该如何处置呢，建议可以配置专用的密码锁（见图 1）。

密码锁不需要使用钥匙，也解决了钥匙难管的问题。

5.3 过期的化学品或废弃的化学品应该如何处理?

化学品的容器标签上都会写有保质期，如 10%食品级次氯酸钠的保质期为 3 个月，一般超过保质期后不建议使用。

废弃的化学品（包括危险化学品）应分类存放并标识隔离，由相应的有资质的单

图 1　密码锁

位对危险废弃物进行处理，并详细记录每次处理时间、废弃物的种类和数量、处理单位及处理方式。

5.4　MSDS 应该如何获取?

MSDS（化学品安全技术说明书数据库）获取的常规方式为向采购方索要。获取到 MSDS 后要看是否能够和 GB/T 16483—2008《化学品安全技术说明书 内容和项目顺序》的 16 个部分相对应（见图 2）。

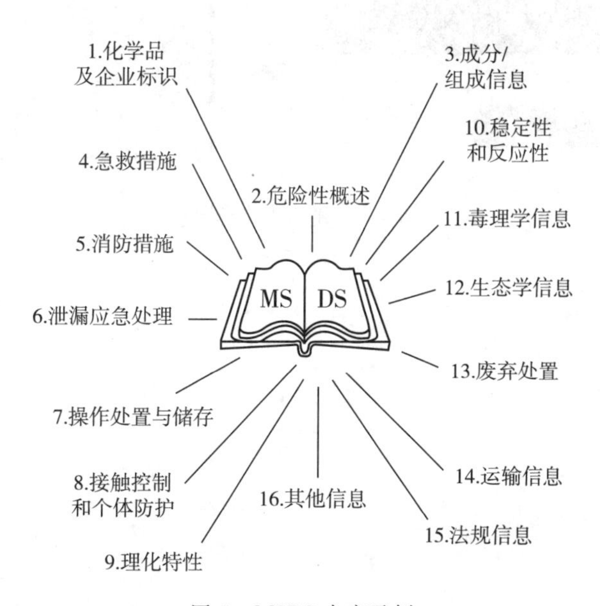

图 2　MSDS 内容示例

自己编写时，可以参照专业 MSDS 网站（推荐网站：http://www.somsds.com/）上的信息进行编写更新，输入化学成分查询即可。

5.5　MSDS是否需要打印出来张贴在化学品库?

建议企业将化学品的MSDS打印张贴，当然电子档的也需要备份，以备不时之需。MSDS就是一本字典手册，需要的时候，随手就能查阅。关键在于一是会使用，二是随手就能找得到。危险化学品事故应急处置最让人“抓狂”的就是现场找不到MSDS，不知道有什么化学品，不知道这种化学品该如何处置。

企业应该认识到，MSDS并不是为了应付检查，而是要方便人员随时查阅，它是危化品管理工作中不可或缺的一部分，要和产品形影不离，要让员工随时查阅。

要想学习更多关于化学品或危险化学品的法律法规要求，读者可以登录化学品安全网[①]进行学习（见图3）。

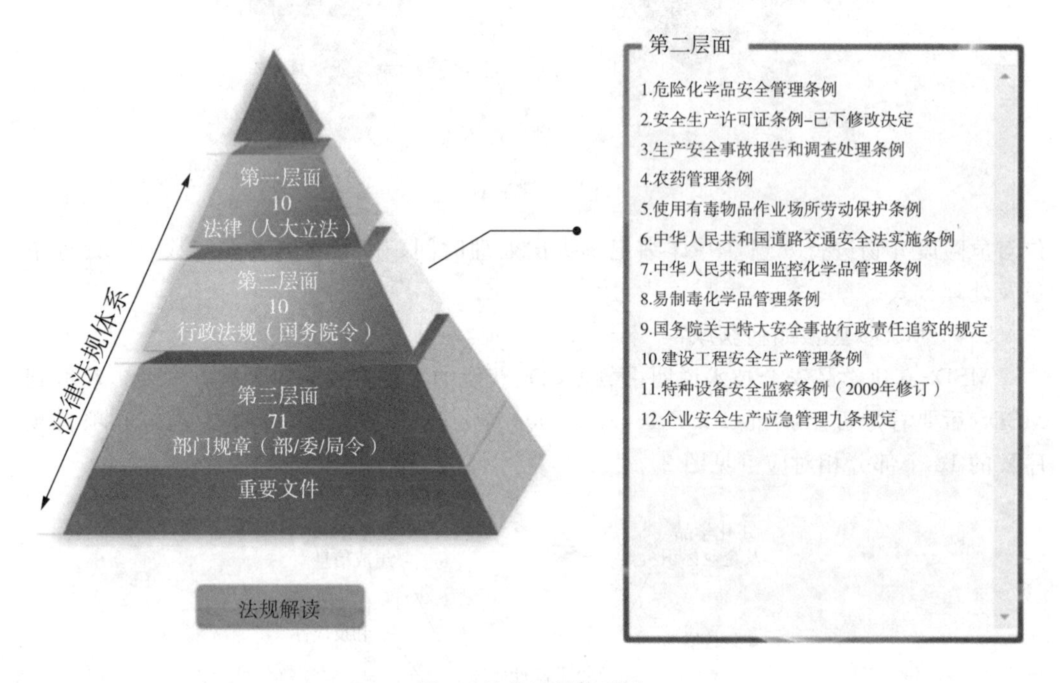

图3　法律法规体系图

① 化学品安全网网址：http://www.nrcc.com.cn/Law/index#

食品工厂常用的消毒剂

姚立霞　上海悦孜企业信息咨询有限公司　安徽质安选食品安全科技有限公司

食品工厂的消毒工作对于微生物的控制来说至关重要，许多食品安全问题是由不当或不彻底的消毒而引起的。通常来说，消毒方法可分为物理性方法和化学方法，其中化学方法又称为消毒剂法。本文将向大家介绍食品工厂常用的消毒剂知识，包括认识消毒剂、消毒剂的分类、使用注意事项等。希望能帮助食品工厂更好地使用消毒剂，保障食品安全。

1　认识消毒剂

消毒剂指用于杀灭传播媒介上的微生物，使其达到消毒或灭菌要求的制剂。食品工厂使用的消毒剂种类较多，但作用机理基本上可归纳为以下几种：

（1）对细胞壁的作用，可以达到溶菌、破坏聚集和交联的作用；

（2）对细胞膜的作用，可通过氧化磷酸化的解偶联及其他方式抑制或破坏细胞膜的功能和结构；

（3）对病原体内成分的影响，如与胞浆内蛋白质、酶发生不可逆的变性反应，还可与核苷酸发生反应，破坏核糖体的结构和功能。

2　消毒剂的分类

2.1　按照作用水平分（见表 1）

表 1　消毒剂分类——按照作用水平分

作用水平	作用效果	常见种类
灭菌剂	可杀灭一切微生物	甲醛、戊二醛、环氧乙烷、过氧乙酸、二氧化氯、氯气、硫酸铜、生石灰、乙醇等
高效消毒剂	可杀灭一切细菌繁殖体（包括分歧杆菌）、病毒、真菌及其孢子等，对细菌芽孢也有一定杀灭作用	含氯消毒剂、臭氧、甲基乙内酰脲类化合物、双链季铵盐等
中效消毒剂	可杀灭真菌、病毒及细菌繁殖体等生物	含碘消毒剂、醇类消毒剂、酚类消毒剂等
低效消毒剂	仅可杀灭细菌繁殖体和亲脂病毒	苯扎溴铵等季铵盐类消毒剂、氯己定（洗必泰）等双胍类消毒剂、汞、银、铜等金属离子类消毒剂及中草药消毒剂

如图1所示，不同的微生物类型对消毒剂的耐受力是不同的，我们需要根据微生物的类型选择消毒剂。

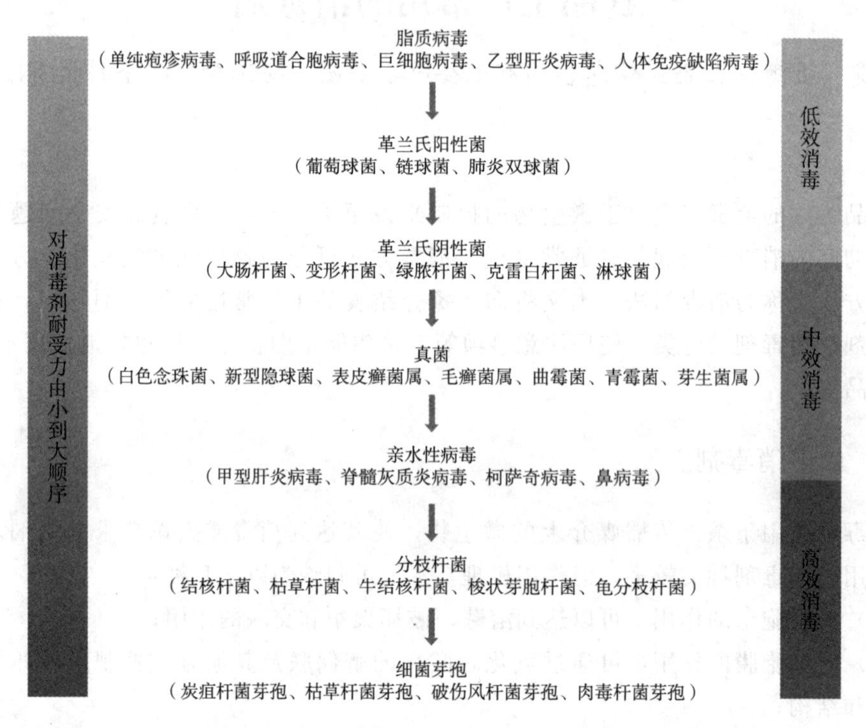

图1 微生物对消毒剂的耐受力大小排序

2.2 按照化学性质分（见表2）

表2 消毒剂分类——按照化学性质分

类别	典型消毒剂
酚类	苯酚、甲酚皂溶液（来苏儿）等
醇类	乙醇、异戊醇
醛类	甲醛、戊二醛
含氯消毒剂	次氯酸钠、二氯异氰尿酸钠
含碘消毒剂	碘附、碘酊
氧化型消毒剂	臭氧、二氧化氯、过氧化氢、过氧乙酸等
杂环类消毒剂	环氧乙烷、环氧丙烷
季铵盐消毒剂	苯扎氯铵、苯扎溴铵等
双胍类消毒剂	聚六亚甲基胍、氯已定
其他消毒剂	电位水、高锰酸钾、乳酸

见表3所列，不同的化学消毒剂对微生物的消毒效果不同，要达到杀灭的效果所

需要的时间也不同。

表 3 化学灭菌或消毒剂 20 ℃下获得 5D 效果所需的时间 （单位：min）

消毒剂	浓度/（$mg \cdot L^{-1}$）	金黄色葡萄球菌	大肠杆菌	假单胞菌	蜡样芽孢杆菌	啤酒酵母	黄曲霉
氢氧化钠	5000	90	1	1	120	90	120
亚硝酸	5000	1	1	1	120	120	120
次氯酸钠	200	1	1	1	60	2.5	20
碘液	25	1	1	1	120	2.5	60
过氧乙酸	200	1	1	1	30	1	60
过氧化氢	3000	5	10	1	120	120	120
季铵盐	250	1	2.5	30	1	2.5	20
甲醛	4000	10	90	30	120	30	120

2.3 食品企业常用的消毒剂

食品企业常用消毒剂其他性能比较见表 4 所列。

表 4 食品企业常用消毒剂其他性能比较

性能	二氧化氯	氯制剂	季铵盐	过氧乙酸
杀菌力	可杀灭所有的微生物，包括细菌芽孢	可杀灭所有细菌繁殖体，高浓度能杀死芽孢	可杀灭多数细菌繁殖体，对芽孢和噬菌体无效	可杀灭所有的微生物，包括芽孢
毒性	无毒	中等毒性	低毒	低毒
腐蚀性	对不锈钢无腐蚀性	对金属有强腐蚀性	无腐蚀性	对金属有强腐蚀性
残留	无	有	有	有
气味	稍有二氧化氯味	强氯味	无	有强醋酸味
使用成本	较低	低	昂贵	较高
稳定性	稳定	不稳定，易分解	稳定	不稳定，易燃易爆

3 使用注意事项

3.1 消毒前清洗

清洗物品是消毒的前奏，如物品表面未经清洗，消毒剂是不能完全发挥作用的，达不到预期消毒效果。清洗的同时也清除了物品表面的部分微生物，从而减少消毒剂使用量。

3.2 消毒剂选购

采购某种消毒剂时，一定要选用有资质的正规消毒剂的厂商。生产或销售消毒剂的厂商一定要有相应的生产企业卫生许可证，消毒剂产品有卫计委消毒产品批件（卫消准字），另外，生产厂商需要提供化学品安全技术说明书（MSDS）。

3.3 消毒剂的剂量

合适的消毒剂量是杀灭微生物的基本条件，它包括消毒强度和消毒时间两个方面，消毒强度和消毒时间均与消毒效果成正比。但如果消毒强度降低至一定程度，即使再延长时间也达不到消毒目的；如果消毒剂量过大，容易产生残留问题。所以，使用前应详细阅读产品标签，按照标签说明正确使用。

3.4 影响消毒效果的因素

影响消毒效果的因素包括处理物品微生物污染的种类和数量、酸碱度、温度、相对湿度、有机物质和拮抗物质等，这些因素都是消毒过程中客观存在、相对不容易或不能改变的，故一定要清楚被消毒物品内在的不利条件，并适当增加消毒剂浓度和/或延长时间来满足消毒条件，满足消毒效果。

3.5 消毒剂组合

任何一种消毒剂或消毒方法都有一定的局限性，只有将不同的消毒剂相互配合，将不同的消毒方法相互结合，才可能圆满解决问题，同时还要考虑其经济性。例如，车间生产中，工艺用水用臭氧消毒；员工的手用体积分数为75%的乙醇擦拭；对物体表面、工器具、空间环境等用二氧化氯进行浸泡、熏蒸、喷雾、表面擦拭和冲洗；车间消毒脚池用价格相对便宜的漂白粉。

3.6 化学品的残留

化学品的残留是实际生产中经常遇到的问题。清洗剂或者消毒剂残留在管道中、混入产品里，都会对产品的质量造成影响。

3.7 材料兼容性带来的影响

不锈钢设备的焊缝，如果焊缝处理不当，不锈钢表面的致密氧化层会遭到破坏。除了不锈钢等金属材质的设备，更应引起关注的是一些非金属材质的设备以及备件，如橡胶垫圈、硅胶等一系列的高分子材料对化学品的耐受度是有限的；聚碳酸酯热塑性树脂在碱性溶液中浸泡后会析出双酚A。

4 结语

微生物污染是当代保障食品安全首先要关注的问题。有效合理的清洗消毒方案，可以去除生产过程中产生的污垢，使得微生物没有生长的环境，保证食品安全。消毒的效果受多个因素的影响，企业应该充分了解企业存在的微生物风险，从消毒剂的选择、存储、使用、处置等方面进行有效管理，发挥消毒剂的最大功效，让产品更安全。

关于酒精，必须了解的事

邵　磊　安徽质安选食品安全科技有限公司

作为消毒剂，酒精在食品行业的应用对我们来说并不陌生，但酒精的相关知识和注意事项并不是每个人都清楚的。笔者希望通过本文系统地介绍食品工厂中与酒精有关的知识。

1　基本介绍

1.1　基本信息

酒精，乙醇的俗称，英文名为 ethanol，化学式为 C_2H_6O，闪点为 13 ℃，闭口闪点，极易燃，在储备运输过程中应远离火源、热源等。

1.2　相关产品应用

不同酒精产品的主要区别见表 1 所列。

表 1　不同酒精产品的主要区别

产品	国家标准	主要区别
食用酒精	GB 31640—2016《食品安全国家标准　食用酒精》、GB 10343—2008《食用酒精》	经发酵、蒸馏精制而成的，供食品工业使用的含水酒精。体积分数必须为 95%以上，需要获得 SC 生产许可
工业酒精	GB/T 394.1—2008《工业酒精》	工业酒精即工业上使用的酒精，也称变性酒精、工业火酒。主要有合成和酿造（玉米或木薯）两种方式生产，其中含有一定量的甲醇、醛类、有机酸等杂质，这大大增加了它的毒性。工业酒精不能用于人体的消毒，因为甲醇会导致人体中毒
无水乙醇	GB/T 678—2002《化学试剂 乙醇（无水乙醇）》	实验室常用的化学试剂，乙醇的体积分数为 99.5%。分析纯等级规定甲醇的体积分数小于或等于 0.05%，核算为小于或等于 500 mg/L，远远大于食用酒精 GB 31640—2016 中规定的甲醇含量（小于或等于 150 mg/L）
醇类消毒剂	GB/T 26373—2020《醇类消毒剂卫生要求》	醇类消毒剂是以乙醇和/或异（正）丙醇为杀菌成分的消毒剂，食品行业中用于食品接触面消毒/人员手部消毒的酒精（乙醇）是以体积分数为 95%的食用酒精为原料、加水（要求为去离子水）稀释成体积分数为 75%的乙醇消毒液

（续表）

产品	国家标准	主要区别
食品添加剂乙醇	GB 30610—2014《食品安全国家标准 食品添加剂 乙醇》	体积分数大于或等于 94.9%，并取得 SC 生产许可

从表 1 可以看出，在食品工厂内部消毒可以使用由食用酒精稀释而成的体积分数为 75%的乙醇消毒液，或者直接采购体积分数为 75%的乙醇消毒液。

1.3 酒精杀菌原理

酒精主要通过破坏细胞膜的疏水性、脂溶性和渗透压使蛋白质变性，从而达到杀菌的目的。值得注意的是，并不是酒精浓度越高，杀菌效果越好。这是因为，过高浓度的酒精会在细菌表面形成一层保护膜，这反而会阻止酒精进入细菌体内，难以将细菌彻底杀死。若酒精浓度过低，虽可进入细菌，但不能将细菌体内的蛋白质凝固，同样也不能将细菌彻底杀死。如图 1 所示，杀菌效果最好的酒精体积分数为 70%～80%，一般来说体积分数为 75%的酒精可杀死 99%的细菌。

酒精能够杀死病毒，是因为它可以溶解病毒的“脂质包膜”，所以对于有外套膜的病毒，酒精能有效发挥作用。

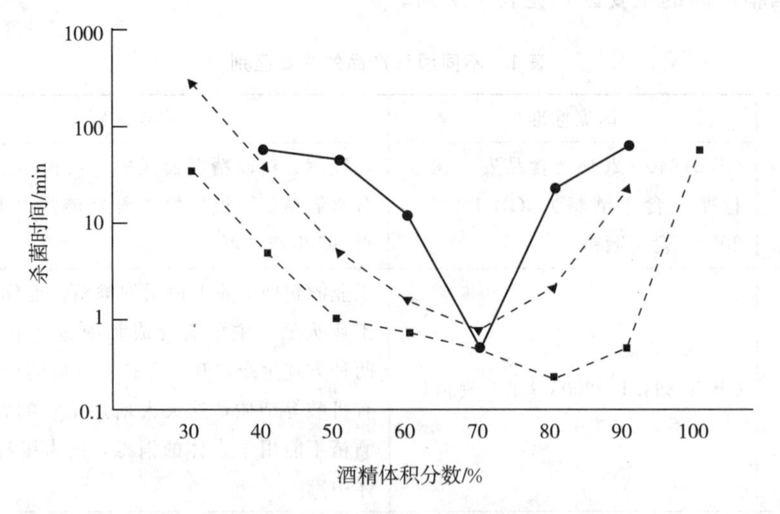

图 1 酒精体积分数与杀菌时间折线图

2 食用酒精

2.1 食用酒精的质量要求

（1）符合 GB 31640—2016 和 GB 10343—2008 标准。

（2）特级乙醇的体积分数大于或等于 96.0%，优级乙醇的体积分数大于或等于 95.5%，普通级乙醇的体积分数大于或等于 95.0%。

（3）包装储运图示标志符合 GB 190—2009《危险货物包装标志》和 GB/T 191—2008《包装储运图示标志》的要求。

2.2 食用酒精的生产和经营资质（见表 2）

表 2 食用酒精的生产和经营资质列表

序号	生产厂家资质	经营单位资质证照
1	营业执照	营业执照
2	安全生产许可证	危险化学品经营许可证
3	食品生产许可证	—
4	其他类认证证书（体系类等）	—
5	食用酒精 MSDS	—
6	食用酒精产品三方检测报告（对应等级）	—
7	出厂 COA 批次报告	—
8	运输桶的资质（生产许可证和产品三方检测报告）	—

注：销售酒精也需要危险化学品经营许可证，所以食品工厂在采购时要注意这方面的合规性。

3 使用注意事项

3.1 安全事宜

3.1.1 采购

采购前询问对方相关资质，从正规渠道购买。

3.1.2 储存

食品工厂应将酒精存储于阴凉、通风的库房；远离火种和热源，库温不宜超过 30 ℃；保持容器密封，应与氧化剂、酸类、碱金属、胺类等分开存放，切忌混储。采用防爆型照明、通风设施；储存区域应备有泄露应急处理设备和合适的收容材料。

3.1.3 使用

领用的酒精量不宜过大，领用、暂存和使用的容器必须有可靠的封闭盖，严禁使用无盖的容器，使用现场必须配备二氧化碳灭火器，不建议采用酒精对空气进行杀菌。

3.2 如何将 95%酒精配置成 100 mL 的 75%酒精?

$90\%\times A=75\%\times B$，所需纯水的体积 $C=(B-A)$。公式中 A 与 B 分别是 95%和 75%酒精的体积，这是两者之间互相配制的关键。

配置 100 mL 的 75%酒精，将 $B=100$ mL 带入公式，则 $95\%\times A=75\%\times 100$，解得 $A=75\%\times 100/95\%=78.95$（mL）。所以需要纯水的体积为 $(100-78.95)=21.05$（mL），即 78.95 mL 95%酒精加 21.05 mL 纯水就可以得到 100 mL 75%酒精。

3.3 使用过程中的常见问题

（1）挂牌标签或不干胶标签容易脱落，产生异物风险；

（2）喷头的耐用性不佳，需要经常更换，成本较高；

（3）没有合规的喷壶食品级检测报告。

4 产品推介

相关产品推介如图 2～图 6 所示。

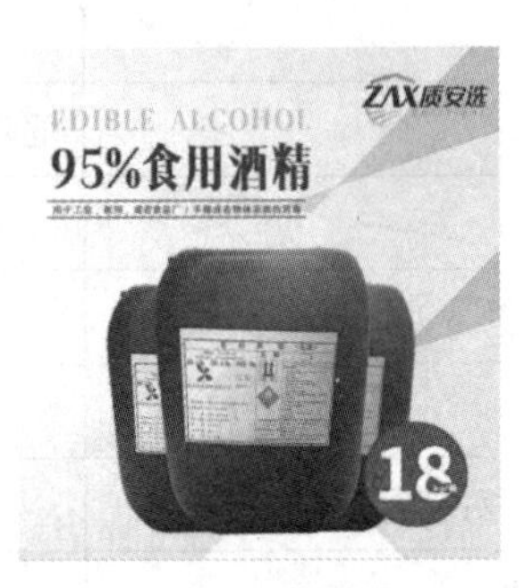

图 2 95%食用酒精
（18 kg/桶）

图 3 75%乙醇消毒液
（18 kg/桶）

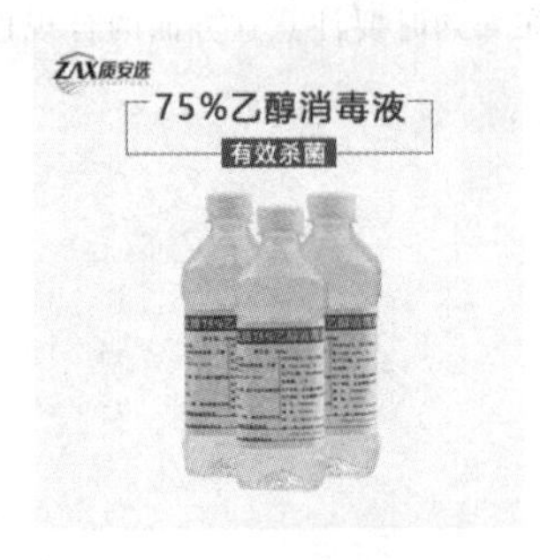

图 4 75%乙醇消毒液
（500 mL/瓶）

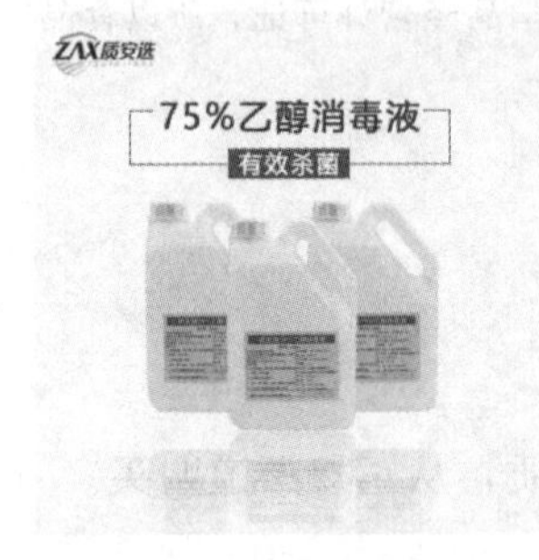

图 5 75%乙醇消毒液
（2.5 L/桶）

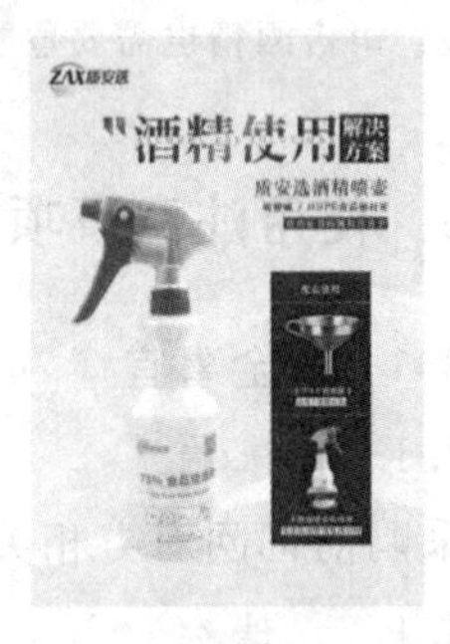

图 6 酒精喷壶
配套方案

一种多用途除味清洗剂在食品工厂中的应用

徐明明　郑亦庆　黄镜铭　何显涛　上海柯灵展新化工有限公司

1　香精种类及除味机理简介

随着近年来居民消费水平的提高，软饮料行业快速发展，加之我国庞大的人口基数，预计我国软饮料市场份额将在 2024 年达到 1.3 万亿元，复合年增长率为 5.9%。食品风味越来越广泛地受到人们的关注，香精在食品行业中的应用也越来越广泛。不同口味的食品满足人们味蕾需求的同时，也给食品工厂带来巨大挑战：食品品相多、口味新、迭代快，工厂生产线不足。通常来讲，脂溶性香精通常很难由传统清洗方式消除，使得通过共线生产的不同口味产品之间存在串味风险。如何快速、高效、安全地清除香精味道，成为食品生产商的难题。

用 CIP 设备除味清洗时，造成香精难以去除的主要原因是不锈钢管道之间的密封性食品级垫圈材质大多为 EPDM 三元乙丙橡胶。由于相似相溶原理及分子间作用力的影响，香精分子更容易吸附在垫圈上；同时，在备件更换周期内，垫圈长期处于被香精浸泡的环境，香精分子通过扩散作用不断进入垫圈内部，导致垫圈很难被清洗干净。

鉴于这些问题，我们介绍一下香精的种类及除味原理。如图 1 所示，目前食品饮

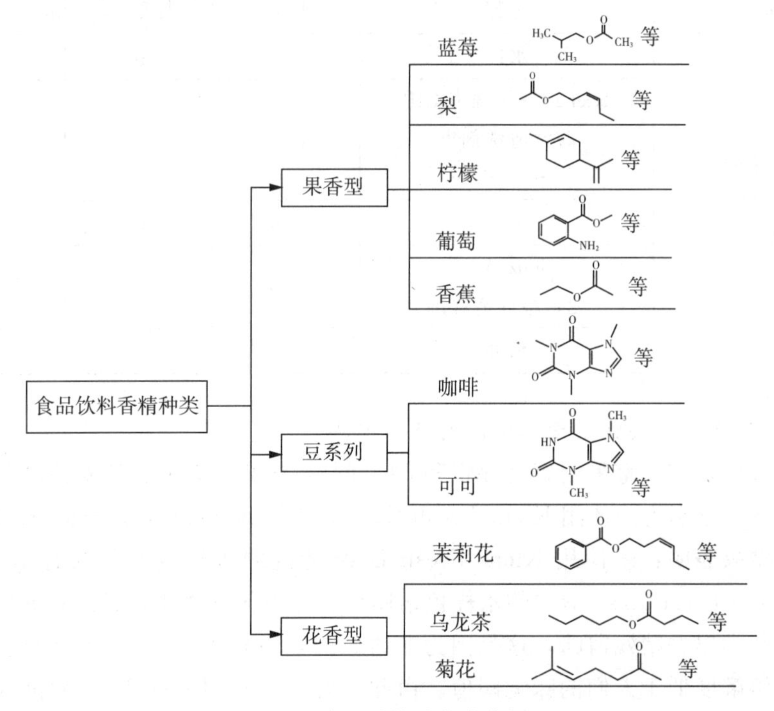

图 1　食品香精种类分类图

料行业应用的香精按香型分，主要为果香型香精（如蓝莓、梨、柠檬、葡萄、香蕉等）和豆系列香精（如咖啡、可可）、花香型香精（如茉莉花、乌龙茶、菊花），化学结构主要为烯烃类、醇醚酯类等。除味办法主要有四种：酸碱水解、氧化反应、吸附作用、溶解作用。

2 Klenz Fresh Easy 多用途除味清洗剂除味应用

2.1 某饮料工厂对酸梅香精的清洗

2.1.1 背景

某饮料工厂生产多种口味饮料，且存在共线生产现象。不同口味产品切换生产时，需要对生产线进行清洗，但是残留的香精味很难被彻底去除，容易造成产品串味，引起产品质量问题。按照生产计划，该工厂在生产完酸梅味饮料后，需要切换为生产其他气味产品以掩蔽其残留的香精味道。若直接生产无味饮品，会使无味饮品产生口感差异，给消费者带来负面体验。而此残留气味往往会延续 10～30 min，但若隔离这些产品，将给工厂带来巨大的经济损失。

2.1.2 酸梅香精清洗的实验室模拟

首先对酸梅香精成分做了系列研究，发现其主要成分为酮类和酸类，如 α-紫罗兰酮、2-甲基戊酸、山梨酸等，还有酯类、醇类等化学物质。接下来，我们对现场除味清洗进行了模拟，具体步骤见表 1 所列。

表 1 酸梅香精实验室除味工艺

样品	步骤	时间/s	温度/℃	浓度/（μg·L^{-1}）
EPDM 垫圈（在酸梅饮料中常温浸泡 48 h）	水冲	300	40	—
	Klenz C-1 强力 CIP 碱性清洗剂+Fresh Easy	1800	80	1.5 0.8
	水冲	900	40	—
	Klenz A-5 无磷酸性清洗剂	800	60	1.0
	水冲	1500	40	—

2.1.3 酸梅香精实验室模拟清洗的评估方法

清洗结束后，实验室采用感官评定和 GC 气相色谱相结合的方法对清洗效果进行评估。图 2 和图 3 分别为未使用 Klenz Fresh Easy 和使用 Klenz Fresh Easy 的最后冲洗水的色谱图。结果表明：未使用 Klenz Fresh Easy 清洗的水样色谱图约有 15 种化学物质；使用 Klenz Fresh Easy 清洗的水样色谱图仅有 3 种化学物质，且经过 8 位感官人员品评，均未品尝出香精残留味，这是因为在约 $t=11$ min 和 $t=15$ min 时的这三种化合物在水中的溶解度低于人们的味觉阈值。由此可见，Klenz Fresh Easy 对酸梅香精的去除具有显著效果。

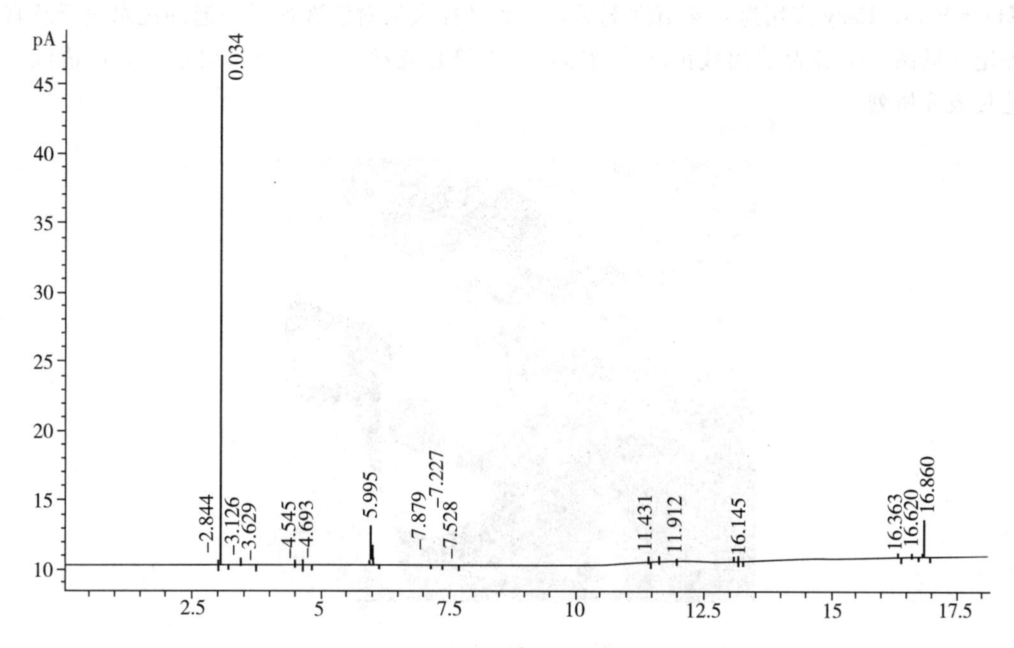

图 2　未使用 Klenz Fresh Easy 的最后冲洗水的色谱图

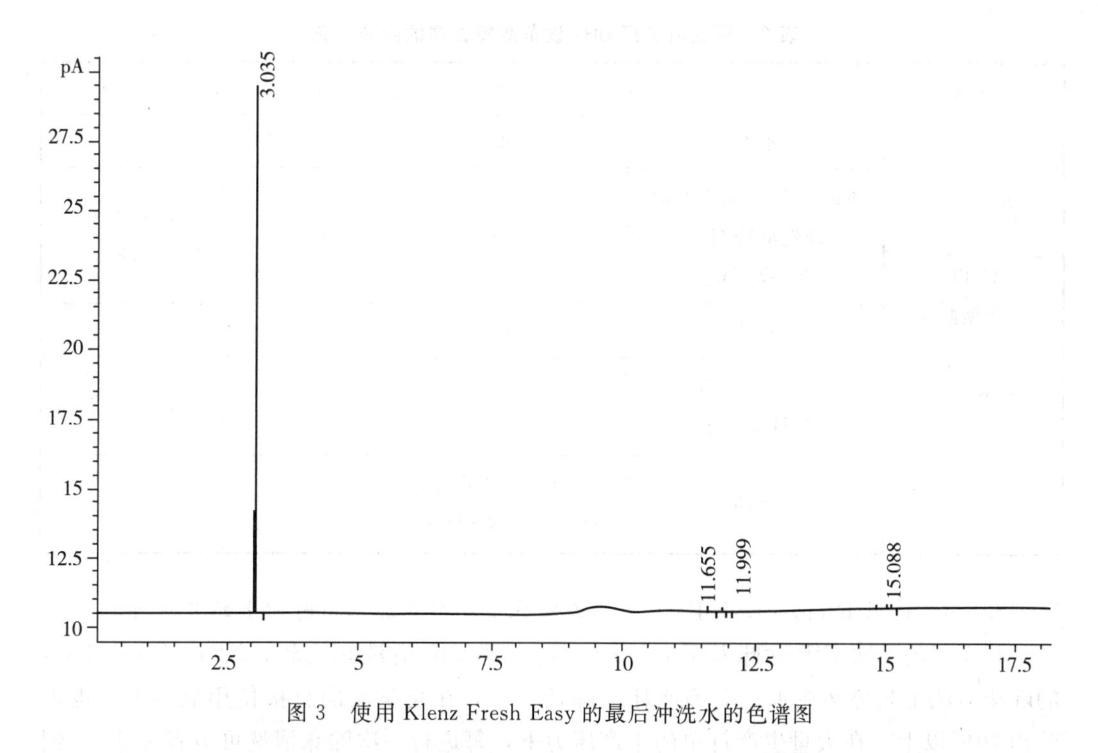

图 3　使用 Klenz Fresh Easy 的最后冲洗水的色谱图

2.1.4　酸梅香精的现场清洗

根据生产经验，较难清洗的目标是 UHT 设备。对于较重气味香精产品，生产结束后，起初工厂尝试用酸碱 CIP 清洗（甚至是两遍 CIP 清洗）、添加氧化剂清洗等方式，但是清洗结束后，对最后冲洗水进行感官评定，仍可以品尝出残留的香精味。而使用

Klenz Fresh Easy 多用途除味清洗剂后，现场品控人员对清洗最后一遍冲洗水进行感官评定（见图 4），未品尝出残留的香精味，结果符合连续生产的质量要求。具体清洗工艺见表 2 所列。

图 4 现场感官评定

表 2 某饮料工厂 UHT 设备酸梅香精的除味工艺

区域	步骤	时间/s	温度/℃	浓度/（μg·L⁻¹）
UHT（5 步碱酸洗＋Fresh Easy）	水冲	300	40～45	—
	Klenz C-1 强力 CIP 碱性清洗剂＋Fresh Easy	1800	80～90	1.5～2.0 0.8
	水冲	900	40～45	—
	Klenz A-5 无磷 CIP 酸性清洗剂	800	60～70	1.0～1.5
	水冲	1500（至末端排水 pH 与冲洗水 pH 相当）	40～45	—

2.1.5 使用 Klenz Fresh Easy 多用途除味清洗剂在成本与时间上的节省力度

与现行的两次 CIP 除味及 Fresh Easy 的一遍 CIP 清洗相比较，Klenz Fresh Easy 的除味清洗工艺势必在水、电等能耗上降低一半，在化学品的直接使用成本上，也可节约 20%以上。在大量生产订单的生产压力下，每进行一次除味清洗可节省 2.5 h。例如，每个产程为 48 h（现在很多口味产品并非市场主流，生产时间往往在 10～20 h），每月生产 10 个周期，其节约时间也会达到 25 h。

2.2 在其他工厂不同香型除味中的应用

在饮料厂里，Klenz Fresh Easy 目前还应用在青瓜、柠檬薄荷、蓝莓、梨等味道的清洗中。此外，还在调味品厂（如酱油厂）用于酱油味道的清洗，并取得了良好的效果，满足了生产商连续生产的要求。

3 展望

Klenz Fresh Easy 表现出以下优点：

（1）可对多种口味香精进行除味，且效果显著。

（2）使用方式灵活：可与碱洗或者酸洗复配使用，也可单独使用。例如，在某些工厂的小批次产品切换中使用了 Fresh Easy 进行中间除味快转清洗，其效果依然良好。与 CIP＋SIP 的清洗消毒流程相比，其在时间和能耗上的节约都是有很大进步的。

（3）安全、低泡、无磷、与不锈钢材质兼容性好。未来可拓展应用于茶、化妆品、冰激凌、肉食深加工等领域的清洗中。

一种新型复合碱性CIP清洗剂的应用

葛永泉 郑亦庆 徐明明 李 翠 夏 芳 黄镜铭 吕浩波
上海柯灵展新化工有限公司

1 背景介绍

近年来，随着生活水平的不断提高，消费者对奶制品的需求量也不断增加。统计局数据显示，2021年1—5月乳制品产量达1229万吨，同比增长19.80%[①]。牛奶营养丰富，是大多数微生物生长繁殖的理想营养基质，若对相关乳制品生产设备清洗得不彻底，存在清洗死角，会导致产品胀包等问题。

就地原位清洗（又称CIP清洗）是目前比较先进的清洗方式[②]，所用清洗剂有原料酸碱清洗剂和复合酸碱清洗剂。复合碱性清洗剂由氢氧化钠、表面活性剂、螯合剂等多个组分复配而成，可以显著改善清洗剂的清洁能力并降低能耗。

复合碱性清洗剂的发展有两条不同的思路，一是高浓度（总碱含量≥40%），表面活性剂与螯合剂含量低，主要应用于热表面设备的清洗，如巴氏杀菌机、超高温UHT灭菌机；二是中等浓度（总碱含量为30%～33%），表面活性剂与螯合剂含量高，主要应用于冷表面设备的清洗，如奶罐、奶车、传奶管线。

原料碱与和高浓度复合碱性清洗剂在清洗设备表面后会使表面出现白色颗粒及白膜残留，即钙镁化合物沉积，需要增加酸性清洗的次数，从而增加了清洗成本。要解决此类问题，螯合剂的使用是关键。

螯合剂可分为无机类螯合剂和有机类螯合剂，其中有机类螯合剂又可分为羧酸型螯合剂和有机膦螯合剂。高碱（氢氧化钠含量≥40%）条件下，只有部分羧酸型螯合剂和有机膦螯合剂能保持稳定[③]。

中等浓度复合碱性清洗剂，由于总碱含量低，清洗热表面时使用成本非常高。

为了弥补上述两类清洗剂的不足，上海柯灵展新化工有限公司开发了一种新型复合碱性CIP清洗剂Klenz C-1Plus。该清洗剂采用多种螯合剂复配，提高了清洗剂的螯合能力，解决了某奶厂高温设备清洗后有白色颗粒及白膜残留的问题，同时应用了无磷螯合剂，具有环保意义。

---

① 侯军伟.2021上半年中国乳业市场分析［J］.中国乳业，2021（8）：117-122.

② 卢成雷.全自动CIP清洗系统综述［J］.中国乳业，2016（8）：62-67.

③ 乐晓光，许雅棋，罗文姬，等.几种螯合剂在CIP碱性清洗中的应用研究［J］.中国洗涤用品工业，2021（5）：33-38.

2 实验部分

2.1 主要产品和试剂

产品：Klenz C－1Plus、竞品复合 CIP 碱性清洗剂、传统单碱（氢氧化钠 50%）。

试剂：碳酸钠（分析纯），氯化钙（分析纯）。

2.2 仪器

浊度仪、灯箱、分析天平、磁力搅拌器、量筒、烧杯、恒温水浴锅。

2.3 检测方法

（1）将 0.4 g 的碳酸钠完全溶解于 100 mL 待测碱性清洗剂（质量分数为 10%）中，再添加 10 mL 的 5 g/L 氯化钙溶液使碳酸钙析出，溶液会呈现不同的浑浊状态。

（2）若碱性清洗剂含有螯合剂，会优先将钙离子螯合，不会有碳酸钙沉淀的产生，溶液呈现清澈的状态。反之，则溶液较混浊。

（3）我们采用 HACH DR/890 Colorimeter 测试其浊度，从而对比出不同碱性清洗剂的螯合能力差异。

3 结果与讨论

3.1 常温下的结果

在常温下，浊度值：C－1Plus＜竞品＜传统单碱，相应的螯合力：C－1Plus ＞ 竞品 ＞ 传统单碱（见图 1）。

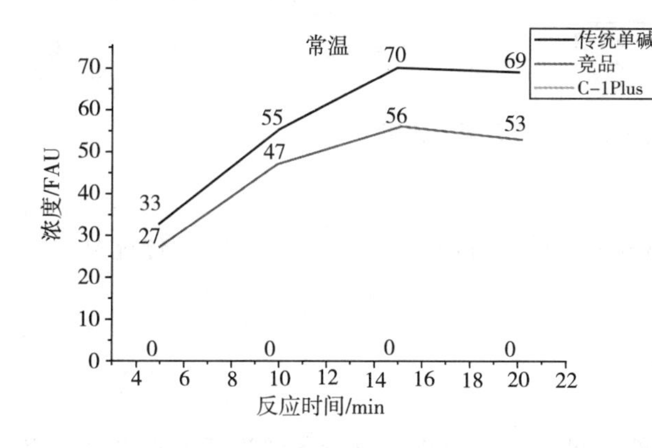

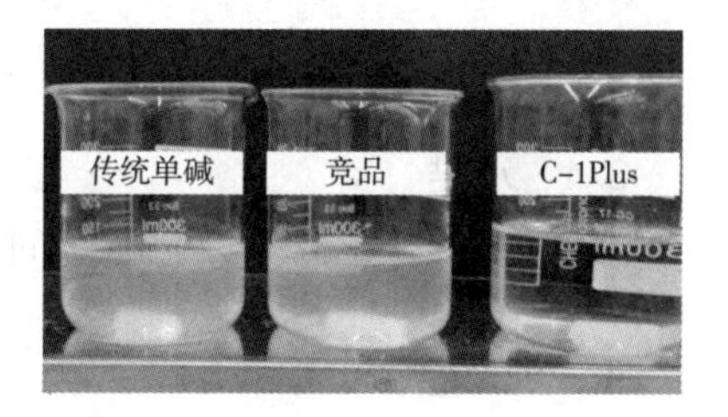

图 1 清洗剂于常温下结果对比图

3.2 40 ℃下的结果

在 40 ℃下，浊度值：C－1Plus＜竞品＜传统单碱，相应的螯合力：C－1Plus ＞ 竞品 ＞ 传统单碱（见图 2）。

3.3 60 ℃下的结果

在 60 ℃下，浊度值：C－1Plus＜竞品＜传统单碱，相应的螯合力：C－1Plus ＞ 竞品 ＞ 传统单碱（见图 3）。

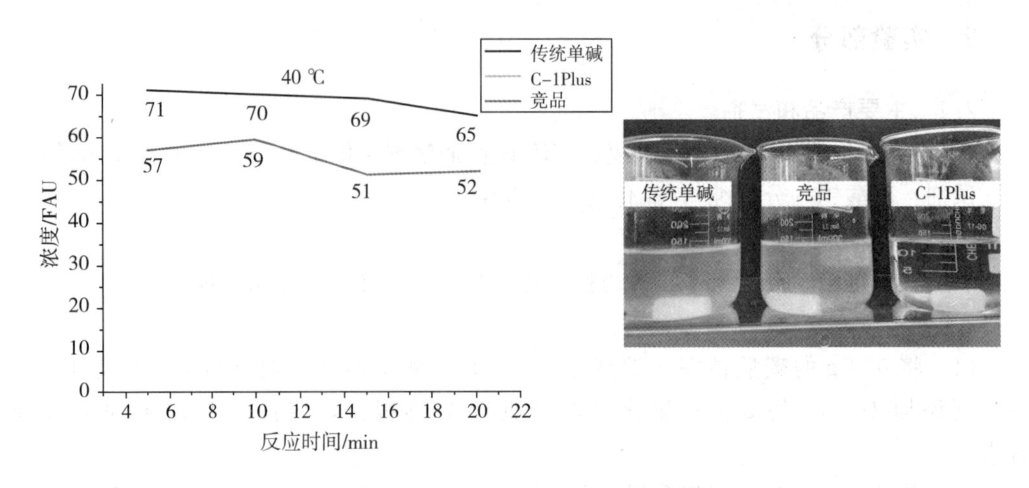

图 2 清洗剂于 40 ℃下结果对比图

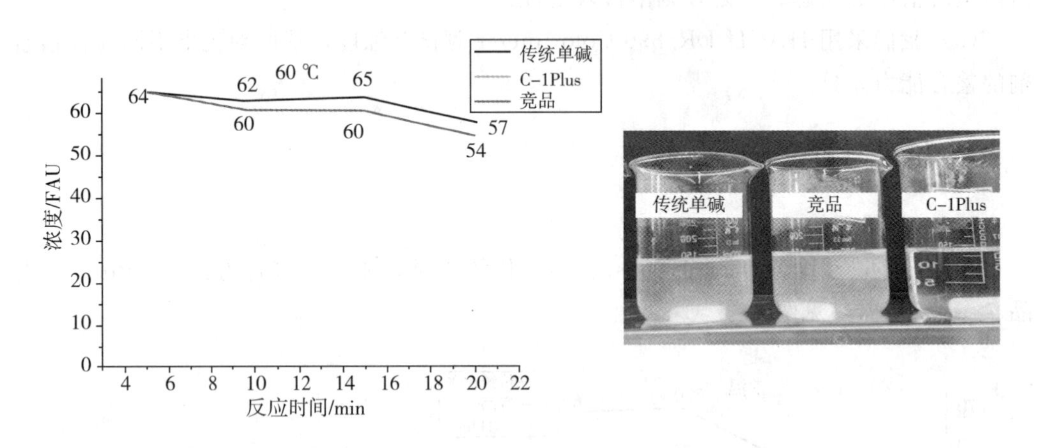

图 3 清洗剂于 60 ℃下结果对比图

3.4 小结

在常温、40 ℃、60 ℃三个不同温度下，螯合力：C-1Plus ＞ 竞品 ＞ 传统单碱。

4 现场实例

（1）地点：国内某奶制品厂。

（2）目的：提升该工厂设备的清洗效果，彻底解决高温设备清洗后有白色颗粒及白膜残留的问题，优化清洗成本，并且使污水处理各项排放指标符合当地环保法规。

（3）时间：2021 年 03 月 30 日—2021 年 04 月 30 日。

（4）测试产品：Klenz C-1Plus。

（5）参与人员：供应商追踪人员、工厂监督人员。

（6）试验清洗工艺。

试验清洗工艺与现有清洗工艺完全相同。其中一台设备的清洗参数见表 1 所列。

表 1　1#GEA 杀菌机清洗参数表

	步骤	设置参数	循环电导/ $(s \cdot m^{-1})$	对应浓度
1#GEA 杀菌机	碱清洗最低浓度	25 ms	30～35	3.2%～5.0%
	酸/碱到达	20 ms	碱开 8 s 关 4 s 碱液位 38%	
	水冲	1 ms		
	碱循环杀菌段温度	130 ℃		

(7) 清洗效果验证。

1# UHT 清洗结束后检查平衡缸是否清洗干净、无异物。

(8) 结果。

从 2021 年 03 月 30 日—2021 年 04 月 30 日，共计汇总了 30 天试验数据，现场清洗效果、ATP 涂抹、微生物涂抹、成品保温试验等的汇总数据显示 100%合格，确定此清洗剂产品能够保证清洗效果满足质量要求，如图 4 所示。

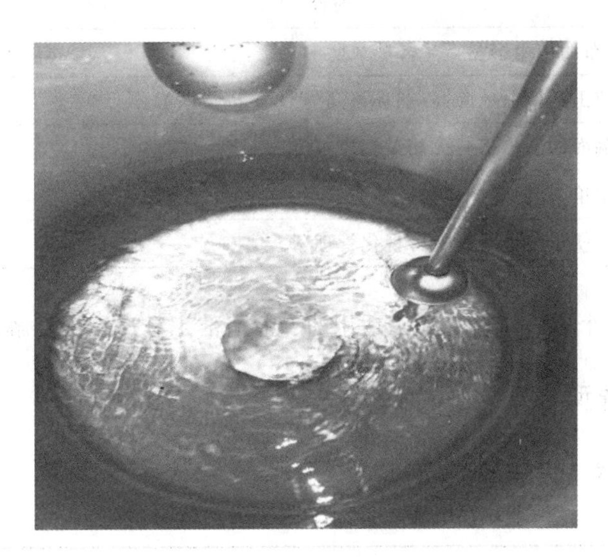

图 4　清洗效果图

5　结论

(1) 产品中数种螯合剂复配，会使其螯合力变大、螯合效果显著提升，从而解决高温设备清洗后有白色颗粒及白膜的问题。

(2) 绿色环保螯合剂可以实现对有机膦螯合剂的替代，既能保证配方的清洗效果，又能实现配方的少磷化。

食品接触用分色清洁工具的选/用/管

邵　磊　安徽质安选食品安全科技有限公司

清洁是保证食品卫生的基本前提，清洁过程中需要使用高效的清洁工具，其对食品企业降低微生物、过敏原和异物交叉污染的风险至关重要，而很多企业忽视了对清洁工具的选型和管理。

常见食品加工行业使用的清洁工具至少有以下几方面缺点，笔者也对合作客户所反馈的清洁工具中常见的问题进行了统计，见表1所列。

表1　对清洁工具问题的统计①

序号	内容	占比
1	钢丝球/百洁布的使用容易产生异物风险	85%
2	普通商用清洁工具掉毛风险高/损坏率高	95%
3	清洗食品接触面的清洁工具无相关资质报告	98%
4	清洁工具款型单一/特定区域无合适清洁工具	60%
5	颜色单一，不便于在现场开展可视化管理	80%

本文从以下三个方面对食品加工适用的专业清洁工具进行深度解读。

1　索证、选型

1.1　索证要求（见表2）

表2　清洁工具索证要求

序号	内容
1	营业执照（经营企业或OEM品牌企业）
2	刷柄符合GB 4806.7—2016要求（送检单位与营业执照一致）
3	刷丝符合GB 4806.7—2016要求（送检单位与营业执照一致）
4	产品DOC（Declaration of Compliance）符合性声明

1.2　选型建议

清洁工具解决方案中提供的主要类型有以下几种，如图1所示。常规的颜色有红、

① 根据《2018—2019客户选择质安选清洁工具解决方案时提出的痛点》数据进行整理。

黄、蓝、绿、白 5 色。

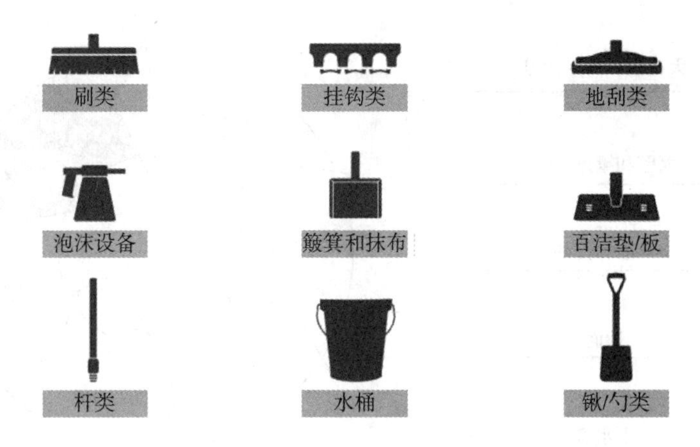

图 1 清洁工具的主要类型

清洁工具选型步骤见表 3 所列。

表 3 清洁工具选型步骤

步骤	选型和颜色定义
1	根据清洁对象和区域选择合适的大类
2	在大类中可以根据具体清洁空间和对象要求选择细化的品项，主要在刷柄的长短、刷毛软硬度、刷毛接触面大小等方面选型，具体可寻求技术人员的建议
3	根据不同清洁度空间或者不同接触面的要求定义颜色要求，常规可见的有： (1) 根据接触面类型，颜色设置为食品接触面为蓝色、非食品接触面为黄色、地面颜色为红色、每个区域都有 3 种颜色； (2) 根据清洁度要求，低清洁区选红色、一般清洁区选绿色、高清洁区选蓝色，每个区域只有 1 种颜色

2 使用规范

2.1 正确的清洁顺序

清洁顺序如图 2 所示。需要注意以下几点：

(1) 很多时候企业仅重视 03 部分和 04 部分的清洁，而忽略了 01 部分、02 部分和 05 部分，或者清洁频率不足，尤其是对下水道的清洁未引起足够重视。这是不合适的，因为下水道是滋生虫害和产生微生物风险的重要通道。

(2) 根据笔者自身经验，建议在食品车间中尽量不使用拖把或尘推，其材质问题会导致空间不易被清洁和风干，可以使用水刮、地刷、平板拖（清洁布整块设计，装卸便利）。

2.2 常规的清洁消毒流程

图 3 中的六步法为基本的清洁通用步骤，基于风险评估，企业可根据实际清洁区

域进行调整。

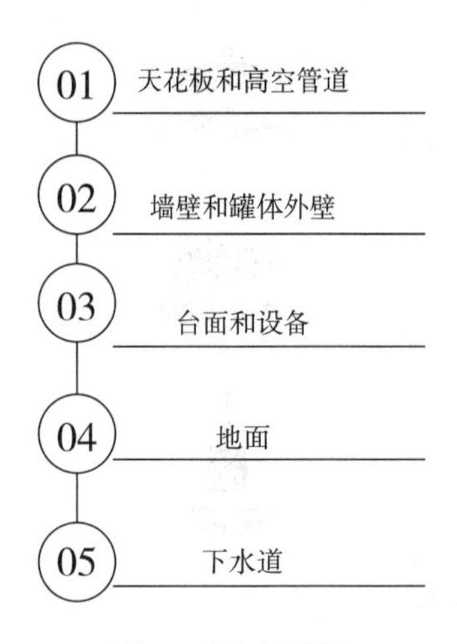

图 2 清洁顺序图

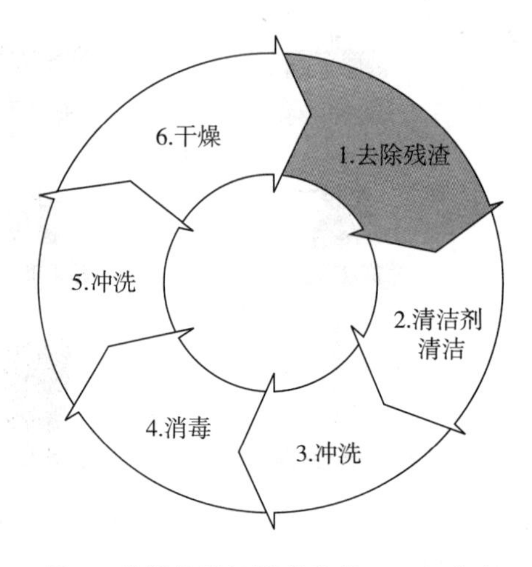

图 3 常规的清洁消毒流程——六步法

2.3 清洁过程中清洁工具的使用

如图 4 所示，清洗四要素中清洁工具提供了机械力，如果机械力不够，污垢或顽渍无法有效去除（化学品无法完全去除），合适的清洁工具是清洗的重要方面，省力、高效、耐用是清洁人员追求的目标，目前很多企业将泡沫清洗机配合高效碱性泡沫清洗剂使用，搭配对应的专业清洁工具，清洁效果非常明显。

图 4 影响清洁效果的四要素

3 管理维护

3.1 不清洁的清洁工具本身就是一种污染源

在清洁活动中，我们希望借助清洁工具可以更高效地提升清洁效率，降低劳动强度，要求清洁工具具有高效的去污能力和灵活的覆盖面。清洁活动结束后，我们常常只关注被清洁现场或对象卫生是否符合要求，却忽视了对清洁工具上残留污染物的关注。调查数据显示，刚完成清洁活动的清洁工具样本中 47%的样本对单核细胞增生李斯特氏菌呈阳性[①]。这无疑是一个潜在的风险失控点。

通过对清洗用工具进行维护保养，可以达到以下目的：

（1）提高清洁工具的使用寿命；

（2）提高清洁效率，从而减少清洁所需的停机时间；

（3）改善食品安全环境。

3.2 清洁工具的使用维护和存放应建立文件化要求

（1）建立清洁消毒的标准化流程

企业整体的清洁消毒方案由以下文件体现：建立 HACCP 体系，于 SSOP 中体现，或者将 ISO 22000 体系在前提方案中体现。

（2）建立清洁工具的管理要求

对清洁工具的使用、使用后的清洁和消毒、存放的标准化制定文件规范。

3.3 清洁工具的清洁消毒

为了尽量避免清洁工具成为交叉污染的源头和风险失控点，我们必须对其进行适当的清洁消毒。具体流程如图 5 所示。

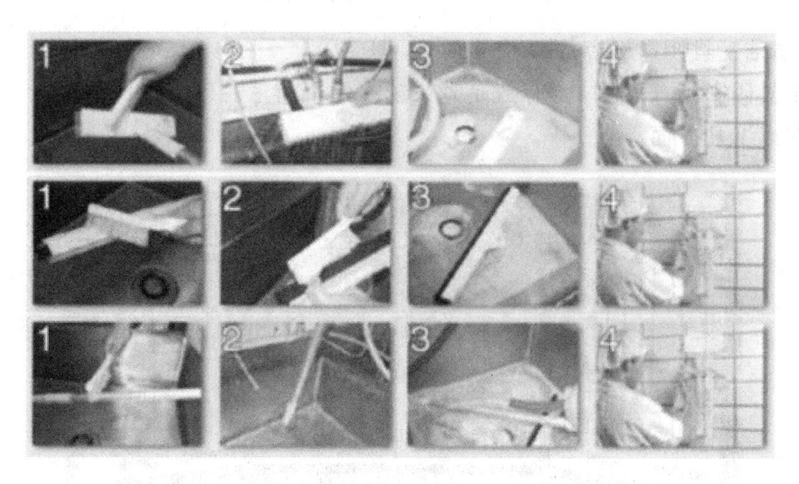

图 5 清洁工具的清洗消毒步骤[②]

（1）将刷毛间的杂物用小刷或其他小工具剔除；

（2）将清洁工具置于清洁剂中清洗；

（3）放入沸水中 2～3 min，或放入消毒剂（含氯 100～200 mg/L）中 2～3 min；

（4）将其用洁净的清水冲洗并自然风干悬挂在挂架上。

3.4 清洁工具挂架存放

很多企业在清洁消毒完成后一方面会忽视对清洁工具的消毒，另一方面会忽视对

---

① https://www.campdenbri.co.uk/_access/download.php?type=research&file=1229.pdf&access=member&name=CampdenBRI-RD199.pdf&hash=b508ca75dc4106669757f6a38d64c746dd2c5f10a4b103cb3f6f73e0ac31f168

② 图片来源于：Vikan 培训材料

清洁工具的存放。随意乱放会形成卫生死角，良好的操作实践要求设置清洁工具挂置区，错误与正确示范如图6所示，并应具体做到：

（1）所有工具头朝下方摆放；

（2）两个工具的头部之间保持一定的距离；

（3）定期清洁挂架或存放背板。

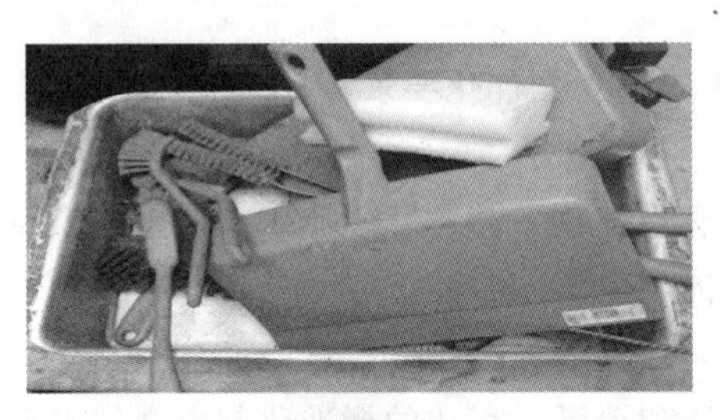

（a）错误示范

（b）正确示范

图6 清洁工具的挂架存放示范①

3.5 清洁工具阴影板存放

清洁工具阴影板（见图7）存放是越来越多的企业正在逐步推广的挂置方法，这样做的好处有以下几方面。

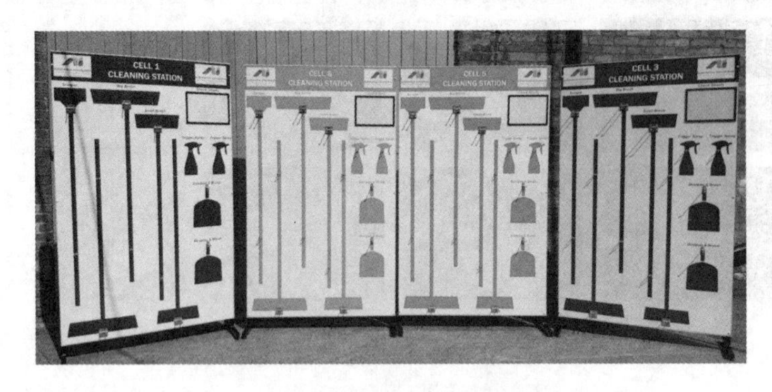

图7 清洁工具阴影板②

（1）现场视觉化冲击力强，更易推行现场5S标准化；

（2）每个工具都有固定位置，便于清洁工具更好地存放，不易混淆；

（3）更加强调清洁工具自身的清洁力度，因为脏工具的排放对于很多企业来说都是薄弱环节。

3.6 清洁工具更换时机

很多企业对清洁工具存在的问题不够重视，最终可能导致产生一系列的质量安全

---

① 图片来源于 https：//conceptvm. com/services/shadow－boards/。

② 图片来源于网络。

问题。清洁工具更换的时机如图 8 所示。

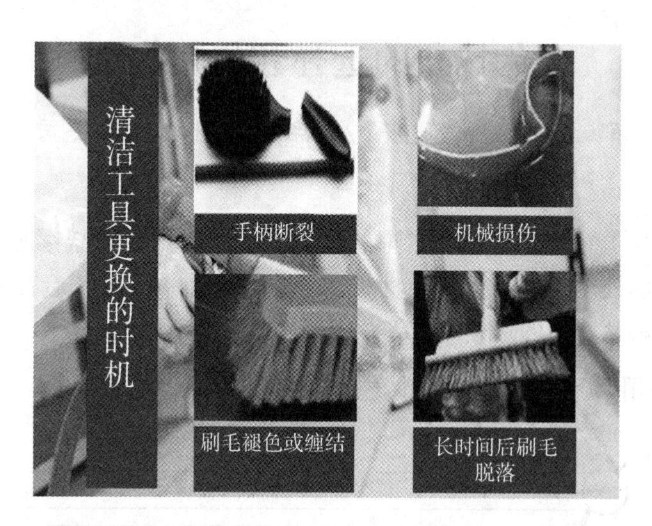

图 8　清洁工具更换的时机

分色抹布的选择和使用指引

邵 磊 安徽质安选食品安全科技有限公司

抹布是食品加工和餐饮服务中不可缺少的清洁工具，在食品接触面、非食品接触面等的洗消环节随处可见。选择何种材质和款型的抹布一直是令食品安全管理人员头疼的问题。本文将从抹布的选、用、管、合规等方面进行阐述。

1 抹布使用环节的常见问题（见图 1）

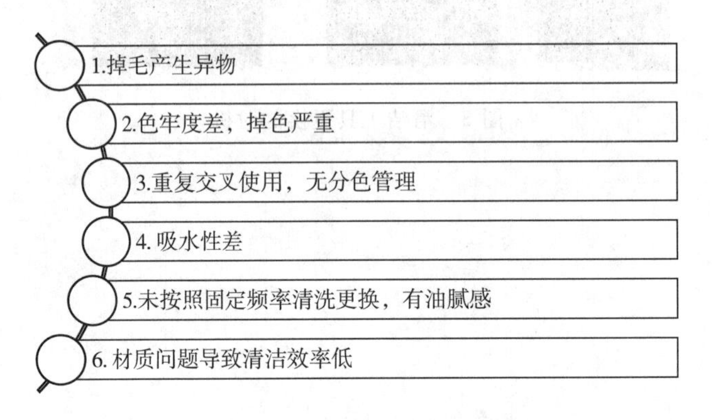

图 1 抹布使用环节的常见问题

2 抹布分色管理指引

2.1 分色区域选择

可以按照生区、熟区、堂前桌面、设备设施清洁、卫生间等几大区域进行抹布分色。

2.2 抹布的清洗

（1）使用后的脏抹布统一存放在固定的区域，建议按照有不同清洁度要求的使用对象进行区分，尤其是卫生间用的抹布需要单独与其他区域的分开清洗；

（2）先使用清洁剂（如洗洁精）浸泡抹布数分钟，统一放入洗衣机中设置 30 min 的清洗脱水参数，针对白色底面的油污较重的抹布，若清洗后有残渍，可以使用漂白水先将其浸泡漂白后再用洗衣机清洗。

（3）清洗后的抹布统一按照 2.1 中的不同区域分开存放。

2.3 抹布的存放

（1）清洗后的洁净抹布：使用标识完整的塑料周转桶或保鲜盒进行盛放，一般每个容器以存放 10～20 条抹布为宜；

（2）脏抹布（或待清洁抹布）：使用标识完整的塑料周转桶或保鲜盒进行统一收纳，切勿乱丢或随意放置。

抹布存放容器如图 2 所示。

图 2　抹布存放容器

2.4　抹布消毒后的使用

（1）抹布在清洁后统一存放在对应区域的收纳容器中，在使用前应至少浸泡浓度为 100 mg/L 的含氯消毒液 2 min，以达到消毒效果。一般浓度为 100 mg/L 的含氯消毒液在统一配置后经过测氯试纸验证，倒入对应的洁净抹布收纳容器中，消毒液的高度以超过抹布最高点为宜，以达到覆盖式消毒。

（2）洁净抹布收纳容器中的浓度为 100 mg/L 的含氯消毒液最好 3～4 h 更换一次（根据制定的制度执行，常规频率为上午、下午各更换一次），可使用不干胶贴定义配置时间和限期使用时间（见图 3）。

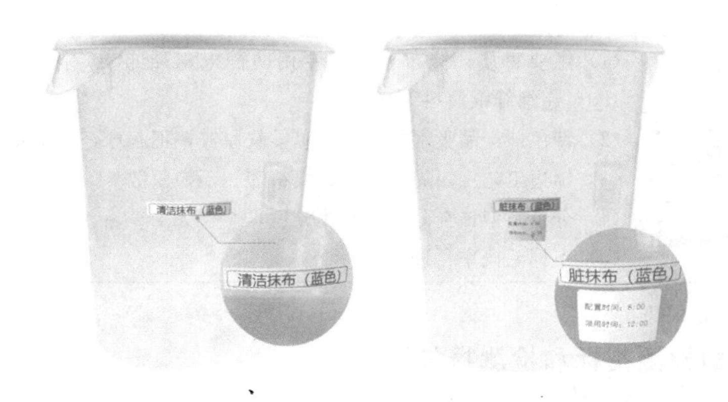

图 3　不干胶贴

3 抹布产品解决方案

3.1 超细纤维3M珍珠抹布（见表1）

表1 超细纤维3M珍珠抹布

产品	介绍
	(1) 主要材质：超细纤维，英文名为microfiber。一般纤度为0.3d（直径d为5 μm），超细纤维的成分主要为涤纶polyester、锦纶polyamide两种，颗粒感明显，为珍珠颗粒状排布 (2) 特色：手感柔软厚实，不起球，但产品吸水性不佳 (3) 锁边工艺：有一个锁边接口，圆角工艺，不易脱散 (4) 分色类型：全分色（整体分色） (5) 不掉毛概率：大于98%

3.2 超细纤维抹布（见表2）

表2 超细纤维抹布

产品	介绍
	(1) 主要材质：超细纤维，英文名为microfiber。一般纤度为0.3d（直径d为5 μm），超细纤维的成分主要为涤纶polyester、锦纶polyamide两种 (2) 特色：产品吸水性好，手感柔软厚实，不起球 (3) 锁边工艺：有一个锁边接口，圆角工艺，不易脱散 (4) 分色类型：全分色（整体分色）/单边分色 (5) 不掉毛概率：大于98%

3.3 洁净区域防静电专用抹布（见表3）

表3 洁净区域防静电专用抹布

产品	介绍
	(1) 主要材质：抹布表层为专用防静电材质布料，抹布中间采用多层100%超细纤维面料 (2) 特色：产品吸水性好，手感柔软厚实，不起球，可反复湿热灭菌 (3) 锁边工艺：四周锁边，走线精密，不易脱散 (4) 分色类型：全分色（整体分色） (5) 不掉毛概率：100%

4 抹布的检测指标和检测报告

质安选自主研发的超细纤维分色抹布通过了食品安全检测，检测项目包括偶氮染料、甲醛含量、异味、高锰酸钾消耗量、重金属（以铅计）含量、脱色试验。质安选超细纤维分色抹布检测报告如图 4 所示。

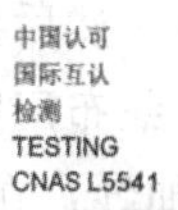

CTI 华测检测

中国认可 国际互认 检测 TESTING CNAS L5541

检测报告

报告编号 A2210321316107C　　第 1 页 共 10 页

报告抬头公司名称
地　址

以下测试之样品及样品信息由申请者提供并确认

样品名称	质安选超细纤维分色抹布
材料颜色	红黄蓝绿白棕
材料成分	超细纤维
样品来源	委托方送样
样品状态	完好
样品接收日期	2021.10.11
样品检测日期	2021.10.11-2021.10.20

测试内容：
根据客户的申请要求，具体要求详见下一页。

批准

吴如妹	王焕新	陈凯敏
实验室经理	技术负责人	实验室经理

日期 2021.10.21　　No. S540171512

上海华测品标检测技术有限公司　　上海市闵行区万芳路 1351 号

Hotline:400-6788-333　www.cti-cert.com　E-mail:info@cti-cert.com　Complaint call:0755-33681700　Complaint E-mail:complaint@cti-cert.com

图 4　质安选超细纤维分色抹布检测报告

5 延伸阅读：抹布的生产过程

抹布主要由特定材质的面料加工而成，面料由石油产品转化为化学纤维（以超细纤维为例），然后再进行下一步制造，常规步骤如下。

5.1 织布厂完成工序

（1）抽纱：在化学纤维中通过工序抽出纱，并决定例纱的粗细度，工厂一般直接买来纱饼；

（2）整经：把分散的纱饼集中到盘头上，盘头数关系到纱的纹路；

（3）并纱：把两个或者两个以上的盘头的纱合并到一个盘头上；

（4）分经：通过机器使经纱呈上下距离错开，以便纬纱穿过；

（5）织布完成，待染色。

5.2 染厂完成的工序

坯布缝头→前处理→染色→还原清洗→热水洗→水洗→脱水→定形。

一般可在染液温度为50～60 ℃时开始染色，大约1 h后逐渐升温至130 ℃，染色1～2 h，然后充分水洗。染深色时通过还原清洗代替皂洗，可保持染色成品色泽鲜艳。此过程需要加入不同的化学成分药剂。

5.3 裁剪工厂工序

裁剪→缝边包边→装袋→装箱成品。

异物管理类

金探十问，解惑其本

汪伟伟　上海悦孜企业信息咨询有限公司

金属探测器（简称“金探”）在食品行业的应用十分广泛，如图 1 所示为产品正在通过金探。很多企业都对其进行着严格管理，很多客户审核时也对其极其关注，企业在金探的管理上经常出现不符合项，甚至出现关键项不符合的“翻车”现象。本文对大家在使用和管理金探的过程中经常遇到的十大问题进行解释。

图 1　产品正在通过金探

（1）金探测试模块的材质是什么？不锈钢验证模块是用 304 不锈钢还是 316 不锈钢？

（2）金探模块到底需要多大直径？

（3）模块要不要和产品一起通过金探？

（4）模块通过金探开口的什么高度？

（5）每个模块要放在产品的前、中、后什么位置？

（6）多点测试法是做得越多越好吗？

（7）金探多长时间需要用模块验证一次？

（8）剔除后的产品能否重新通过金探？

（9）金探的年度验证由谁来做？

（10）验证记录能不能使用金探自带的系统记录？

1 金探测试模块的材质是什么？不锈钢验证模块是用 304 不锈钢还是 316 不锈钢？

金探测试模块通常有铁、非铁、不锈钢、铝和合金五种材质，在食品行业通常使用前三种，即铁、非铁和不锈钢。非铁的材质通常使用的是黄铜；不锈钢材质目前市面上有两种，一种是 304 不锈钢材质的测试球，一种是 316 不锈钢材质的测试球。

如果食品企业的设备和工具主要是 304 不锈钢材质的不锈钢，那么检测模块（见图 2）是否只能选择 304 不锈钢材质，而不能选择 316 不锈钢材质呢？答案：可以使用 304 不锈钢，使用 316 不锈钢模块会更好。这是因为 316 不锈钢导磁性更弱，更难被检测出来。如果 316 不锈钢材质的金探测试模块能被检测出，那么同样大小的 304 不锈钢材质测试模块也能被检测出。因此，如果是同样直径（如 1.5 mm）的验证模块，使用 316 不锈钢材质的测试模块的金探更灵敏。

图 2 不同型号的检测模块

结论：对于铁、非铁和不锈钢三种材质，使用 304 不锈钢和 316 不锈钢都可以。

2 金探模块到底需要多大直径？

金探模块的直径越小说明设备越灵敏，但是需要考虑误报警的偏差。具体直径多少，需要考虑法规要求及客户要求，法规要求可以参考 GB/T 25345—2010《食品金属探测器》，而客户要求则不一致。例如，某国际食品企业，对于非冷藏类产品的要求是铁 1.5 mm，非铁 2.0 mm，不锈钢 2.5 mm。

3 模块要不要和产品一起通过金探？

企业验证金探模块目前有两种方式：一种是将模块和产品一起通过金探（见图 3），另外一种是模块单独通过金探。考虑到产品通过金探时可能会产生产品效应。因此，最佳实践是模块和产品一起通过金探，以避免产品效应造成的误差。

这一点需要特别注意，尤其是在开机验证时，很多企业的产品还没有被生产出来，使用的是空模块验证法，这一点需要进行改进和完善。

结论：模块要和产品一起通过金探。

4 模块通过金探开口的什么高度？

如图 4 所示，金探开口的几何中心位置的灵敏度最低，通常情况下可通过这个点来进行验证。但是如果通过金探的产品尺寸很小，达不到这个中心点，那么是否需要

图 3　金探开机检测时，模块和产品一起通过金探

进行垫高处理呢？

通常是不需要的，将产品置于离中心点最近的点（产品的上方）进行验证即可。例如，中心点高度是 7 cm，产品厚度最厚的是 4 cm，这就不需要再垫高 3 cm 了，因为没有产品通过 7 cm 的中心位置，产品的顶部（4 cm）是离最弱中心点的最近点。

当然，如果是大包装产品，占满了整个金探开口，那还是需要将测试模块贴在包装的中间来通过金探的。

结论：离金探中心点最近的位置。

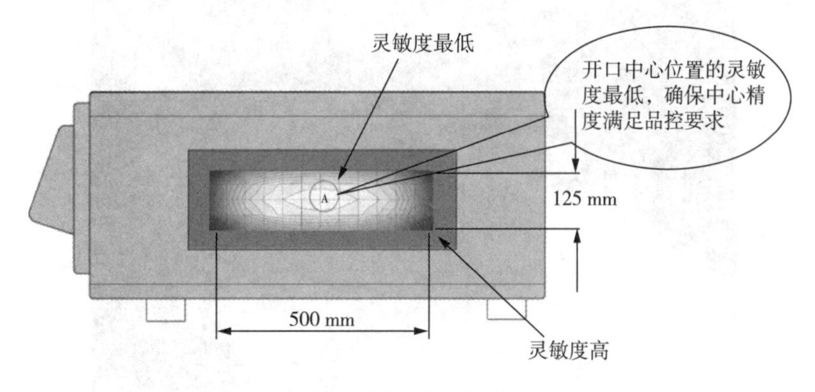

图 4　金探开口位置图

5　每个模块要放在产品的前、中、后什么位置？

上一部分内容说的是模块通过金探开口的高度位置，那对于水平的前、中、后三个位置，模块应如何放置呢？若包装规格很大，建议将每个模块放在产品前、中、后三个位置进行验证，如图 5 所示。若中间位置放不了（如 25 kg 大包装粉剂），建议放前、后两个位置即可。如果包装很小，模块放在产品上即可。

结论：建议放在前、中、后三个位置。

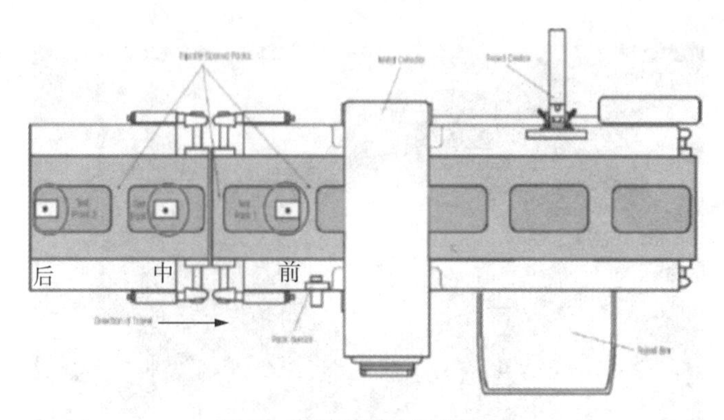

图 5　金探水平前后位置图

6　多点检测是做得越多越好吗?

企业会面临很多的客户审核，每个客户的要求可能不一样，如笔者在审核时曾见过最多的是每个模块测 18 个点（见图 6，上面 9 个点、下面 9 个点），再乘 3 个模块，因此要验证 54 次。其实，对于如图 6 中的产品，测试产品最上方中间位置的 3 点即可。对于 18 点或 12 点之类的多点测试，可以按周/月来进行。多点测试的主要目的是测试磁场分布是否均匀、中心点是否有偏离。

结论：日常测试不推荐，可以进行周期性多点测试。

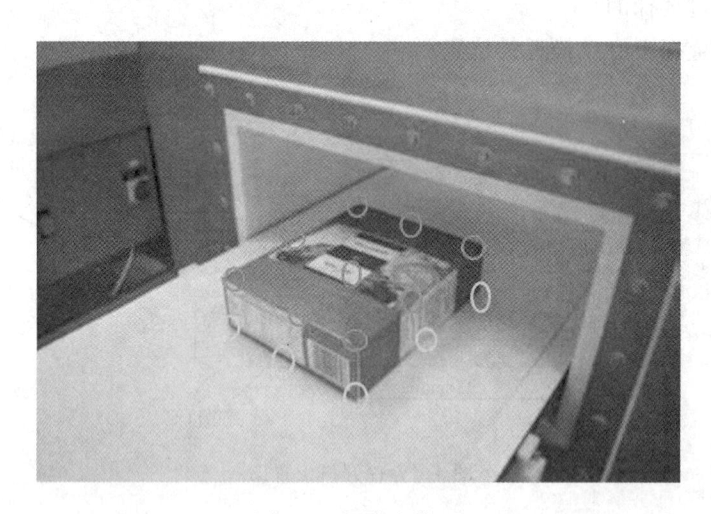

图 6　金探多点检测

7　金探多长时间需要用模块验证一次?

关于金探模块验证，有的是 4 h 验证一次，有的是 2 h 验证一次，有的是 1 h 验证一次。是不是 1 h 验证一次最好，或者说最合适？验证的频率主要取决于产品是否能够按频率进行有效的标识隔离和撤回。如果企业 1 h 验证一次，但是产品不是按照 1 h 进行标识隔离区分，而是按照每天进行标识隔离的，那么规定 1 h 验证一次和一天验证一次的效果是一样的。

除了确定几小时要进行模块的验证外，还有如下几种情况一定要验证：

（1）开机验证。将模块与生产的第一个产品一起通过验证。

（2）关机验证。将模块与生产的最后一个产品一起通过验证。

（3）换产品时。这里说的换产品是指对产品的金探参数有不同设置的时候（如从500 g包装换到5 kg包装时），换到新的产品时，对于最后一件老产品进行验证，对于首件新产品也一定要验证，同时要关注切换新产品时金探是否需要重新选择参数。如果产品大小不同，但是金探参数相同，可以视为同类产品进行管理。

（4）更换参数设置。调整相关参数（如灵敏度）后，要进行验证。

（5）设备维护保养后。

（6）设备搬动后。

结论：根据风险评估来定，重点关注检测后的产品标识隔离情况。除了固定时间验证，还有很多情况要验证，尤其是换产品时。

8　剔除后的产品能否重新通过金探？

对于剔除产品，有些企业认为是误报警，会将剔除产品重新通过金探，如果不报警，就放行处理，如果再报警就当不合格产品处理。这种做法是存在较大风险的。主要的原因是金属通过金探是有方向性的，如图7所示，人们很难还原产品报警时是以什么方位和角度通过金探的。

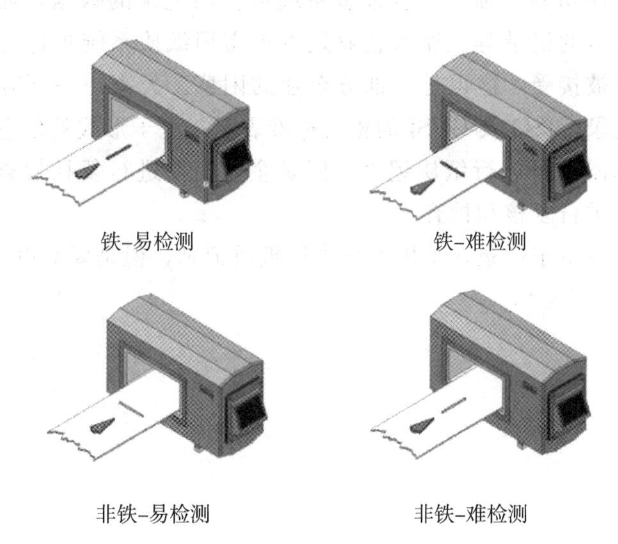

图7　金探方向性图示

如果企业希望通过再过金探来验证一下金探是否有问题，那么建议保证产品是按照原来的位置和方向通过金探的（适用于传送带停止的报警方式），如果是自动剔除的，再重新测试三次时，一定要保证三次的产品位置和角度是不同的，比如横着过、竖着过、斜着过。

以上再过金探 n 次的方式，不建议大家操作。有企业认为："我的误报警率很高，只能将剔除产品再过，不然产品损失太大了。"这个想法似乎合情合理，不过逻辑不正确。误报警率高是一个正常现象还是不正常现象？不去选择合适设备或参考来降低误报警率，而通过再过产品来降低损失，这是本末倒置的方法，因此建议企业对金探进行重新确认，确保所使用的金探型号和参数是合适的。

结论：不建议这么做，有较大风险。

9 金探的年度验证由谁来做？

很多企业经常被问到对于金探是如何进行年度验证的？金探不像压力表之类的，可以送第三方计量检测机构来检测是否准确。那么企业是否可以自己做？若企业自己做，依据的准则或者指南是什么？企业自己做存在的最大问题是自身的能力问题，企业不清楚如何用模块进行精度确认，也不懂系统元器件模块功能和参数等的设置。而这些厂家是最清楚，也最有能力做好的。因此，金探的验证应当由厂家来做。若因特殊情况厂家不能去现场服务，也应当提供详细的指导文件，企业可根据指导文件进行验证。

结论：由厂家来做。

10 验证记录能不能使用金探自带的系统记录？

目前很多的金探功能很强大，有很多系统可自动记录的数据，如通过的数量、剔除的数量、参数调整的记录等。那么企业是否还需用纸质系统再进行记录？电子记录是否能够在审核时被接受，这也是一部分企业的困惑。大家想一下有没有哪个国际标准说不接受电子记录？ISO 及 GFSI 的相关标准表示，电子形式的信息都是可以被接受的。因此，企业不需要再进行纸质记录，但是企业需要进行复核检查。也就是说，还是需要对电子记录进行复核和检查。

结论：金探若有电子记录，不用重复进行纸质记录，但是要对电子记录进行复核。

金探或 X 光机的产品剔除收集盒到底要不要带锁?

梁宝生

作为生产线末端 CCP 点的金探或 X 光机，通常是内外部审核的重点关注项目，如何管理好其剔除的可疑产品？也许很多伙伴的第一反应是用带锁的柜子进行管理，这样的要求来源于哪里？带着这个问题，我们一起结合全球食品安全倡议（GFSI）认可的 BRCGS、IFS、SQF 和 FSSC 22000 的相关标准，以及麦当劳、肯德基和星巴克对供应商的相关要求，来探究金探或 X 光机剔除的产品到底要不要用带锁的柜子进行管理。

1 GFSI 相关标准的要求

1.1 BRCGS 8.0 的相关条款要求（见图 1）

> 4.10.3.2 金属探测器或 X 射线设备应满足以下各项要求：
>
> ● 自动排斥设备（对于连续在线系统），此应能将被污染的产品要么转移出产品流，要么转移到只有经授权的人员方可操作的安全装置；
>
> ● 在产品不能被自动拒绝的情况下（如对于很大的袋子），要有带报警器的皮带停止运行系统；
>
> ● 应配备识别污染物位置的在线检测器，以实现对受影响产品的有效分离

图 1 BRCGS 标准中关于金探的相关要求

在 BRCGS 标准中，金探或 X 光机应用于连续生产的生产线，当设备识别出被污染的产品时有两种方式应对，第一种方式是设备可以自动将被污染产品转移到生产线以外，如管道式金探可以将液体物料排到管道系统以外，第二种方式为将被污染的产品转移到一个安全装置，这个装置只有特定的、被允许操作的人才可以打开，此时为了便于管理，很多企业会将装置上锁，由特定人员进行管理。

对于那些因体积较大等无法通过设备剔除的生产线，此时通过报警器报警、生产线停机等方式进行处理也是可以接受的，关键是要有效识别、去除被污染物。

1.2 IFS 的相关条款要求（见图 2）

> 4.12.3 当需要使用金属和/或异物探测器时，应当配置相应的设备以确保转往下道工序的产品尽可能不受异物的污染。探测器应定期维护以防止出现故障；
>
> 4.12.4 应规定用于检测和/或消除异物的所有设备的测量精度和方法。应定期对此类设备和方法进行功能检查。一旦发生故障或失败，应规定纠正措施，执行并形成文件；
>
> 4.12.5 应隔离可能受污染的产品。仅有获得授权的人才能按照确定的程序，进一步处理或检查这些被隔离的产品。检查后，被污染的产品应按照不合格产品进行处理

图 2 IFS 的相关要求

在 IFS 中对可能受到污染的产品同样采取了“授权人”这一概念，即指定某些员工按照工厂规定流程处理这些产品，同时明确了被污染的产品需要按照不合格品进行处理的要求。

1.3 SQF 的相关条款要求（见图 3）

11.7.4 异物的检测 11.7.4.3 金属检测器或其他物理污染物检测技术应针对操作有效性定期监督、确认和验证。这些设备的设计应可隔离有缺陷的产品并指出何时被拒收； 11.7.4.4 应留存杂质检测装置检查、任何由该装置拒收或去除的产品记录，以及由这些检查导致的任何纠正和预防措施的记录； 11.7.4.5 在所有出现异物污染的情况下，受影响的批次或产品应加以隔离、检查、返工或处置。应保留处置记录

图 3 SQF 的相关要求

在 SQF 第 9 版《食品安全规范：食品制造》中指出对于金探或 X 光机，除了按照一定频率监督，确认相关设备参数有效，验证这些参数要求执行到位以外，这些设备从设计上可以隔离有潜在风险的产品，并且设备有能力指示出有潜在风险产品产生的时间。该标准并没有明确指出使用上锁进行管理的相关要求。

1.4 FSSC 22000 的相关条款要求（见图 4）

8.5.4.3 CCP 和 OPRP 的监视系统 （1）针对每一 CCP，监视的方法和频次应能够及时发现任何关键限值的失效，以便及时隔离和评估产品（见 8.9.4）； （2）对于每一 OPRP，监视方法和频次应与失效的可能性和后果的严重程度相适宜； （3）当监视 OPRP 是基于观察的主观数据（如视觉检验）时，该方法应有指导书或规范的支持

图 4 FSSC 22000 中关于 CCP 和 OPRP 监视的要求

在 GFSI 的相关标准中，BRCGS 和 IFS 因为明确提出了“授权人”的概念，对于金探和 X 光机剔除后的可疑产品需要通过授权人的有效管理并将其移除产品流，其他两个标准并没有明确提出对于授权人的要求，因此在很多企业的日常管理中，为了方便管理，会使用带锁的柜子。

2 一些领先餐饮企业的相关标准

2.1 麦当劳 SQMS 的相关要求（见图 5）

CCPs 关键控制点	A procedure is written and implemented for all CCPs. 所有的 CCP 都有书面的程序并得到实施。 The person responsible at each CCP is trained and aware of critical limits, monitoring frequency, and corrective actions demonstrated through interviews. 访谈表明每个 CCP 负责的人员都知道关键限值、监控频率和纠正措施。

图 5 麦当劳 SQMS 的关键控制点要求

该标准明确了 CCP 点处理的负责人需要知道纠正措施的要求，企业可以结合自身情况决定是否用带锁的柜子。

2.2 YUM STAR 2018 的相关要求（见图 6）

> 7.2.9 剔除装置位置应尽可能靠近最终产品包装，以下是可以接受的剔除装置：
> （1）主动剔除：将被污染的产品从产品线中移除至受限的上锁容器内；
> （2）传送带停机：金属探测器检测到被污染的产品时，生产线停机，同时包括视觉的或蜂鸣警报。该方式须有书面的方式描述如何重启系统以及如何处理可疑产品

图 6 YUM STAR 2018 的相关要求

YUM STAR 标准中的金探要求截图如图 7 所示。

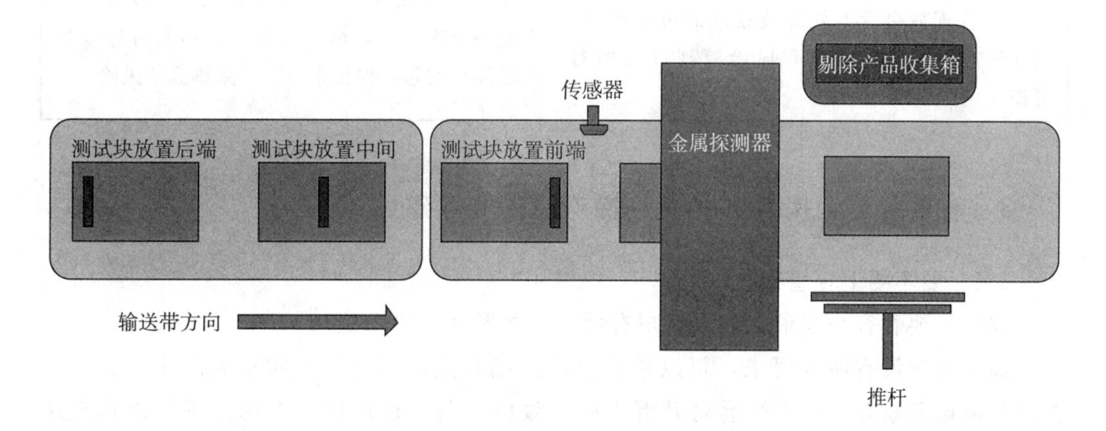

图 7 YUM STAR 标准中的金探要求截图

该标准比较直接地提出了“上锁容器”的概念，其也是这些标准中最明确提出上锁管理这一要求的。

2.3 星巴克 D58 的相关要求（见图 8）

> 6.5.11 金属探测仪或 X 光机应包括以下装置中的一种装置：
> （1）用于连续在线系统的自动剔除装置，该装置应将受污染的产品从产品流中剔除（或者剔除到仅授权人员可接触的受控装置内）；
> （2）生产线停止或经验证的剔除系统和警报（可视或听觉）表示检测到金属污染；
> 6.5.12 在线检测仪识别到异物后，应能有效选择和分隔出受影响产品

图 8 星巴克 D58 的相关要求

该标准在提出了“授权人员”概念的同时，提出了受控装置的要求，因此概念上也等同于上锁管理。

结合以上条款可以看出：SQF、FSSC、SQMS 三者要求是比较接近的，没有特别

明确提出对于剔除产品的要求，给了组织更大的灵活性；BRCGS、IFS、YUM STAR 2018、D58这四者要求比较接近，给组织以更具体的指引；上述两类方式各有所长，不同品类的企业可以结合自己的发展阶段和产品特点进行选择。

"上锁管理"其实最直接源于YUM对于供应商的要求中提到的"受限的上锁容器"，那么这一操作为什么会赢得相关企业的青睐呢，我们进行了如下总结，见表1所列。

表1　金探上锁管理的优势和潜在影响

优势	潜在影响
1. 上锁管理后剔除的可疑产品由专人管理，降低人员误操作将剔除的可疑产品混入正常产品中的风险； 2. 上锁管理后由专人处理被剔除的可疑产品，剔除后产品后续的验证和风险管理过程相对可控	1. 需要安排专人管理上锁后的钥匙，管理成本增加； 2. 每次需要授权人开启上锁容器，当授权人不在这一个岗位时，可能存在开启不及时导致的产品滞留问题，如带来冷冻产品解冻的风险

3　有效管理金探或X光机剔除产品的几点建议

3.1　要不要上锁管理?

首先，要看客户要求，如果客户有要求，按照客户要求执行。

如果客户没有明确要求，可以结合自身产品特点、剔除量和频率来决定；如果存在产品被设备剔除后员工容易将其混入生产线的风险，建议优先考虑上锁管理管控这一风险，同时注意规避因为上锁管理而引发的新的问题，如冷冻产品剔除后没能及时处理而解冻等。

如果被剔除产品并不容易混入生产线，可以使用红色的周转筐提醒员工，防止操作上的非预期使用同样是可行的。如果一定要上锁，则需要考虑上锁可能带来的其他问题，如冷冻产品缓化的问题，需要对该岗位建立一定频率的检查，如现场每10～20 min检查一次。

3.2　由谁作为授权人进行管理?

条件允许时，可以优先考虑由受过训练的在线QC进行管理，如果QC数量无法支持，选择班组长或该岗位的员工同样可行，但他们必须通过培训和考核具有第一时间处理好问题的能力。

3.3　管理效果如何监控?

可以通过观察该岗位员工的操作，询问当生产线出现剔除较多产品的异常情况时如何处理，回顾该区域监控视频等验证在某一时间点该岗位操作的合规性，并在相关记录上体现。

综上可知：行业标准并没有要求我们对金探和X光机剔除的产品一定要进行上锁管理，这是领先的餐饮头部企业对于供应商的要求，可以作为一个最佳实践，更多的标准中要求授权人将从生产线上剔除出来的产品进行有效管理，因此我们要结合企业产线特点和职责进行划分。

标准与条款凝结着专家前辈无数的智慧和汗水，要准确地理解和把握他们并将风险进行有效的管控，不同企业受自身条件的限制，某些最佳实践往往很难在企业落地，因此与其纠结是否要“上锁”，不如回归条款本身的精神，将风险进行有效的管控。

CCP（关键控制点）金探审核9个经典问题

黄永杰

无论是企业管理者、质量管理人员，还是生产管理员，甚至是生产操作工，都非常清楚地知道CCP是审核重点，金探几乎是每个食品工厂标配的CCP之一，如图1所示。那么你知道审核老师会在金探环节看哪些内容、问哪些问题吗？

以下为审核时出现的常见问题：

（1）人员操作

① 员工操作不熟悉，对操作和纠偏措施的要求不清楚；

② 员工不清楚不合格事件的纠正措施；

③ 金探记录时间与实际操作时间不一致；

④ 岗位职责表没有包括CCP员工；

⑤ 没有金探岗位员工的培训记录。

（2）设备运作

① 现场测试时产品不能被有效剔除；

② 金探误报频繁，现场产品摆放凌乱，剔除出来的产品有混淆风险。

（3）报表记录

① 没有及时记录CCP操作时间；

② 记录的时间超出规定的频率；

③ 报警剔除产品发现异物的事件没有记录在报表上；

④ 不合格事件调查表不完整，缺少原因分析，纠偏行动未完成，管理层未签名，没有产品销毁记录等；

⑤ 测试块没有证明资料；

⑥ 没有供应商的年检报告。

图1　金探与常见检测模块

接下来，由笔者带领大家来一场与审核老师的“博弈”对话。

1 第一问：CCP 金探的测试由谁操作？

1.1 审核老师的隐含信息

(1) 通过什么形式确定 CCP 岗位操作员工？

(2) 操作员工是否经过了系统的 CCP 操作要求培训？

(3) 抽查其中的员工来回答关于操作要求的问题。

1.2 领班的回答

老师，您好，我们有关键岗位职责表。CCP 金探操作岗位属于关键岗位，有固定操作人员名单，在上岗前有培训和每年回顾性培训。

1.3 需要提供的资料

(1) 岗位职责表，内含操作员工签名。

(2) 培训记录，包含所有 CCP 操作员工的签名。

BRCGS 中对 CCP 的监测要求如图 2 所示。

BRCGS 条款内容	2.10.2 与每一个 CCP 的监测相关的记录应包括日期、时间和测量结果且由负责监控的人员（如适用，和由经授权的人员）签字并核准。在记录为电子形式的情况下，应有证据证明记录已经过检查和核准

图 2 BRCGS 中对 CCP 的监测要求

2 第二问：你（操作员工）知道有哪些操作要求吗？

2.1 审核老师的隐含信息

(1) 想了解操作员是否清楚和熟悉要求。

(2) 想知道开机、结束、过程如何操作，频率如何，纠正措施有哪些。

(3) 回答问题后让操作员工演示。

2.2 操作工的回答

(1) 开机前每个测试块左、中、右各通过一次金探，生产过程中每 2 小时将测试块放在产品上方分别过一次金探，关机前（产品已结束）按照开机的做法操作。

(2) 纠正措施

① 金探出现故障时，封存从上一次验证合格到现在的所有产品；

② 发现金属异物时按流程汇报，调查原因，封存相关物料、产品，待完成相关措施后得到领班的通知才能重新开机。

2.3 需要提供的资料

CCP 操作要求文件应当放在现场且操作要求受控。

SQMS 中对 CCP 的要求如图 3 所示。

SQMS 4.4	6.1.b HACCP 计划 识别 CCPs 描述 CCP 目标和关键限值 描述 CCP 监控和频率 每个 CCP 的详细纠正措施 每个 CCP 的记录管理和填写职责 确认计划、频率和职责 6.1.c CCPs 关键控制点 所有的 CCP 都有书面的程序并得到实施 通过访谈表明每个 CCP 负责的人员都知道关键限值、监控频率和纠正措施

图 3 SQMS 中对 CCP 的要求

3 第三问：如何处理由金探剔除出来的产品？

3.1 审核老师的隐含信息

（1）想知道剔除产品是否得到及时处理。

（2）剔除产品如何做标识和隔离，现场是否有弄混的风险。

3.2 操作员工的回答

对于金探剔除的产品会用单独的容器区分，做好隔离标识，离线重新通过金探 3 次，有明显方向要求的产品，需要转 90°通过金探一次（因产品不同可采取不同方式），无异常则视为产品正常，如有异常报警则要将异物找出。

3.3 需要提供的资料

让老师现场检查单独的容器和隔离标识。

4 第四问：在剔除的产品中如果发现金属会如何处理？

4.1 审核老师的隐含信息

（1）想知道是否设置了不合格品管理流程。

（2）想知道如何汇报、调查、进行产品验证、分析风险。

（3）想知道如何处理异物与产品。

4.2 操作工的回答

（1）发现金属后立即上报领班和 QA，将时间、地点、发现人员、事情经过进行汇报；

（2）由生产领班、工程人员、QA 组成异常调查小组，将有风险产品隔离并安排重新通过金属验证；

（3）调查原因并找到金属来源，针对具体原因制定纠正措施，评估隔离的产品；

（4）对于报废的产品按照报废流程完成不合格事件调查表，将异物交给 QA 保存。

4.3 需要提供的资料

不合格处理流程文件。

5 第五问：请你按照平时的操作演示一次。

5.1 审核老师的隐含信息

(1) 确认操作员的操作是否熟练。

(2) 确认设备是否正常运行，是否能进行报警剔除。

(3) 观察员工对于剔除的产品将如何处理。

5.2 操作工的回答

我们使用的标准测试块是 Fe 1.0 mm，非 Fe 1.5 mm，不锈钢 2.0 mm，放在产品上方中间位置随产品一起通过金探，设备感应后报警并将其剔除，完成检测后立即填写记录，剔除产品重新通过金探。

5.3 需要提供的资料

审核当天的 CCP 操作记录表。

6 第六问：能否查看这个月的生产记录表中的 CCP 操作记录表和返工记录表?

6.1 审核老师的隐含信息

(1) 想知道记录的完整性和准确性，是否按频率操作，操作人是否与岗位职责表一致。

(2) 是否有返工品，返工品是否通过金探。

6.2 领班的回答

这是我们这个月的生产记录表，返工品我们都会重新通过金探，其中 CCP 操作记录表和返工记录表都已经折起来，请查看。

6.3 需要提供的资料

CCP 点操作记录表和返工记录表。

7 第七问：请找出这几个时间点的监控录像。

7.1 审核老师的隐含信息

(1) 抽查现场的操作是否与记录一致，一般会检查刚开机、吃饭、停机等时间段的记录。或者记录有报警的时间段。

(2) 确认是否定期查看和回顾监控录像，监控位置是否能看到员工操作。

7.2 领班的回答

老师，为节省您的宝贵时间，我们先回放到这些时间点再请您过来查看。对于监控录像我们会有专人安排定期检查，包括人员操作、清晰度、位置方向、储存期，对于关键点会每天检查，储存期为产品的最长保质期，请看回放。

7.3 需要提供的资料

监控录像检测记录表（见表1）。

表1 监控录像检测记录表

日期	编号	线号	位置	检查内容	储存期	符合性（符合打“√”，不符合请说明）	检查人
20210518	A12	糖果1#	CCP点金探	清晰情况、位置对准、人员操作	181天	员工没有将剔除的产品做上标识 措施：与领班沟通，对员工进行培训	张三
复核人：						日期：	

SQMS中关于食品防护的要求如图4所示。

SQMS 4.4	5.1.a应建立和实施工厂安保与食品防护计划 ① 有书面的工厂安保与食品防护计划，此计划应保密； ② 书面的工厂安保与食品防护计划应包含针对已识别的脆弱点的风险评估，及相应的消除和纠正措施； ③ 工厂安保与食品防护计划应作为所有新员工入职培训的一部分，且对所有员工每年重新进行一次培训； 注意：“脆弱性区域”可能包括工厂外围，用于储存散装物料的筒仓、储存罐、有轨车、常温或冷冻运输车、物料接收/发货区、原料和成品仓库、生产区、水供应系统、气体和电力供应设施、化学品和危险品仓库、实验室和检测仪器、网络服务器、专有资料仓库、邮件收发室、CCTV监控和通讯室。

图4 SQMS食品防护要求

8 第八问：请拿出你们曾经发生过的金属异物报警不合格事件调查处理表。

8.1 审核老师的隐含信息

（1）确认报告完整性，包括风险分析、异常原因、纠正措施、不合格品处理、签名确认等信息的完整性。

（2）确认措施是否在执行，询问操作员工是否清楚措施。

（3）核对与现场记录是否一致。

8.2 QA 的回答

老师请看，这是我们今年发生的不合格事件的调查表，其中在 20210526 CCP 发现有一粒金属异物，经过调查确认来源于水管焊接后现场未清理干净的焊渣。重新清洁生产线，将从开机到发现异常时间点的全部产品、半成品进行报废。我们将从完善 SOP、操作流程、交接检查、培训等方面制定出改善措施。

8.3 操作工的回答

我们有培训措施，现在是按照措施操作的。

8.4 需要提供的资料

(1) 提供不合格事件调查表和当天对应的生产记录表；

(2) 纠正措施的培训记录、验证记录，改造前后对比图等；

(3) 提供报废记录和产品报废照片。

SQMS 中关于不合格品管理的要求如图 5 所示。

SQMS 4.4	5.5 不合格品扣留 a. 供应商应有书面程序和措施防止将不合格品发货至麦当劳的配送网。应建立书面程序确保将不合格品与合格品隔离，并防止其被放行出厂； b. 供应商应授权专人负责对不合格品进行扣留、放行、复检、返工或处置。对食品、包装材料和已包装的成品的处置应遵循麦当劳的处置程序。

图 5 SQMS 不合格品管理要求

9 第九问：如何维护保养金探？

9.1 审核老师的隐含信息

(1) 确认企业是否有内部的维护保养计划。

(2) 确认是否有厂家年检。

(3) 测试块是否有证明。

9.2 工程员工的回答

老师，我们每个月都会做维护保养，主要是进行参数的确认和设备的检查。每年开展一次由厂家到现场进行维护保养和年检的工作，我们一般会提前一个月预约供应商上门服务。我们使用的标准测试块都有对应的证明文件，请查看。

9.3 需要提供的资料

(1) 维护保养记录；

(2) 供应商金探年检报告（见图 6）；

(3) 标准测试块证明文件（见图 7）。

SUBJECT : Loma 金检机标定报告

客户名称	
地址	
系统名称	Loma 金属检测系统
序列号	49624D
产品	
服务内容	金属检测标定服务
服务时间	2
下次标定时间	2 日前

金属探测器年检报告

1	电源供电	226VAD/0.3VAC N+E 符合要求	
2	PCB 控制板检查	5VDC	供电正常
3	检测头驱动	100MA	正常
4	平衡信号	75	符合要求
5	IQ|OQ 通道	45|50	符合要求
6	相位角|补偿值	99.5|18130	符合要求
7	精度检测	1.5mm Fe 2.0mm NFE,2.5mm SS	符合要求
8	剔除系统检查	剔除准确	
9	传送系统	急停开关，启动/停止，电机工作正常	

结论：
1. 该金属检测设备符合性能要求
2. 建议定期保养，及时升级

图 6　金探年检报告示例

CERTIFICATE OF CONFORMITY

Certificat de conformité des barrettes test　Konformitätsbescheinigung für Testteil
Certificado de conformidad de muestra de test　Conformiteitscertificaat voor testdelen

Test sample details / Spécifications techniques / Testteil details / Campione dettagli / Muestra detalles

Material / Material Standard Matériau Material Materia Paño	FERROUS	Nominal Ball Diameter Diamètre nominal de la bille Nominaler Kugeldurchmesser Sfera di diametro nominale Bola de diámetro nominal	1.5mm	BS ISO 3290-1:2014
	AISI 52100	Ball Bearing Manufacturing Standard Standard de fabrication des roulements à billes Kugellager Herstellungsstandard Cuscinetti a sfera di produzione standard Rodamiento de bolas estándar de fabricación		Anti-Friction Bearing Manufacturers Association (ANSI/ AFBMA Std 10) Incorporating Life Factors 1990
CARRIER	PERSPEX CAST ACRYLIC SHEET	Manufacturers Certificate of Conformity Number Numéro de certificat de conformité du fabricant Nummer der Konformitätsbescheinigung Produttori di certificato di conformità numero Fabricantes de certificado de conformidad número		BALL BATCH NUMBER 12001

Chemical Analysis / Analisi Chimica / Chemische Analyse / Analisis Quimico / Análise Quimica

C	Si	Mn	P	S	Cr	Ni	Cu	Mo	Ti	Al	HRc	
Carbon WT	Silicum %	Manganese %	Phosphorus %	Sulphur %	Chrome %	Nickel %	Copper %	Molibdeno %	Titanium %	Aluminium %	Hardness	
0.990	0.250	0.320	0.006	0.001	1.490	0.040	0.040	0.010			60.000	66.000

Density
7.833 kg/ltr = 7.833 g/cm3

Heat No.
15705117

标准测试块Fe1.5mm证书

Manufacturing Declaration / Déclaration de fabrication / Hersteller Erklärung / Dichiarazione di produzione / Fabricación de declaración

8767-40

图 7　标准测试块证明文件示例

关于X光机的专业知识和问题

汪伟伟　上海悦孜企业信息咨询有限公司

X光机在食品行业中的应用越来越广泛，对于供应于国内和国外高端客户的生产企业，X光机经常是客户要求必须安装的设备，不过很多企业在使用X光机时都遇到过不少困惑和问题。本文将阐述关于X光机的专业知识。

1　X光机基本知识和类型

1.1　X射线

1895年11月8日，德国物理学家伦琴教授在玻璃试管中使用阴极射线做实验时发现了X射线。伦琴不知道这些射线是什么，因此称其为“X射线”。X射线是一种强大的光线。与光波相比，X射线的能量要高得多，穿透力也更强，可以穿过普通光波无法穿透的材料。如图1所示，X射线可以穿透很多非金属材料。

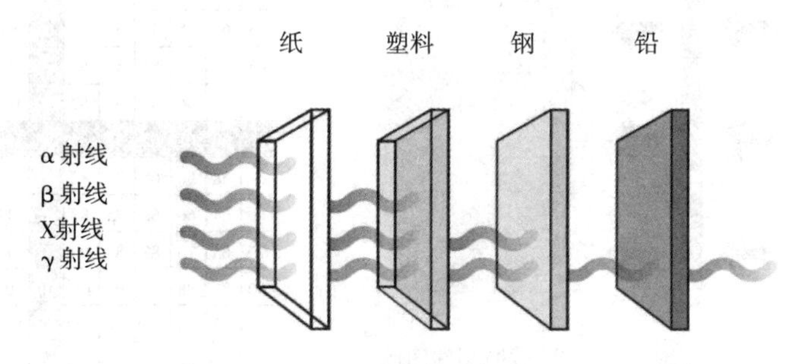

图1　不同射线穿透力示意图

X光机除了在食品行业广泛使用，在其他场景（如机场行李安检及医院胸透拍片）都会使用到X射线检查仪器。这些应用场景在原理上都是相同的。

1.2　X光机的构成

X光机由以下三个重要组件构成：

（1）X射线发生器（见图2中A组件）：产生X射线束，并射向待检产品以及传送产品的皮带。

（2）X射线探测器（见图2中B组件）：X射线探测器由闪烁体材料制作而成，能够将X射线转化为可见光。闪烁体材料是一行光敏二极管，位于X射线发生器的对面位置。

（3）控制系统（见图2中C组件）：控制系统将对所检测产品在探测器上形成的X射线图像进行分析，通过专有控制系统软件比较图像与软件预先设定的标准，从而确定剔除标准。

图 2 中 B 组件（X 射线探测器）与 A 组件（X 射线发生器）之间的关系如同相机感光元件与光线的关系。

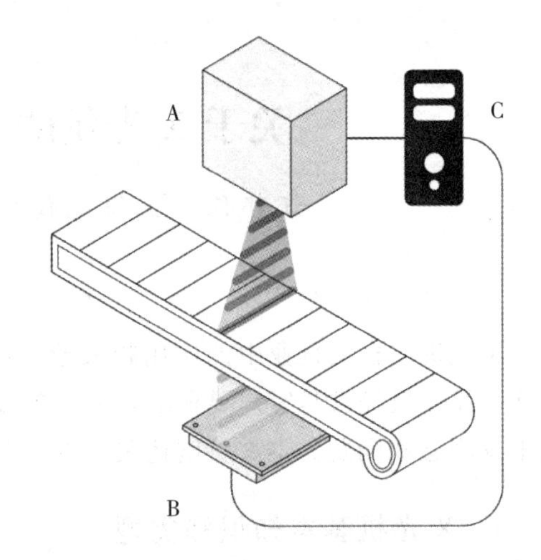

图 2　X 光机组成示意图

1.3　X 光机成像原理

当 X 射线穿过产品时，X 射线系统将拍摄整个产品的图像，X 射线根据探测器二极管的尺寸，将产品分成很多小块进行扫描，形成每个小块的图像数据。例如，利用尺寸为 0.8 mm 的探测器二极管，沿着产品移动方向每移动 0.8 mm 即可获取一行新的图像数据。所有图像数据使用灰度值［范围是 0（全黑）至 255（全白）］表示。X 射线穿透产品后形成的图像和灰度值示意图如图 3 所示。

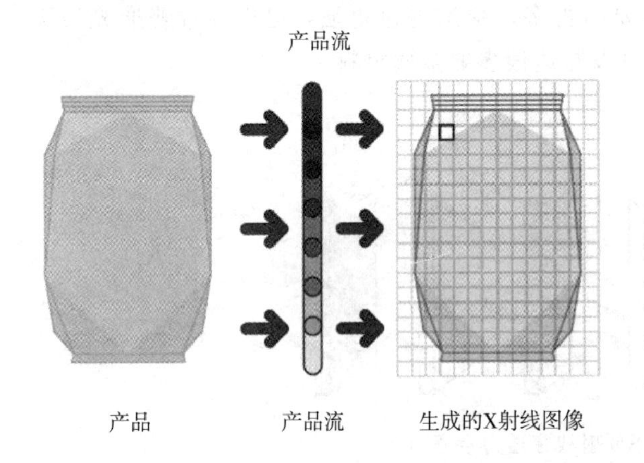

78	71	55	49	53	53	61	75	92	98	106	116	111
67	62	54	49	55	58	62	77	83	103	103	115	112
71	64	57	47	51	62	67	78	85	103	110	114	122
63	63	55	48	56	60	65	80	102	109	119	120	113
63	57	52	51	57	65	76	92	108	106	109	111	110
64	63	56	61	67	82	90	100	104	107	102	100	101
66	60	61	62	72	85	95	108	101	110	106	105	98
64	58	56	68	77	82	106	112	112	109	107	103	106
66	64	60	68	75	87	106	111	117	113	112	108	101
70	65	70	82	88	90	103	113	120	133	125	117	108
80	81	88	92	94	100	102	109	122	138	122	114	106
98	92	98	100	103	107	101	107	124	122	130	121	106
107	108	105	108	109	110	102	105	112	115	107	113	108

图 3　X 射线穿透产品后形成的图像和灰度值示意图

产品组成中不同密度的物质对 X 射线的吸收量不同，形成了不同的灰度值。产品越厚或越致密，吸收的 X 射线越多，探测器感应到的射线越少，成像就越黑，就越容易被发现和剔除。

1.4　X 光机的类型

根据发射器数量，可以将 X 光机分为单光束、双光束和组合光束三种类型。通常光束越多，设备检出能力越强，价格也越昂贵。

1.4.1　单光束系统

根据光束照射位置，X 光机又分为垂直照射、水平照射及俯视光束三种类型。图 4 所示的单光束垂直照射是最常用的检测方式，可以用于检测绝大多数产品。图 5 所示的单光束水平照射适用于低密度包装、形式是直立的产品。

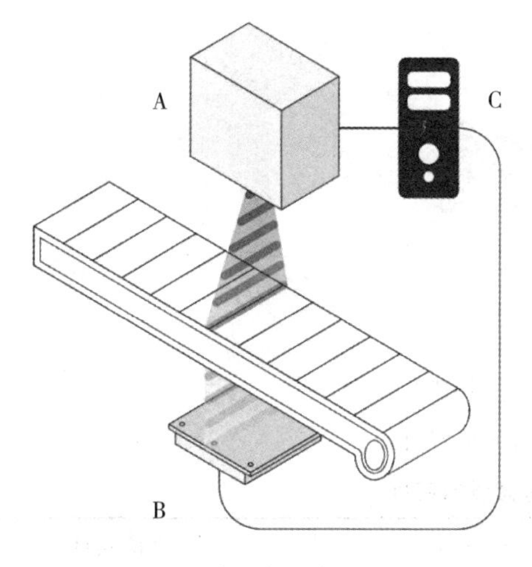

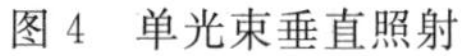
图 4　单光束垂直照射

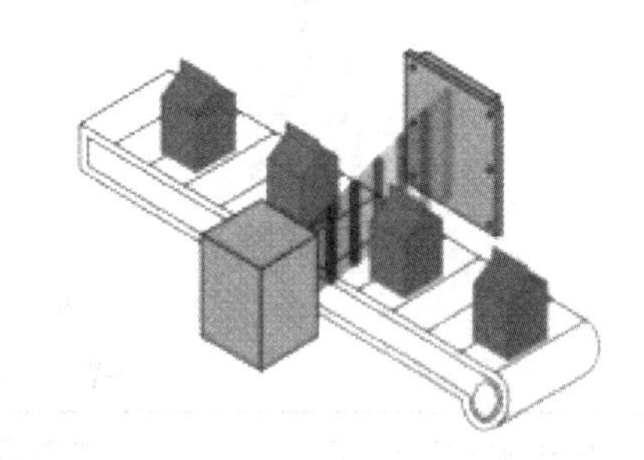
图 5　单光束水平照射

图 6 所示的单光束俯视光束照射适用于玻璃容器包装的产品。

1.4.2　双光束系统

双光束分别从两个角度发出 X 射线光束，指向两个探测器，从两个不同角度显示射线穿过时的图像，从而可以提高检出率（见图 7）。

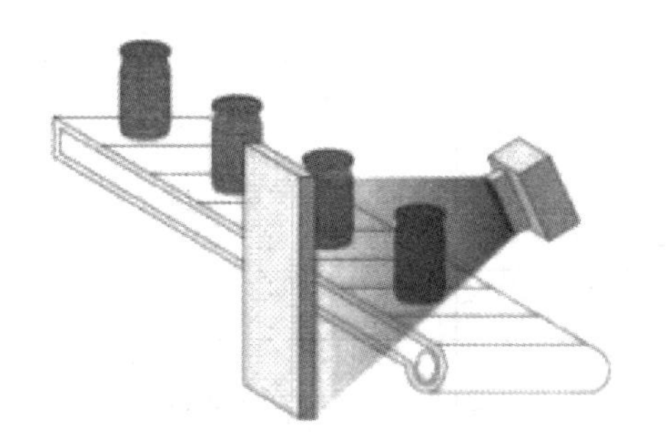
图 6　单光束俯视光束照射

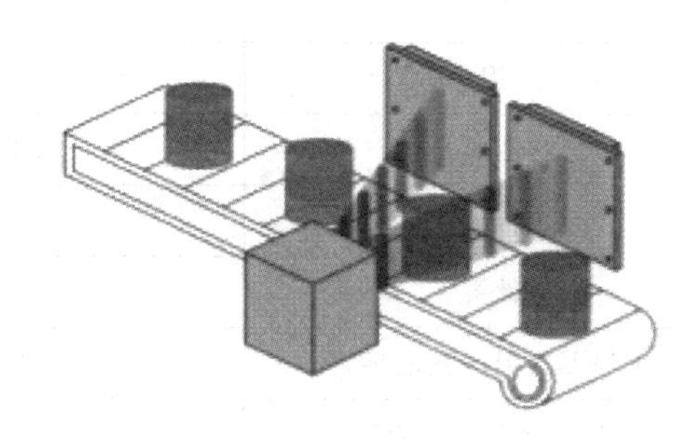
图 7　双光束照射

1.4.3　组合光束系统

组合光束系统既有垂直光束，也有水平光束，可显著提升一些特殊包装产品的异物检出率。例如，对于玻璃和金属罐包装产品或者大包装的产品，组合光束可以扩大罐体和罐底的检测区域及提高异物检出率。组合光束照射的俯视和侧视图如图 8 所示。

2　X 光机能够检测哪些异物

X 光机主要是对产品进行 X 射线扫描，产品中不同密度的物质会在感应器上形成不同灰度值的图像，然后根据灰度值的不同来识别和剔除异物。而灰度值的最大影响因素是产品密度，所以 X 光机检测时被检出的异物要与产品密度差异较大时才容易被检出。不同物质的密度见表 1 所列。

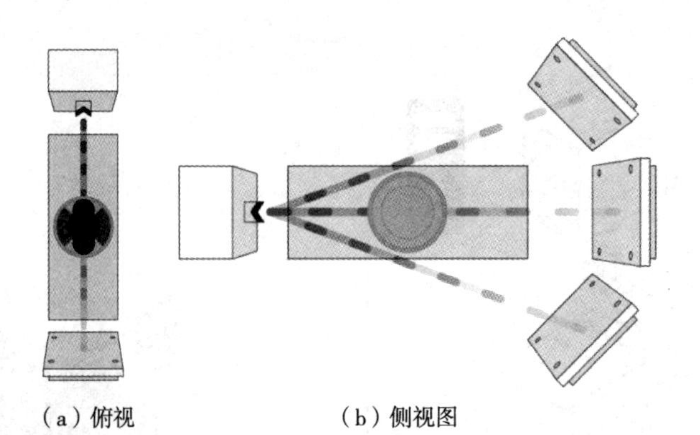

（a）俯视　　（b）侧视图

图 8　组合光束照射

表 1　不同物质的密度

典型的食品污染物	典型密度/（g·cm^{-3}）	可检测性
金	19.3	容易检测
铅	11.3	
铜	8.92	
不锈钢	7.93	
钢	7.86	
铁	7.15	
铝	2.71	可检测
玻璃	2.4～2.8	
石头	2.3～3	
骨头	2.2	
PTFE（聚四氟乙烯）	2.19	有些可检测
PVC（聚氯乙烯）	1.5	
乙缩醛	1.31	不可检测
聚碳酸酯	1.2	
尼龙	1.15	
水	1	典型食品
聚丙烯	0.9	典型不可检测
木材	0.65	
昆虫	0.59	
樱桃核	0.56	
头发	0.32	

由于绝大部分食品密度在 1 g/cm³左右，根据异物与食品密度的差异度大小，对于同样大小的异物，不锈钢比玻璃更容易被检出，而玻璃比硬塑料更容易被检出。对于塑料，密度小的软塑料不易或者不能被检出。

在水中能够漂浮（比食品的密度小）的异物，是不能被 X 光机检测的，如图 9 所示。而在水中沉得快的（表明密度大）容易被 X 光机检出，即“漂在水上检不出，快速下沉易检出”。因此，有些企业受头发和昆虫投诉困扰的，希望通过安装 X 光机来剔除异物是不科学的想法。

3 影响 X 光机异物检出灵敏度的因素

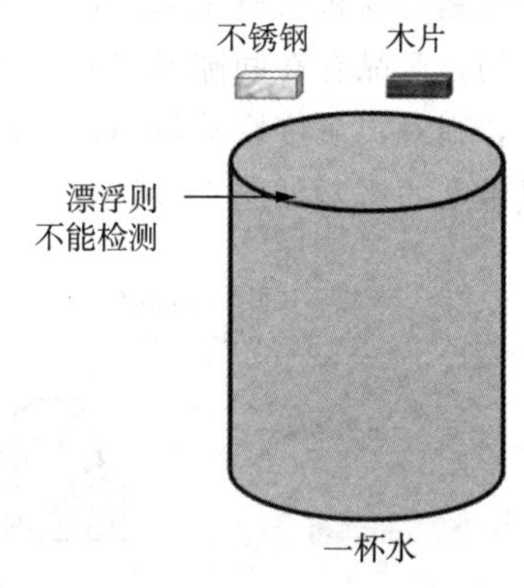

图 9 漂浮在水中的物质不能被 X 光机检出

影响 X 光机异物检出灵敏度的主要因素如下：

(1) 产品本身；

(2) 异物类型和尺寸；

(3) 异物的位置；

(4) 产品包装；

(5) 设备自身精度。

3.1 产品本身

所测试产品的密度、厚度及质地均一性均会影响检测灵敏度。

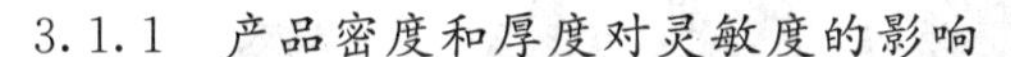

3.1.1 *产品密度和厚度对灵敏度的影响*

X 射线吸收量与射线通过产品的密度和厚度成正比，即产品密度与厚度越大，吸附的 X 射线越多。对于同样掺入的异物，产品越厚则与被检测异物（如金属或玻璃）的图像灰度值反差越低，从而灵敏度越低。

为了更好地说明产品厚度对灵敏度的影响，以同一钢球异物在不同厚度奶酪中的灵敏度影响为例，如图 10 所示。

(1) 情景 1：钢球（密度约为 8 g/m³）在 10 层奶酪（密度约为 1 g/m³）的情况下，正常奶酪吸收 X 射线的量为 10 层×1＝10，而含有钢球的奶酪的 X 射线吸收量为（10 层×1＋8）＝18，比正常奶酪高 8，即含有钢球的奶酪的 X 射线吸收量比正常产品增加了 80%。因此，钢球便很容易被检测出来。

(2) 情景 2：如果同样的钢球在 100 层奶酪中，则正常奶酪吸收 X 射线的量为 100 层×1＝100，而含有钢球的奶酪的 X 射线吸收量为（100 层×1＋8）＝108，即含有钢球的奶酪的 X 射线吸收量比正常产品同样高 8，但是比例仅增加了 8%。因此，钢球很难被检测出来。

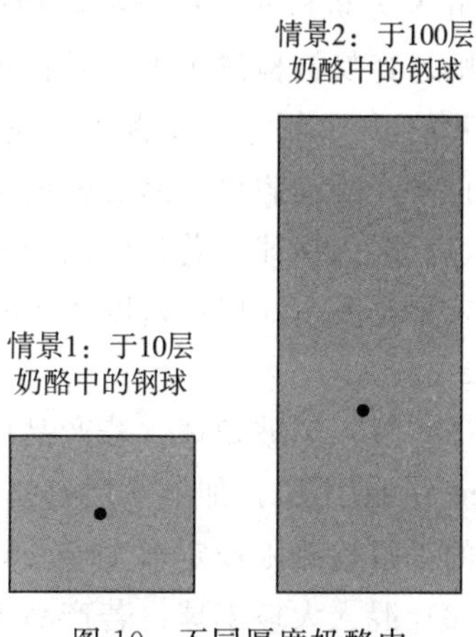

图 10 不同厚度奶酪中含有钢球的示意图

从上述案例可知：产品越厚，异物越不容易被检出；产品越薄，异物越容易被检出。

产品密度对于异物检出的灵敏度的影响与产品厚度体现的原理相似，产品密度越小，与金属异物的密度差异越大，则越容易被检测出。例如，玻璃异物在一块密度低的面包中要比在密度大的硬奶酪中更容易被检测出。

3.1.2 产品均一性对灵敏度的影响

产品均一性越好，产品本身对射线的吸收量变化越小，于是由异物对吸收量造成的变化越容易被检测出来。许多产品的均一性不好（如产品不规则放置，产品自身厚薄不匀，产品存在间隙或气穴），则可能导致吸收量发生波动，影响检测精度。产品越均一，则对灵敏度影响越小；产品越不均一，则对灵敏度影响越大。产品均一性对检测灵敏度的影响如图 11 所示。

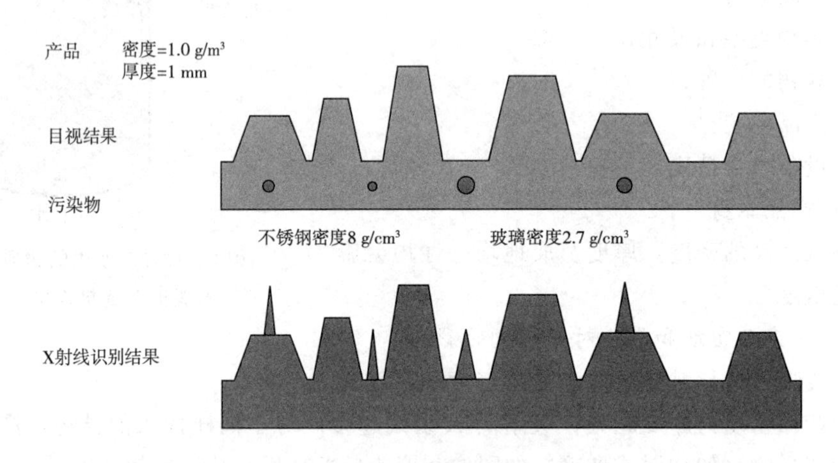

图 11 产品均一性对检测灵敏度的影响

3.2 异物类型和尺寸

由 X 光机检测出的异物的精度与异物本身的材质和大小有关。异物越大且密度越大，则越容易被检测出来。异物越小且密度越小，则较难被检测出来。

我们以 10 层奶酪中混入金属钢球和不同大小的玻璃球来举例，如图 12 所示。

正常产品：假设奶酪的密度是 1 g/cm^3，正常的产品密度是 10 g/cm^3。

（1）混入钢球：若是产品中混入一个钢球，假如混入的钢球正好占了一层奶酪的位置，则奶酪占 9 层，密度为 8 g/cm^3 的钢球占 1 层，加在一起的总密度是（9＋8）＝17（g/cm^3）。

（2）混入小玻璃球：若产品中混入一个和钢球大小一样的玻璃球，则玻璃密度是 3 g/cm^3，占 1 层，加上 9 层奶酪，加起来密度总共为（9＋3）＝12（g/cm^3）。假如 X 光机的正常检测限设定为 14 g/cm^3，则检不出小玻璃球。

（3）混入大玻璃球：若产品中混入了一个大玻璃球（占了 3 层），则总密度变成了（7 层奶酪×1＋3 层玻璃球×3）＝16（g/cm^3），大于检出限 14 g/cm^3，大玻璃球便可以被检出。

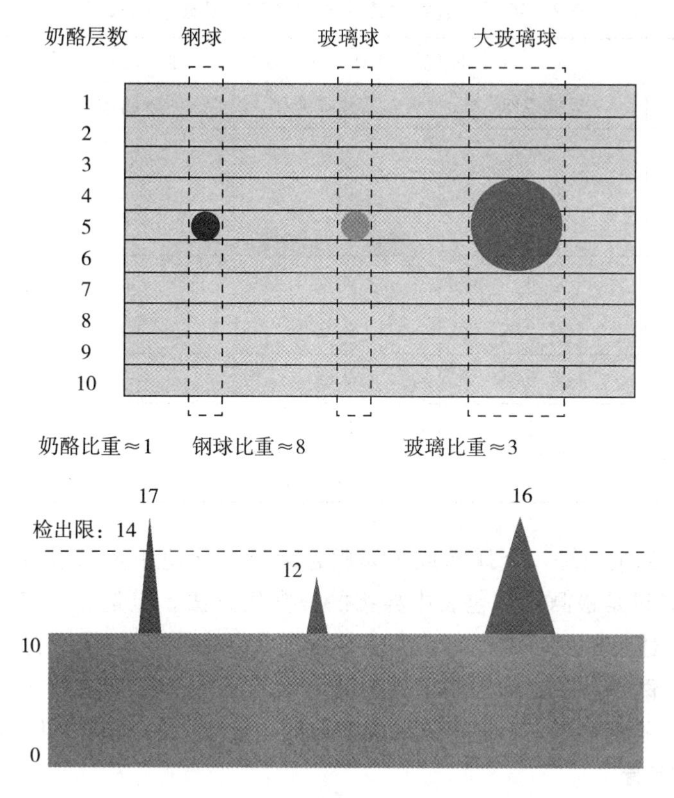

图 12 不同类型异物和尺寸对灵敏度的影响

这也解释了通常在 X 光机的验证模块中，玻璃比不锈钢的密度低，因此验证模块的玻璃球会比钢球大的原因。

3.3 异物位置

异物与 X 射线发射器的距离会影响检测结果的灵敏性，当异物靠近发射器射线源时，探测器投射出的有效面积（X 射线的阴影）会被放大。如图 13 所示，对于密度大的异物（如金属），左上侧的异物 a 比右下侧的异物 b 更易被检测出来。

同样的，相比于靠近传输带两侧的位置，异物在靠近产品中心线的位置时与发射器较近，因此射线损耗量较小，则更易检测出中心部位的异物。

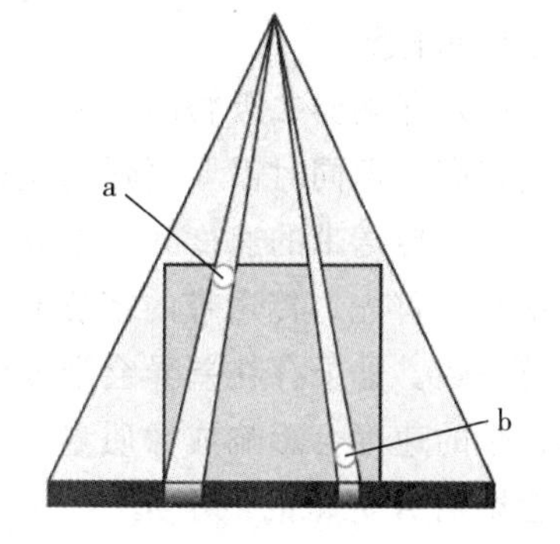

图 13 异物的不同位置影响检测难易度

3.4 产品包装材质

产品包装材质对检测的灵敏度影响很大。例如，使用 X 光机检测金属异物，在 PET 塑料瓶中相比于玻璃瓶更容易被检测出来。对金属罐和玻璃瓶的检测非常具有挑战性，因为容器的一部分始终出现在图像中。但是通过先进的专业适应性屏蔽和检测程序可以根据包装进行相应调整，从而获得良好的检测能力。

不同包装材质使用的球体直径及建议的尺寸见表 2 所列。

表2　不同包装材质使用的球体直径及建议的尺寸

污染物	各种包装类型中的最佳检测尺寸（球体直径）/mm			
	塑料或纸	金属薄膜或箔	金属罐	玻璃瓶罐
金属材料（铁、非铁和不锈钢）	0.8	0.8	1.2	1.2
铝	2.0	2.0	2.5	2.5
玻璃	2.0	2.0	3.0	3.0
石头	2.0	2.0	3.0	3.0
骨头	3.5	3.5	5.0	5.0
高密度塑料	3.5	3.5	5.0	5.0

金属包装（如金属罐、金属箔或金属膜包装）不能使用金探进行非磁性金属异物检测，因此X光机是检测此类包装中异物的最常用方法。但是金属箔盘的边缘非常致密，这会降低总体灵敏度。因此，该类包装可通过软件进行屏蔽或过滤，删除黑色边缘以优化性能。例如，在香肠包装或塑料管包装上放一些金属夹，则可以通过软件设计忽略图像中的金属夹部分，但仍需要全面检测包装产品的其他内部区域。

3.5　设备自身

设备自身的软硬件将影响灵敏度，主要有如下的一些因素：

(1) 发射器X射线管的强度。最常用的类型是玻璃窗X射线管。如果要检测的产品密度低、厚度小（通常低于30 mm），则可以用铍窗口X射线管代替玻璃窗X射线管。在检测玻璃、矿石和钙化骨等中等密度的污染物时，检出水平也会更高，如在禽肉中检测骨头。

(2) 探测器二极管的尺寸。二极管尺寸范围通常为0.4～1.6 mm，通常尺寸越小，精度越高，但同时需要更强的发射器，需要保持发射器与探测器二者的平衡。

(3) 传送带的速度和清洁状态。X射线穿过产品和传送带时，传送带会吸收少量X射线。首先，传送带的密度越大，检测灵敏度越低。而且传送带的厚度和密度必须保持一致。如果存在差异会形成吸收量较大的信号，还可能导致发生错误剔除。其次，传送带的速度会影响成像质量，速度越快，成像质量越低。最后，传送带上的静电可能会影响X光机的电子元件，从而影响灵敏度。

(4) 校准分析软件。X光机的监测系统在没有产品通过时将恢复系统常态，而分析软件将对成像进行不同的分析，从而降低误剔除率。

食品加工专用金属可探测笔解决方案

邵　磊　安徽质安选食品安全科技有限公司

食品加工过程中需要进行生产数据的记录，因此对于文具的使用必不可少。使用的文具包括记录笔、文件夹、计算器等，但一些很小的文具（笔）通常存在表1中所列问题。

表1　使用生产数据记录用文具时常见问题

序号	问题点	原因分析
1	普通中性笔，笔帽易丢失不易寻找	笔帽和笔架不是一体成型的
2	一体化圆珠笔，多次跌落后容易破碎	笔自身塑料材质的韧性和硬度不够
3	低温环境下，笔芯不容易出墨	笔芯的耐低温性能不足
4	笔经常找不到了	笔尾部没有特定结构用于添加防丢链条

1　国际标准中对于“笔”的要求

在 BRCGS Food V8 版本中，对笔的使用规定如图1所示。

4.9.6　其他物理污染物

4.9.6.1　公司制定《异物及其他污染物控制程序》应建立规程来防止原材料包装给原材料造成的物理污染（例如为去除包装的拆除包装袋和拆箱程序）；

4.9.6.2　在开放产品区域使用的笔应加以控制，以最大限度地降低物理污染风险（例如，笔的设计没有小零件，且能被异物探测设备探测到）

图1　BRCGS Food V8 标准中对笔的使用规定

2　食品加工中需要使用金探笔的原因

金探笔的使用要求见表2所列。

表2　金探笔使用要求

产品安全要求	避免笔帽脱落或笔身破碎后的碎片进入生产线中，从而对整条产线带来异物风险； 常规笔的材质为普通硬质塑料，当无X光机的情况下，很难被识别从而将风险传递到终端消费者
客户的要求	客户制定的审核标准中会涉及文具的管控要求，如 BRCGS 中的要求； 客户对食品安全的承诺传递到生产企业，尤其对于一些细节的关注愈来愈显著，如最简单的文具

3 解决方案

3.1 金探笔的品牌保障

质安选解决方案中选用的金探笔的品牌为英国 Detectamet（见图 2），该公司成立于 2003 年，致力于 X 光可探测和金探可探测产品的设计、生产和供应，是目前最大的提供可检测塑料产品的公司之一。其产品有以下特性：可金探，可被 X 光机检测；视觉上可探测，多种颜色；材质可靠，使用欧盟食品接触材料；表面光滑，易清洁。

图 2　金探笔品牌标志

3.2 质安选金探笔介绍

质安选金探笔（见图 3）自然平衡，手感好；具有根据人体工程学而设计的握柄；坚固的结构不易破碎；适用于潮湿和油腻的环境；不锈钢回弹结构，稳定耐用。产品方案见表 3、表 4 所列。

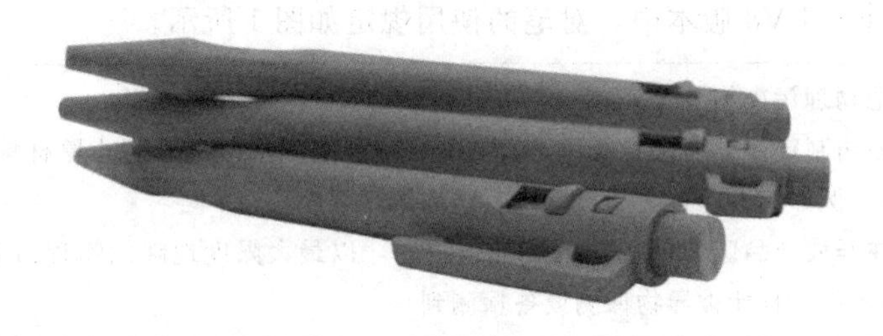

图 3　金探笔产品图

表 3　质安选金探笔产品方案

类型	产品图片	适用金属链和笔夹款型
可回缩蓝色笔杆/蓝色笔芯/带笔夹 (原装笔芯书写长度 11750 m)		
可回缩蓝色笔杆/黑色笔芯/带笔夹 (原装笔芯书写长度 11750 m)		

（续表）

类型	产品图片	适用金属链和笔夹款型
可回缩蓝色笔杆/蓝色笔芯/不带笔夹 （原装笔芯书写长度 11750 m）		
可回缩蓝色笔杆/大象款型/蓝色笔芯 （原装笔芯书写长度 11750 m）		
耐低温/可回缩蓝色笔杆/蓝色笔芯/（冷库专用） （原装笔芯书写长度 10000 m）		

表 4 质安选金探笔＋金属夹板方案

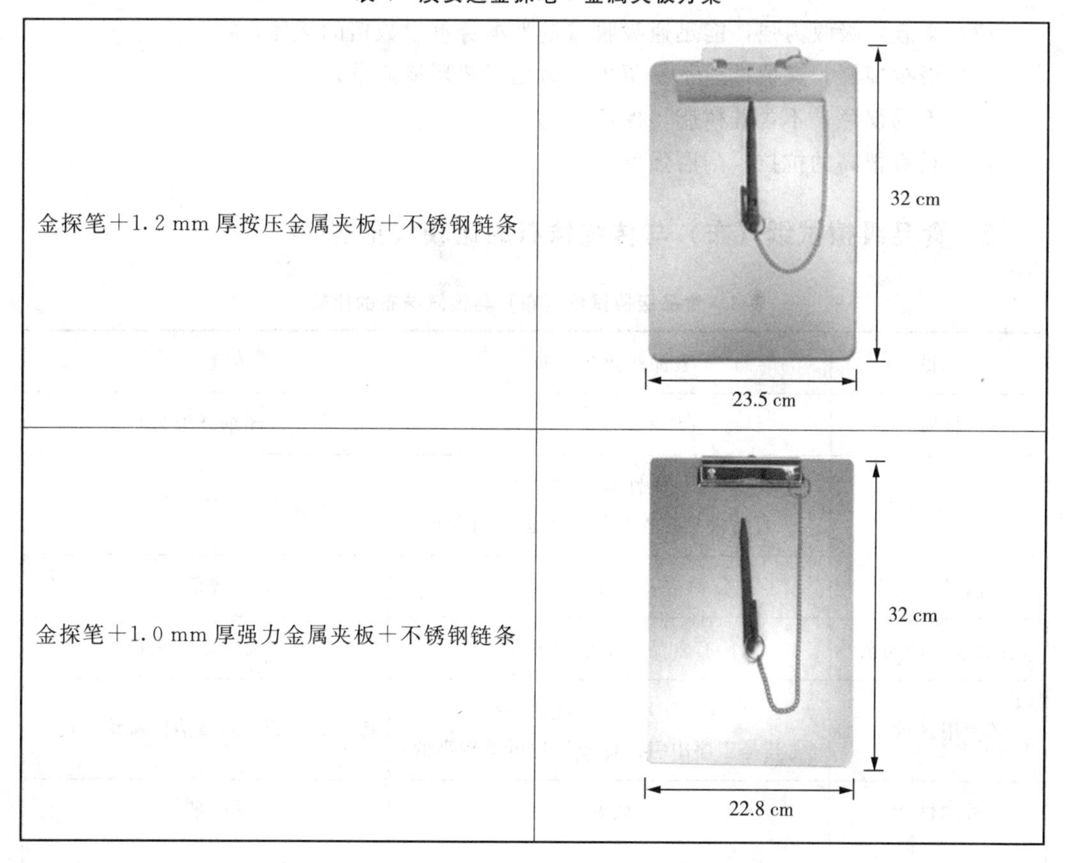

金探笔＋1.2 mm 厚按压金属夹板＋不锈钢链条	32 cm 23.5 cm
金探笔＋1.0 mm 厚强力金属夹板＋不锈钢链条	32 cm 22.8 cm

食品级擦拭纸（布）解决方案

邵　磊　安徽质安选食品安全科技有限公司

在食品加工过程中，清洁抹布的使用必不可少，而传统抹布可能会存在很多缺点，如易掉毛、掉色等。本文针对专业客户的更高端需求，对相关食品级擦拭纸产品进行介绍。

1　食品级全能擦拭纸（布）的特性

（1）熔喷无纺布材质，不会划伤物体表面；

（2）卓越的吸水、吸油性能，单位克重下，吸水、吸油量分别比传统擦拭用品高68%和75%；

（3）柔软，吸收力强，能迅速吸收重量为本身重量数倍的液体；

（4）极少掉屑，且擦拭后不易留尘，满足工艺环境需求；

（5）不易褪色，不含硅树脂，保证工艺安全；

（6）具有很高的抗拉、耐磨强度。

2　食品级擦拭纸（布）与传统抹布的比较（见表1）

表1　食品级擦拭纸（布）与传统抹布的比较

项目	食品级擦拭纸布	传统抹布
材质	PP无纺布＋木浆	以超细纤维为主
使用便捷性	可一次性或多次使用 （可清洗后多次使用，不建议消毒）	重复使用时需要清洗消毒
产品异物风险	极低	较低
食品接触面安全	有食品安全检测报告	有食品安全检测报告
使用区域	建议使用于高清洁区域 （尤其是工序中引入抹布异物风险较高的）	高、中、低不同清洁区域均可使用
吸油性能	较好	一般
颜色	白色	红、黄、蓝、绿、白、棕色
常规尺寸	30 cm×35 cm，100片/包	35 cm×35 cm，100条/包

（续表）

项目	食品级擦拭纸布	传统抹布
材料厚度	65 g/m^2	300 g/m^2
适合行业	食品加工/制药企业	食品加工/餐饮服务/制药企业
产品实图		

3　食品级全能擦拭纸（布）的检测报告

食品级全能擦拭纸（布）通过了以下检测指标：

（1）符合欧盟 RoHS 指令 2011/65/EU 附录Ⅱ的修订指令（EU）2015/863 中的限值要求，通过了包括镉、铅、汞、六价铬、多溴联苯（PBBs）、多溴二苯醚（PBDEs）等的测试；

（2）通过大肠杆菌、金黄色葡萄球菌、真菌、绿脓杆菌、溶血链球菌菌落总数等测试；

（3）通过无硅检测；

（4）通过美国 FDA 21 CFR 177.1520 和 21CFR 176.170 等法规要求的检测。

食品级全能擦拭纸（布）检测报告如图 1 所示。

中国认可
国际互认
检测
TESTING
CNAS L6646

检 验 检 测 报 告

报告编号:SH22SW002184

样 品 名 称： 一次性擦拭纸

委 托 单 位：

检 验 类 别： 委托检验

普研（上海）标准技术服务有限公司

中国•上海•浦东新区天春花路 500 弄 12 号

图 1 食品级全能擦拭纸（布）检测报告

虫害管理类

如何用 PDCA 做好虫害综合管理

王　海　上海悦孜企业信息咨询有限公司

虫害问题是困扰所有食品企业的难题之一，食品工厂因其产品和加工环境特点，特别容易吸引和滋生虫害。虫害问题也是引起恶性投诉事件的主要原因之一，轻则引起退货报损，重则导致诉讼赔偿。虫害投诉事件还极有可能会升级为媒体事件，给工厂和客户品牌带来不利影响。所以客户都十分关注食品企业的虫害管理。在大多数客户二方审核表中，虫害管理都是"KO 项"（不可协商项、一票否决项），审核时一旦在生产现场发现虫害，即会导致审核失败，工厂需要停产整顿或者与企业停止合作。作为质量经理，做好虫害综合管理，既可避免因此导致的审核失败，还可降低虫害引起的投诉事件发生率和潜在的不利影响。本文将按照 Plan—Do—Check—Action（PDCA）的顺序讨论虫害综合管理过程中误区及对策。

1　Plan（策划）

1.1　主流模式分析与选择

目前，企业虫害综合管理主要有两种模式，委托专业第三方公司管理和通过培养内部 PCO（有害生物防治）人员管理。这两种模式各有优劣。第三方公司尤其是外资公司，总部具有较强的研发能力，可开发专业设备（往往有专利保护），管控效果好，但通常此类设备不单独出售，而是与服务（包括保险）打包售卖，导致成本较高。此外，低线城市或中西部地区，外资第三方公司通常没有分支机构，一线服务人员的能力良莠不齐；本土第三方公司具有一定的成本优势，但在专业能力上有所欠缺。自己管理的优势是成本较低，缺点是市场上通用的防控设备效果不如专利产品，且内部人员能力不足，尤其缺乏根据现有虫害识别、判断和趋势分析去制定针对性防控措施的能力。

工厂可以根据自己的实际情况（如工厂位置、虫害压力、内部人员能力等）选择适合自己的模式，建议在初期可以选择第三方专业公司，等工厂虫害综合管理体系完善、人员能力具备后再考虑其他模式。

1.2 职责界定

越来越多的食品企业将虫害控制工作外包给第三方公司，客户审核时由第三方公司负责回答问题，提供相应的记录和文件；出现虫害相关投诉时，也由第三方公司负责调查，撰写调查报告；第三方公司的服务合同甚至还包括了控制失效的保险，所以很多企业认为虫害管理的职责理所当然属于第三方公司，签订了第三方虫害服务合同后，即可高枕无忧了。但是，出现审核失败时，客户停掉的是谁的工厂？出现恶性虫害事件投诉时，媒体报道的是谁的工厂？最终受到损失或者处罚的是谁的工厂？

以上答案不言而喻。所以，作为质量经理一定要明确：食品工厂才是进行虫害管理的第一责任人，同时还需要将此责任明确告知管理层和内部相关方。

1.3 范围和对象

通常而言，虫害管理范围为整个厂区，包括车间的外部和内部；管理对象是侵入车间内部滋生的蟑螂类、鼠类、蝇类、飞虫类、爬虫类和鸟类等。虫害综合控制需要根据厂区和车间平面图，识别所有的“海、陆、空”通道，建立多道防线，防止生物入侵，同时做好内部清洁，避免滋生虫害。

有的工厂做好了上述的所有环节后，产品仍然会受到虫害的污染，分析原因得知，虫害是跟随原辅料或包材侵入的。对于农业源的原辅料，通常上游工厂管理水平不佳，不能有效控制虫害；对于大部分包材供应商，基本未建立系统的虫害管控方案。因此，做虫害综合管理策划时，需要将原辅料和包材中潜在的风险纳入综合管理体系。

2 Do（实施）

传统的虫害控制思路是出现问题时，第一时间找第三方公司来杀虫、灭鼠，这是典型的“干预”措施，单纯的干预并不能从根源上解决问题。虫害综合管理应按照“预防—监控—干预”的顺序进行（当然，已经虫害被污染的区域，需要先干预后，再重新建立防控系统），即以防为主，防控结合。

预防的前提是做好充分的风险评估，识别所有已知的和潜在的风险点，建立控制措施；监控的目的一是验证已建立防控措施的有效性，二是了解现有各险点可能存在的变化，必要时，对预防措施做相应的调整；干预是在预防措施不足、失效或者意外情况发生时进行的补救措施，并非常规的措施。

很多企业采用了虫害综合管理的思路，并投入了大量人力、物力，也取得了一定的成绩，但虫害管理效果仍不理想，问题主要分为三类：一是控制结果不好，如在非生产区域发现虫鼠害（天花板隔层、电源控制箱、电缆架和地漏等）；二是虫害控制措施损坏，包括机械式捕鼠器、鼠笼、鼠板、灭蝇灯等；三是记录和报告系统不健全，如缺少记录或记录不全，未实施趋势分析等。综合来看存在以下问题：预防和监控工作没能执行到位，风险识别不全面或防控设施损坏导致了虫害侵入并藏身于非生产区域；监控时未能及时发现入侵害虫和设施损坏情况，未建立相应的记录和趋势分析，也未能根据环境变化及时改变防控措施。

3 Check（检查）：效果回顾

在评价内部 PCO 或者第三方公司虫害控制效果的时候，多数企业虫害负责人会把 PCO 或第三方公司每次的检查报告拿出来，甚至是月度、季度的趋势分析，但是检查报告和某些控制点（如外围某个诱饵站或者某个灭蝇灯）的虫害发生情况和趋势能代表控制效果吗？灭蝇灯抓住的飞虫多算有效还是无效呢？冬季本身就比夏季飞虫少，这时还能认为管控措施有效吗？

那么，到底什么指标能准确反映虫害综合管理效果？这个不能一概而论，每个工厂需要根据自己的实际情况，选择合适的指标或指标组合，比如可以选择某车间内部特定生产区域（该区域不应该出现虫害迹象）的持续监控结果，可以选择外部审核时与虫害相关 NC（不符合项）的个数与趋势，也可以选择与虫害相关投诉事件的个数、影响及趋势，还可以看 PCO/第三方检查报告、趋势分析及建议的合理性等。选好指标，做好相关方沟通，方可实施回顾。

4 Action（行动）

在虫害综合管理的整个过程中，基于日常检查的发现、外部审核的发现、对产品投诉与趋势分析的洞察、综合管控效果回顾等环节，识别机会点，实施纠正，并建立纠正措施和预防措施，持续改进，确保管理效果持续上升。

食品行业虫控标准的应用实践

陈军华　上海闽泰环境卫生服务有限公司

1　前言

对于食品加工从业人员来讲，虫害无论出现在生产环境还是产品中，都不仅仅属于食品卫生问题，还会带来异物风险，有时候甚至会引发较为严重的食品安全事件，具体案例可参考美国花生公司的沙门氏菌污染事件。

化学控制方法虽然可以起到立竿见影的效果，但是考虑到杀虫剂的副作用同样明显，在使用时往往会投鼠忌器。所以工厂厂房能有一套预防虫害入侵的防御系统就显得特别重要。而在实际应用中，人们往往考虑了人流和物流通道的管控，却忽视了对气流和水流通道的管理，从而顾此失彼，外包 PCO 服务的整个操作流程往往经不起质量体系的审计和推敲。另外，针对不同类型的食品生产企业，往往是一套操作流程打天下，缺乏针对性，供需双方急需一套针对不同产品特性的虫控规范。

行业发展推进，坚持标准先行。于是虫害控制从国际标准、国家标准、行业标准到企业标准逐步完善并发布，这也恰恰定义了行业从杀虫到虫控，再到虫害风险管理的发展历程，下面笔者将各层级标准中的虫控相关内容与大家共同进行探讨。

2　国际虫控标准

世界卫生组织（WHO）于 2006 年修订了《针对公共健康环境杀虫剂及应用》的规范。在病媒生物控制领域，杀虫剂目前仍然是迅速控制疫情、避免虫媒蔓延的主流方法。所以标准中首先要规范工厂如何安全地使用杀虫剂，车间环境中应选用哪些适宜的杀虫剂种类。通常一些有效成分为除虫菊酯类的杀虫剂被允许在食品车间内以空间超低喷雾的方式使用，因为这类杀虫剂通常具有见光很快分解的特性。

2013 年，该标准进行了更新，我们发现原本在车间内部允许使用的杀虫剂的有效成分类型从 20 多个减少到 6 个，对原本规定药物毒性程度的指标做了删除。这种变化也反映了减少化学品使用的趋势，驱使 PCO 行业采用更绿色的环境友好方式控制虫害。

近年来有 3 个现象值得关注：一是更多诱饵类药物得到大力开发和应用，如灭蟑饵剂、灭蚁饵剂、灭蝇颗粒和灭孑孓颗粒，杀虫剂的使用体现了精准用药的理念，也降低了杀虫剂对生产环境的影响。二是很多杀虫剂取得了食品安全领域的 HACCP 认证，以证明该类杀虫剂在合理使用时，对食品生产环境的影响是进行过专业评估的。三是天然除虫菊素杀虫剂逐渐流行。这正是药剂厂商们在安全、精准、高效的用药思路下做出的积极应对之举，也是该国际标准变化带来的必然结果。

3 国家食品生产领域的虫控标准

在食品加工领域的虫控标准，国内首推 GB 14881—2013《食品安全国家标准 食品生产通用卫生规范》，这个标准是食品加工厂取得食品生产许可证必须要遵守和执行的标准，具有强制性。该标准经历了从 1994 版到 2013 版的更新，其中增加了对虫害的定义，也确认了虫害与食品生产和安全息息相关，不加控制会带来“不良影响”，是食品从业者需要加以防范的危险因素之一。同时，标准将厂区栖息停落的鸟类和四处游荡的流浪猫也归入了有害生物控制范畴。

在 GB 14881—2013 中“选址及厂区环境”“厂房和车间”“设施与设备”“卫生管理”4 个章节都有有害生物防制重点条款。虫害的滋生和入侵大致与结构、卫生和管理三个方面的因素有关，即如果外部滋生虫害进入车间内部，意味着人流、物流、气流和水流通道的厂房结构出了纰漏，也就是防蝇防鼠设施的缺陷；同样，如果是内部滋生虫害，如蛾蠓、果蝇等，意味着内部的清洁和消毒措施有所欠缺，一些卫生死角没有得到及时清理。在结构和卫生非常良好的情况下，有些虫害仍然会入侵车间，如随着原材料进入的仓储害虫、小家鼠，潮湿车间内大规模出现带翅书虱时，意味着工厂在检查原材料、检测微生物（主要是霉菌和酵母菌）和控制管理等方面不足。

通览 GB 14881—2013 标准，如果从厂房设计，运营管理严格按照标准执行，可很大程度上预防虫害发生。但是细读标准又会发现实践起来难以很快落地。例如，“选址与厂区环境”中：3.1.4 厂区周围不宜有虫害大量滋生的潜在场所，难以避开时应设计必要的防范措施；3.2.4 厂区绿化应与生产车间保持适当距离，植被应定期维护，以防止虫害的滋生。又比如“设施与设备”中：5.1.2.3 排水系统出口应有适当措施以降低虫害风险。标准中的适当距离到底是 50 cm 还是 80 cm？定期维护又是间隔多久时间？必要措施有哪些？适当措施又指什么？这些问题标准中并没有明确回答。细想下，这正是标准制订的精妙之处，作为通用的卫生规范，针对的是所有的食品加工企业，所谓“合理”“适当”，只要证明在各自工厂中应用有效，即是合规。所以我们才能看到每个工厂因地制宜，各具特色的结构、卫生和防虫管理措施。

4 食品加工行业标准中的虫控要求

AIB（美国烘烤技术研究所）、BRCGS（品牌和声誉来自合规）和 IFS（国际卓越标准）代表着食品行业各自领域的质量控制规范，且严苛细致，权威性也深得业界好评。出奇一致的是这些行业标准中均规定了较为详细的虫害控制要求，可以应用落地。例如，灭蝇灯管每年更换一次；外围诱饵站的间隔 20～25 m；提供月度/季度虫控趋势分析报告等。正是这些行业标准的普及，使得 PCO 在制造业的虫控方式上得到一定程度的统一。

纵观这些行业标准，均提到了风险管理的概念。至此虫害控制上升至与食品安全管理体系相同的高度，食品安全控制遵循风险评估、风险交流、风险管理的流程，规范的虫害控制也遵循了这样的流程，只是虫害控制行业把它演绎为 IPM（综合虫害管理）。既然是食品安全体系的重要组成部分，那么工厂的各个部门的参与、协调和配合对有效控制虫害便非常关键。

中国卫生有害生物防制协会的团体标准《食品生产加工业有害生物防制服务指南》中列出了虫害风险评估细则，可以即拿即用，极大地推动了风险评估和管理方式的使用，可以说进一步推动了国内 PCO 行业的进步。餐饮服务场所有害生物风险等级评估表见表 1 所列。

表 1 餐饮服务场所有害生物风险等级评估表

客户全称：	客户现场负责人：	服务场所地址：	
评估方：	评估人员：	评估日期： 年 月 日	
评估内容：			
评估区域	评估要点	是/否	评估发现风险点编号
周边外环境	服务场所 5 m 范围内是否有大面积绿化	是 否	
	服务场所周边环境卫生情况是否良好	是 否	
	其他周边环境因素将导致服务场所产生虫害问题	是 否	
服务场所外墙	穿墙管线与外墙面是否有缝隙	是 否	
	外墙面是否有镂空的装饰墙板	是 否	
	外墙面是否有预留孔洞和缝隙	是 否	
	外墙面与地面是否有沉降缝	是 否	
对外门户	外对门户的门与地面或门框是否有缝隙	是 否	
	对外门户是否安装风幕机等防虫、防蝇设施，设施是否正常开启		
对外窗户	对外窗户四周是否有缝隙	是 否	
	对外打开的窗户是否有纱窗等防飞虫设施	是 否	
室内墙体与楼板	墙体是否有大于 6 mm 的缝隙或孔洞	是 否	
	用石膏板替代墙体的，是否石膏板里外两侧各用一层 6 mm×6 mm 铁丝网防护	是 否	
	管道穿越楼板是否存在大于 6 mm 的缝隙或孔洞	是 否	

5 客户标准中的虫控要求

烘焙工厂、面食工厂和乳制品工厂面临的虫害风险是不一样的，滋生的虫害种类也有着与其原材料对应的特殊性，这就意味着控制手段会有所不同，通用的行业标准已经无法满足其个性化的虫控需求。一些知名的食品集团巨头也注意到了这个问题，于是在国家和行业标准的框架下制订了符合自身产品特性的标准。例如，原先的卡夫公司内部质量体系标准中就会着重提到仓储虫害的管理和预防。另外，大家耳熟能详的 YUM 审核标准也是典型的企业标准，就是因为同一标准的实施，所属各供应商按照一致的方式进行虫害管理，这也便于各供应商间的审计和比较。

总之，食品集团制订企业标准，一方面便于对虫害情况进行有效控制，毕竟在统一的集团下，各成员单位厂房设计、设施设备和卫生管理等软硬件设施几乎一致；同时也便于各成员单位在共同标准下进行审计和考核绩效。

6 各层级虫控标准综述

本文所述的各层级虫控标准主要是从虫控服务的客户角度阐述的，其实 PCO 行业也有众多的应用性标准出现，我们国家一向重视标准的制定和应用，标准是所有操作合规性的有力参照。在虫害控制领域，包括公共卫生的病媒生物防制领域，相关的虫控标准已经有 50 多个，这一数量在世界范围也属领先，极大地方便了各 PCO 的实际规范操作。例如，GB/T 27776—2011《病媒生物综合管理技术规范 食品生产加工企业》，其在虫控服务中的任务分工对实际操作有很强的指导意义，明确规定了参与人员的职责与 PCO 公司的职责，如图 1 所示。

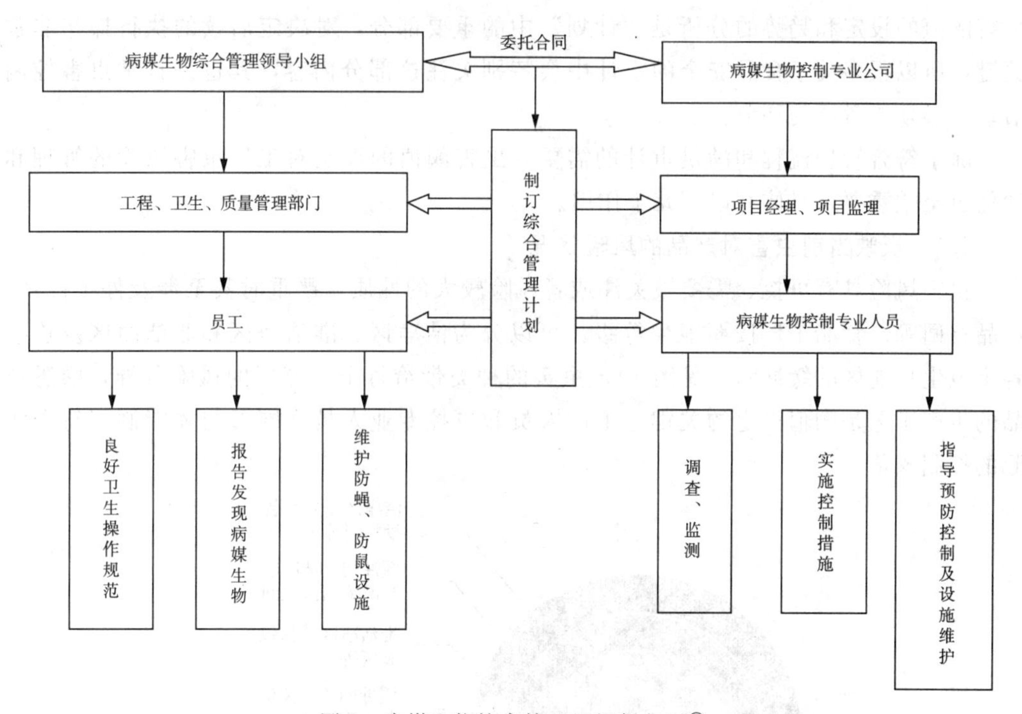

图 1 病媒生物综合管理组织任务图[①]

① 摘自 GB/T 27776—2011《病媒生物综合管理技术规范 食品生产加工企业》附录 A。

关于虫害控制阈值的设定和方法及趋势的分析

陈军华　上海闽泰环境卫生服务有限公司

很多食品工厂的质量人员会问："我们工厂做了虫害消杀或者请了第三方 PCO 服务，到底能做到什么程度?""能不能做到车间里零虫害?""我们车间一直有虫，感觉虫害控制效果不大"……

以上这些问题或多或少都与虫害控制阈值的设定和趋势分析有关。接下来，笔者将详细阐述虫害控制阈值的设定意义和方法及如何做趋势分析。

1　虫害控制阈值设定的意义和方法

目前虫害控制结束了过去以化学品进行消杀的阶段，已经来到了精细化的虫害管理阶段，即属于管理流程的一部分，因此虫害控制操作也就需要符合标准的管理流程。虫害阈值的设定和趋势的分析是"计划"中的重要部分，对决定后续的执行操作非常关键，所以很多关于食品安全的审计中会特别关注这部分内容，其也是日常虫害控制活动中必须要考虑的环节。

除了符合管理流程和满足审计的需要，虫害阈值的设定对工厂虫害风险的管理和评估也至关重要，具体有以下几个作用。

1.1　反映当前虫害对产品的风险状况

虫害风险具有可控、需要被关注或者风险较大的性质，严重时甚至涉及停工停产、产品召回等。食品工厂按照卫生等级，可以分为洁净区、准洁净区和非洁净区及连接各个卫生功能区的缓冲间（见图 1），虫害的种类带给每个功能区的风险各异，熟悉产品的生产工艺是阈值设定的关键，工厂人员和虫控专业人员共同参与才能制定符合实际的控制阈值。

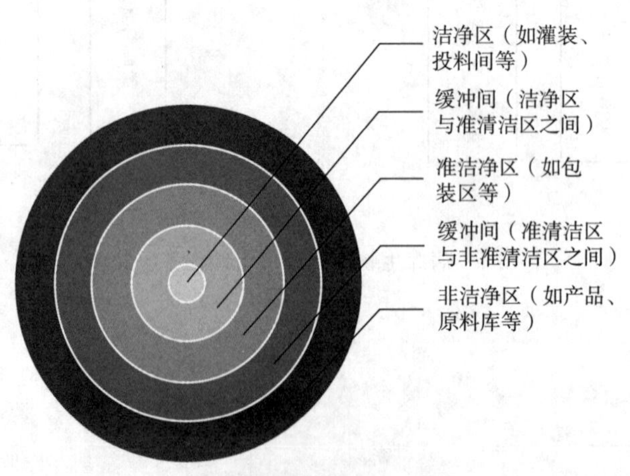

图 1　车间卫生分区现状对虫害的重要性

1.2　衡量工厂GMP执行状况

昆虫的环境指标性属性使其可以反映工厂对清洁卫生和结构改善方面的工作是否达到了理想的效果，经验丰富的审核人员会通过现场的虫害（虫迹）来判断工厂的清洁状况。昆虫种类繁多，因为其具有趋光性和趋化性，比较容易混入产品中，从而成为一个异物投诉种类。所以识别虫害种类是阈值设定的另一个关键要素（见图2）。不同的虫害种类反映的背后诱因也不尽相同。

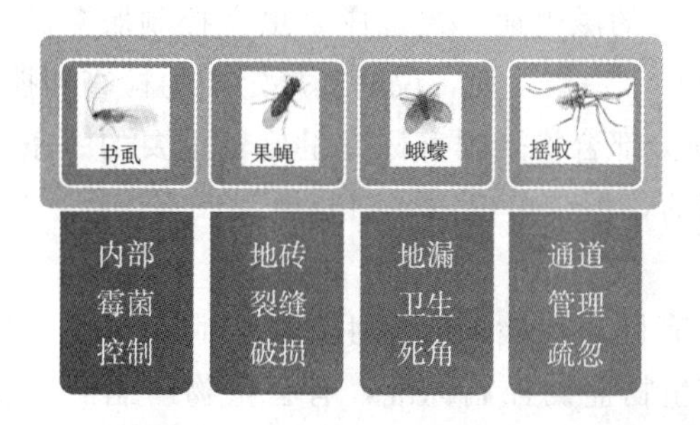

图2　不同虫害种类是设置阈值的关键因素之一

1.3　便于了解工厂虫害发生水平

虫害监测数量比上月少了还是多了、与去年同期相比是少了还是多了……了解动态的数据变化才能便于管理层对目前的虫害发生水平做到心中有数（见图3）。举例来说，当监测到两个危害粮食的印度螟蛾时，我们就要持续关注接下来是否还能监测到，监测的数量有没有变化。

1.4　确定虫害控制的可操作性目标

虫害阈值的设定可以衡量工厂所聘请的外包公司是否达到虫控的效果，这是一个比较直观的数据，当然衡量服务能力时也不能仅仅依靠这个阈值。

图3　动态变化的数值具有参考意义

2　虫害控制阈值设定的方法

虫害控制阈值无论对内、对外都非常重要，那该如何设定相关阈值呢，以下国家和行业内的相关标准和案例可供大家参考。

（1）中国在病媒生物（有害生物）方面的标准在国际上相对领先，目前已经有50多个标准可供业内学习参考，其中GB/T 27770—2011、GB/T 27771—2011、GB/T 27772—2011、GB/T 27773—2011分别代表了鼠、蚊、蝇、蜚蠊（蟑螂）的密度控制水平，即控制阈值。国家标准中关于控制水平的描述的有些关键点是值得我们学习和参考的。

① 根据单位的面积大小，确定不同的控制水平，以60间（约900 m²）为单位进行

分割，意味着我们在设定工厂阈值时，最好根据其各功能区单独设定，不要整体设定。

② 根据卫生检查的要求，控制水平分别A、B、C三个等级，这充分考虑了标准的经济适用性，因为每个单位的付出成本和要求是不同的。

③ 国家标准明确规定，生产和销售直接入口食品的场所不得有蝇，这意味着在这些场所设定阈值时可参考这个要求，如灌装间、投料间等产品可能裸露在外的场所需要以零虫害为目标。

④ 室内外不得有虫害的滋生地，这也应是虫害控制服务的基础目标，滋生地为虫害幼虫、幼仔生存的场所，一旦发现，说明工厂定期的检查和控制工作不足。

⑤ 防蝇（鼠）设施全部合格是国家标准里比较重要的一条，在检查当日短期内做到虫害达标是可以实现的，但是单位需要随时做到虫害达标，“三防”设施的完善非常关键。

（2）国家标准在对有健康风险的有害生物的监测、检测、控制、评估标准，重大活动及突发事件中有害生物监测控制标准，有害生物防制服务及产品控制效果评价标准中起到了非常重要的指导意义。但是对食品生产加工企业来讲，我们还需要考虑食品安全和卫生方面的需求，如书虱不是一种病媒生物，但是会成为食品卫生隐患。对工厂来讲，关注的虫害种类更为宽泛。所以根据每个工厂实际情况制定的控制阈值的方法才能符合自身实际需要，我们可以参考某著名食品公司的阈值设定标准，来了解关键的内容：

① 使用历史数据作为参考，比较每家工厂的内外环境不一样、内部的管理和执行也会有差异，前1～2年的数据对设定阈值的参考价值非常大，在往年数据的基础上上升（下浮）一定比例或者保持往年水平，都是甲乙双方可以商量和确定的，没有固定的说法。虫害受季节变化的消长规律较为明显，每个月份的阈值差异也需要体现出来。

② 每个工厂的产品种类不同，吸引虫害的种类也会不同，所以有些工厂的阈值设定需要考虑自身产品的特性，特别关注某些虫害，如乳粉厂的仓储昆虫、果冻厂的果蝇是需要特别关注的。

③ 警戒和行动级别，这类似于传染病应急机制。当发生一定风险时，需要采取事先规划好的控制措施，否则在出现虫害控制异常时，对应的措施无法及时实施，可能会造成较大的损失。

3 基于阈值的虫害趋势分析

上文我们说到虫害阈值的设定方法，那么在实际虫害控制过程中，如何基于阈值进行针对性的趋势分析以判断工厂的虫害是否属于可控范围，或者使偏差的原因得到准确识别并且及时改善，有以下几个用于分析的关键点可供大家参考讨论。

3.1 务必设定基础阈值做分析

没有事先设定阈值，根据相关的趋势往往也分析不出准确的风险结论。各区域的趋势分析会花费较大的时间和精力，每个区域、每个控制点进行分析的方法并不经济和高效。针对成本控制相对较严的工厂，关注核心及周边区域的虫害发生状况是比较实际的做法。将时间与精力用在最重要的地方，逐步以核心区为圆心向外扩展。

3.2　关键区域的逐点分析

通常在核心区域的虫害控制监测设施不多，而监测点的状况反映的是整个面的虫害发生状况，也就意味着要对每个点进行具体分析，尤其是要对超出阈值的监测点进行重点分析。

3.3　核心区监测点的虫害种类鉴定

昆虫种类有很多，要想准确鉴定非常不容易，也要花费大量的时间。虫控人员毕竟不是昆虫学家，通常只要认识到昆虫的科级即可，通常一个科属的昆虫习性和活动规律具有相似性，作为控制人员，确定他们的来源反而更重要。昆虫根据食源可以分为室外绿化土壤滋生、室内有机质滋生、仓储类、室外腐殖质滋生、室内霉菌滋生昆虫等几类。来源明确了，控制的方式也便基本可以确定。

3.4　分析和控制是互相交替的两个环节

在国家标准中有前密度和后密度的说法，两者相减后得出的下降率才是衡量控制效果的依据，所以趋势分析也需要包括控制后的数据判断，反映控制是否取得了效果。

控制虫害入侵的各类措施比较及应用案例

陈 酒

1 传统化学防治

每年的夏季，较高的气温使得各类虫子的生活周期变短，虫子较强的繁殖力使得其数量达到一个非常高的水平。而这些虫子中，拥有飞行能力的昆虫是最容易对我们的生活和生产造成影响的。这也是为什么每到夏季，客户对飞虫控制的需求就会增多。在这些控制飞虫的方法中，传统的化学控制方法（见图1），虽有一定的效果，但排除对环境会造成污染的因素，这么做所能达到的飞虫控制效果仍很难满足自身及甲方客户的要求。

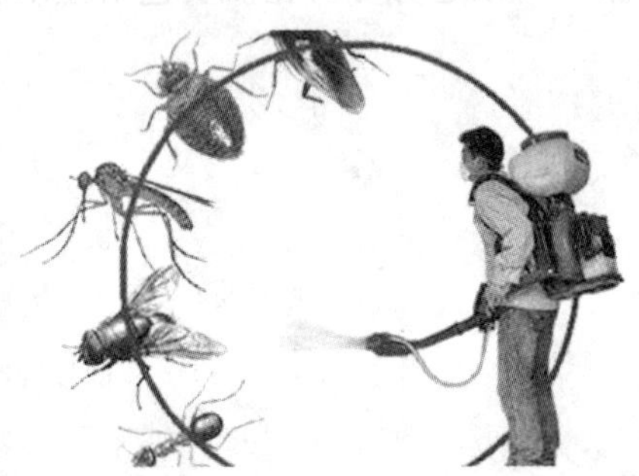

图1 用化学方法进行虫害控制

2 IPM有害生物综合防治

最近十多年，国内虫控行业的水平一直不断提升，越来越多的PCO企业以及客户了解到IPM（有害生物综合防治）的虫控理念。IPM的理念主要包括三个内容：

（1）预防：这是IPM的重中之重，比如加强清洁卫生，设风幕机、软帘、昆虫盲视灯带等都属于预防措施。

（2）监控：目前常见的定期检查、记录和发布趋势报告都为监控措施，粘捕式灭蝇灯主要用于监控虫害活动。

（3）干预：上文提及的化学消杀、灭蝇灯等都是干预措施。

IPM控制理念和传统消杀在飞虫控制中的最大差异在于IPM会结合现场情况通过多种手段对需要控制的靶标飞虫进行综合性防治，方法包括：生物防治、物理防治以及化学防治等。相对于消杀操作中单一使用化学防治手段来说，正确的IPM操作不但减少了化学污染，而且控制效果持久、更为理想，突发虫害问题可追溯，同时通过各种数据分析能提前对可能出现的各类害虫问题做出预警。这些优势都是传统的化学消杀无法做到的，也是客户最想要的。

3 各类预防虫害入侵措施的比较

目前用于预防虫害入侵的措施主要有如下几种。

3.1 软帘

软帘如图 2 所示，特点见表 1 所列。

图 2 软帘

表 1 软帘特点

描述	软帘
优点	便于安装，维护简单
缺点	易破损，易受污染，易遮挡视线
价格	便宜

3.2 顶部风幕机

顶部风幕机如图 3 所示，特点见表 2 所列。

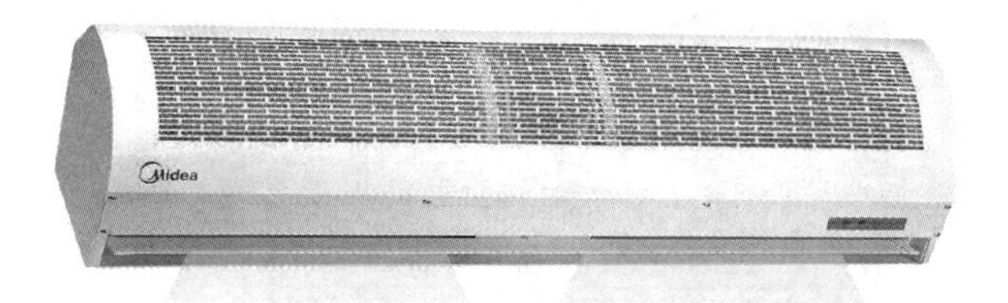

图 3 顶部风幕机

表 2 顶部风幕机特点

描述	顶部风幕机
优点	便于安装，维护简单
缺点	只适用于小型门，不适用于高物流门
价格	较便宜

3.3　侧吹风幕机

侧吹风幕机如图 4 所示，特点见表 3 所列。

图 4　侧吹风幕机

表 3　侧吹风幕机特点

描述	侧吹风幕机
优点	风力大，效果好，适用于大型物流门
缺点	贵，成本较高

风幕机的风速要达到多少才能有效控制飞虫呢？在正确安装风幕机的前提下，风速越强，对飞虫的阻隔效果越佳。但是一味地追求高风速，必然意味着会有高昂的费用投入，这种高昂的费用将违背 IPM 的理念。

3.4　快速门

快速门如图 5 所示，特点见表 4 所列。

图 5　快速门

表 4　快速门特点

描述	快速门
优点	可完全阻隔害虫
缺点	需要进行很好地维护，需要一定的顶部空间来安装
价格	较贵

3.5　互锁缓冲区

互锁缓冲区如图 6 所示，特点见表 5 所列。

图 6　互锁缓冲区

表 5　互锁缓冲区特点

描述	互锁缓冲区
优点	可完全阻隔害虫
缺点	对于空间要求高，影响进入效率
价格	较贵

3.6　昆虫盲视带照明灯

昆虫盲视带照明灯如图 7 所示，特点见表 6 所列。

图 7　昆虫盲视带照明灯

表 6 昆虫盲视带照明灯特点

描述	昆虫盲视带照明灯
优点	有效降低外部昆虫吸引力，能耗低，不影响运输效率
缺点	多为进口产品，货源供应较难
价格	稍贵

3.7 小结

对于以上几种预防虫害入侵的措施进行汇总，见表 7 所列。

表 7 预防虫害入侵措施汇总表

序号	预防虫害入侵措施	食品工厂推荐指数（满分为 5 颗星）
1	软帘	★★
2	风幕机	★★★
4	快速门	★★★★
5	互锁缓冲区	★★★★
6	昆虫盲视带照明灯	★★★★★

4 昆虫盲视带的 IPM 应用实际案例

某食品工厂卸货区的飞虫问题一直得不到很好的解决，经现场实地勘察及问询后发现原因有以下几点：

（1）由于出货量大，工厂经常夜间加班出货，卸货平台的强大光源吸引周边的飞虫向建筑内移动，造成内部飞虫密度很大；

（2）区域门口除了风幕机无其他飞虫阻隔措施，且风幕机功率不足；

（3）工厂周边环境复杂，有农田、荒草地，甚至在 1 km 距离外还有一个养猪场，从而造成工厂建筑外环境的飞虫数量居高不下。

该工厂之前利用外环境滞留喷洒与热烟雾空间处理法进行控制飞虫，并设置了捕蝇笼。而在内部，特别是在出入口附近安装了捕蝇灯。但是效果仍然不够理想。而这些操作却是目前大部分 PCO 公司常用的飞虫解决方案。

首先，导致内部飞虫风险升高的一大因素是外环境飞虫密度太大，而常用的药物处理，不管是滞留喷洒处理还是热烟雾空间处理，都会受到天气（如下雨）的影响。其次，滞留喷洒是一种被动的处理手段，而热烟雾空间处理虽然是主动控制手段，但是其施用成本高，缺乏持久性，很难持久、有效地杀灭外环境飞虫，只有高频率地处理才能弥补缺点。因此为了解决这一问题，需要一个能在户外使用（防雨水）、能持续主动杀灭飞虫的设备。此时，户外抗干扰型连续放电式电击式灭蝇灯（见图 8）是一个非常好的选择，可弥补以上所述的弊端。其主要的目的是将环境中的飞虫杀灭，与建筑物内不允许使用电击式灭蝇灯并不矛盾。

外环境飞虫总数通过电击式灭蝇灯得到控制了，是否就完全达到了飞虫的控制效果？其实不然，因为永远都会有漏网之“虫”，针对这些漏网之“虫”，通常的做法是

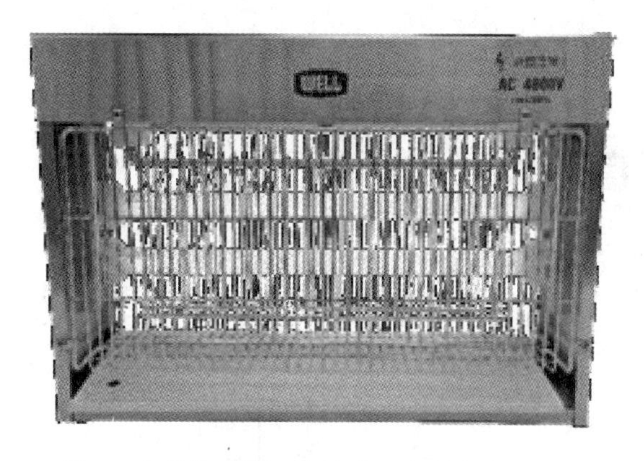

图 8　户外抗干扰型连续放电式电击式灭蝇灯

管理好门户，安装风幕机，甚至改造出缓冲间，内部再安装捕蝇灯。飞虫会往建筑内部飞的主要原因是内部的灯光吸引了飞虫。吸引飞虫的光波只在一定的光谱区间内，为了正常的照明，我们可以把现有照明灯光中会吸引飞虫的光波区间内的光波阻隔掉。在国外有一种产品，名为昆虫盲视灯带，它所散发出的光线中，能吸引飞虫的波段已经通过专利技术手段被剥离了。所以该产品在提供强大照明功能的前提下，对飞虫的吸引力极小，试验证明它相对于常见的白炽灯来说，对飞虫的吸引力能降低至 20% 以下。同时由于此光源为 LED 光源，能耗也极大地降低了。图 9、图 10、图 11、图 12 能清晰地说明其功效。

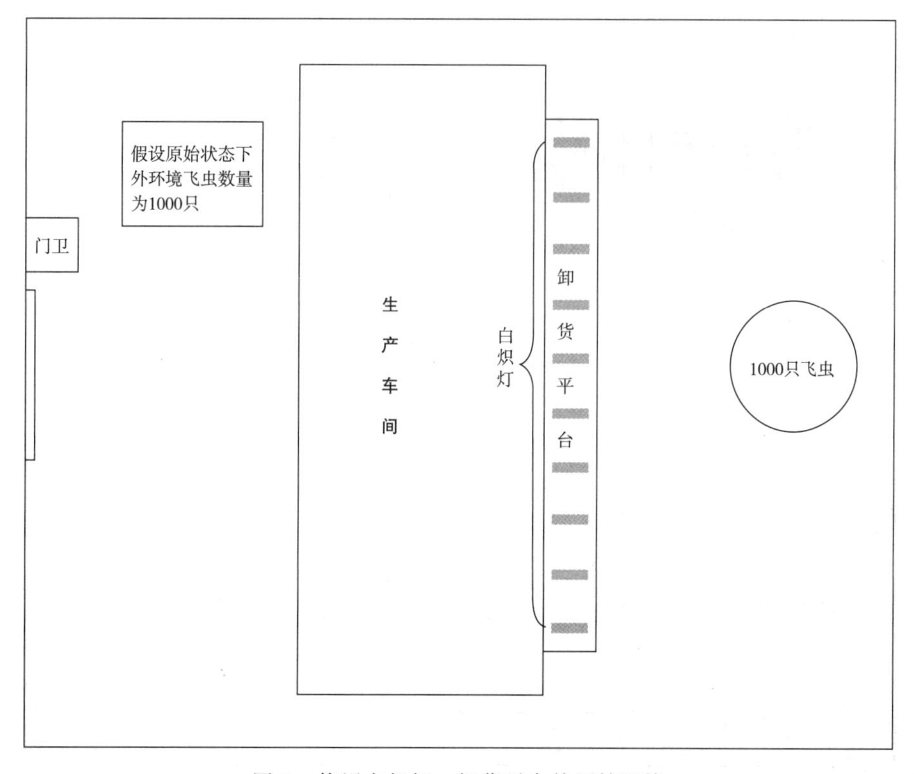

图 9　使用白炽灯，卸货平台外原始环境

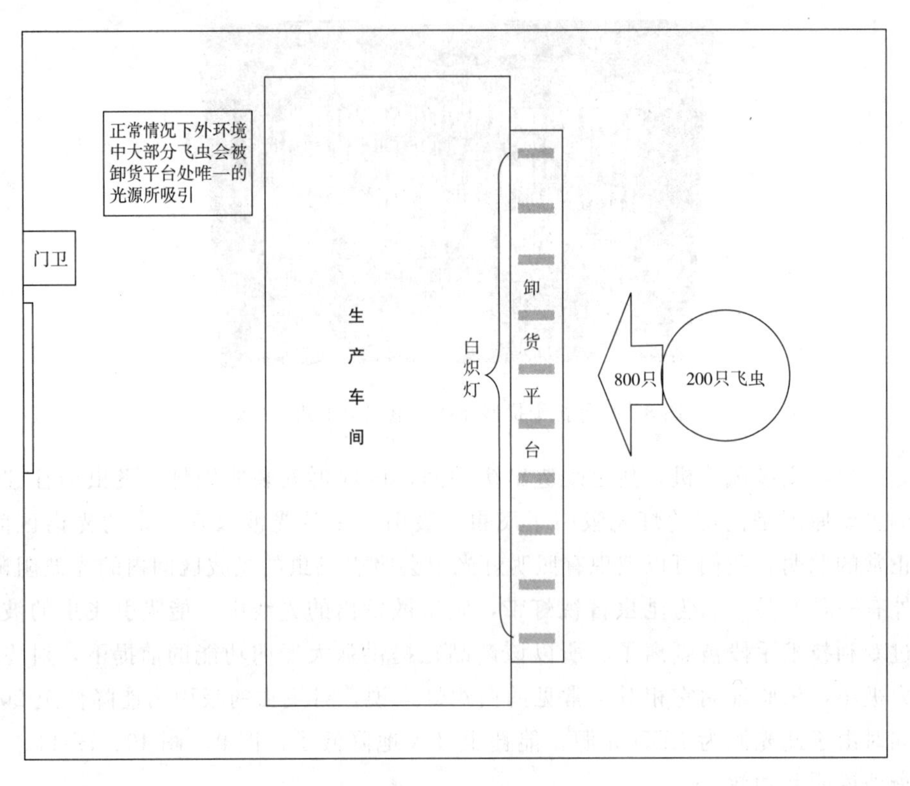

图 10　使用白炽灯，飞虫被卸货平台光源吸引

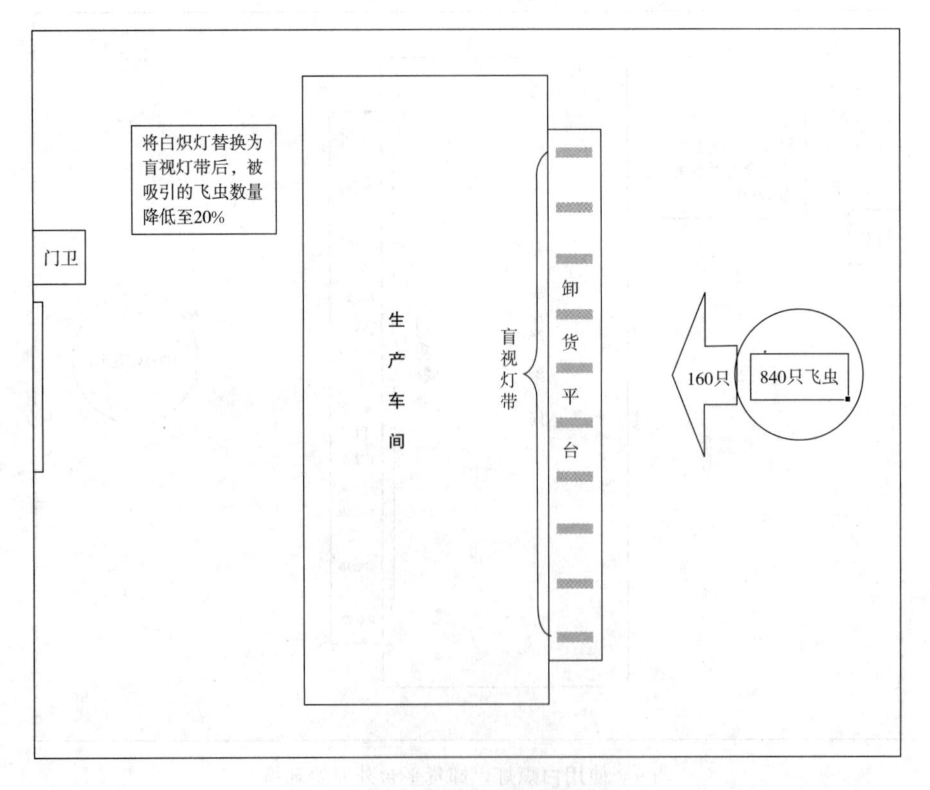

图 11　将白炽灯更换为昆虫盲视灯带

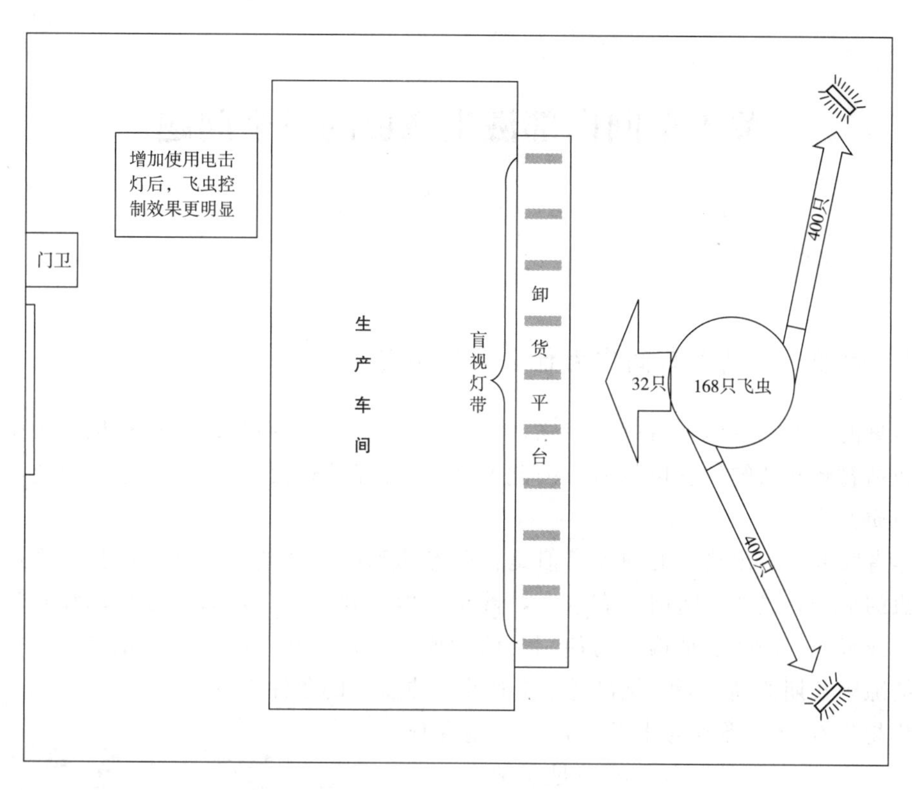

图 12　使用昆虫盲视灯带及连续放电式电击灯

昆虫盲视灯带的效果总结如下：

（1）方案一：将白炽灯照明更换为昆虫盲视灯带后，飞虫入侵数量下降率为：（800－160）/800×100％＝80％；

（2）方案二：若同时在户外添加连续放电电击灯后，飞虫入侵数量总下降率达到：（800－32）/800×100％＝96％。飞虫控制效果显而易见。

上述控制方法针对的主要是外环境入侵型飞虫，当然，企业若将昆虫盲视灯带与其他措施（如风幕机、快速门等）综合起来，效果会更好。

关于车间内部滋生飞虫的三个问题

陈 酒

1 问题一：洁净车间内为什么会有小飞虫？

常见的小型飞虫包括蚤蝇、蛾蠓、蕈蚊、果蝇等。它们都以取食有机质为生，有机质包括腐败和新鲜的有机物质。因此，可以将该问题转化为：洁净车间内会不会存在有机质？

笔者没办法给出绝对的回答。但是在曾经遇到的几个洁净车间内，都发现过存在小飞虫的活动，这些房间内都有水源，甚至有地漏和下水口，而且多数都没有防虫的结构，或者原有的防虫结构因为使用年限的增加已被破坏。而这些下水口、排水管和各类缝隙中长期的潮湿环境是最适合上述小飞虫滋生的条件之一。

生物生存的三要素为水源、食物、生存环境（见图1），洁净车间内已经满足了两点。而各类有机质的存在完美地补充了这三个要素。因此要想知道洁净车间内会不会有小飞虫，只需要对照检查一下车间内是否有同时符合这三个要素的环境。

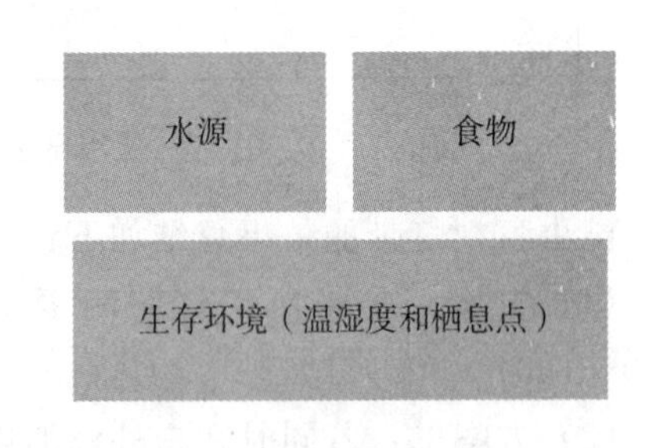

图1 生物生存三要素

有机质是指动物、植物的遗体、粪便腐烂后变成的物质，也包括人的毛发、皮屑等，除此以外还有其他肉眼更难发现的有机质。

对于微量的“污垢”，应按照怎样的频率去清洁呢？每个车间的使用频率和所生产产品不同，因此没有统一的标准。

在食品行业所用的药剂都是“卫生杀虫剂”，也就是说所处理的害虫属于卫生害虫。之所以称其为卫生害虫，其实从字面意思上去理解就是因卫生状态的变化所产生的害虫。所以我们可以将卫生害虫作为卫生清洁状况的指示物，一旦出现卫生害虫的活动即意味着卫生状况出现了不同程度的问题，这个问题可大可小，在有些环境内是可被接受的，而在有些环境内是不能被接受的，不同的区域对卫生环境的要求也不同，而洁净车间也会分不同的级别，因此不同级别的洁净车间对卫生害虫以及污垢的衡量标准和清洁要求也不同。

那应该如何去判断呢？作为指示物的小飞虫相当“敬业”地扮演了被评判的角色，但是由于它们都很小，数量少的时候很难被发现，而一旦被人感知到的时候，清洁问题可能已经影响到了正常的生产。因此笔者强烈建议有需要的工厂在洁净车间内安装粘捕式捕蝇灯，作为内部滋生小飞虫的监测工具。

粘捕式捕蝇灯所粘捕到的虫体不会被高压电击碎，完整的虫体是进行鉴别和计数的基础。通过定期的检查和统计，形成趋势分析报告甚至是曲线图，能科学地评估现有飞虫的分布以及数量情况，并可以此来预测后续的虫害发展趋势。通过这种方式我们能及时地发现洁净车间等需要重点关注的区域中的小飞虫情况，以此来判断这些区域的清洁情况。并制定符合工厂实际运行情况的清洁频率以及确定清洁的重点位置。

2　问题二：清洁工作已经做得很好了，为什么还会有小飞虫？

清洁工作已经做得很好了，为什么还会有小飞虫？从虫控的角度来说，车间内仍存在促使小飞虫滋生的卫生死角，这些是常规的清洁工作不容易清洁到的位置，比如：排水管内壁、老化的防虫地漏、设备的四脚底部缝隙、圆弧地脚线的缝隙以及破损的圆弧地脚线、破损的环氧地面、设备内部、管线槽内部、开口或破损的夹心墙、不锈钢排水沟与地面接缝处（老化）、直接放置在地面上的物体与地面之间的缝隙。

以上是可能成为害虫滋生地的部分位置，不同的环境条件下，会有不同的位置成为害虫的滋生点，所以，要想找出问题的根源，必须从鉴定开始。

提供虫控服务的供应商其实也不一定能正确鉴定出每一种害虫。那么作为工厂管理者，如何判断供应商是否有较强的害虫鉴别能力呢？笔者提供几个方法供大家参考：

（1）是否了解昆虫的身体构造，包括昆虫触角、足、翅膀的种类；

（2）是否能正确鉴定不常见害虫；

（3）是否能够提供专业昆虫鉴定机构的专业鉴定报告。

3　问题三：对于同一种飞虫，在门口附近捕蝇灯捕获的数量为什么会比内部捕获的数量少？

先鉴定捕获的飞虫的种类。如果说捕获的飞虫是以内部滋生为主的品种，比如蚤蝇，那么问题便可以解释得通了。但如果捕获的飞虫是外环境中的品种，比如蚜虫，那么则有很多原因，例如车间屋顶进风口的防虫网破损，使得迁飞中的蚜虫随着气流的循环进入车间内部。

所以遇到非常规的虫害情况，不要轻易下判断，通过 AIM 三部曲（见图 2）可找到答案。

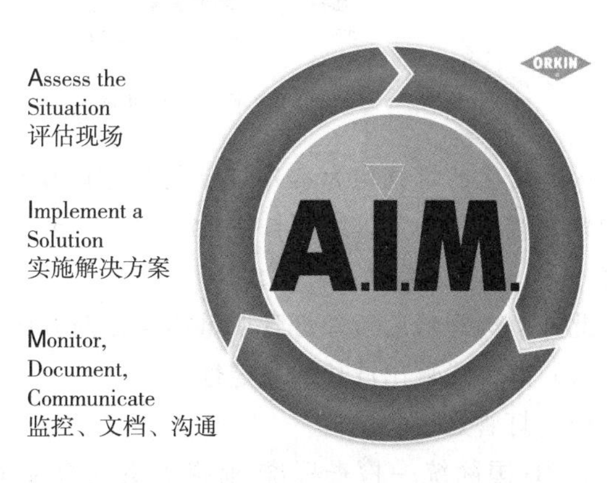

图 2　AIM 三部曲

如何有效管理灭蝇灯

邵 磊 安徽质安选食品安全科技有限公司

食品生产加工必须在卫生的环境下进行，GB 14881—2013《食品安全国家标准 食品生产通用卫生规范》中也规定了虫鼠害控制要求，飞虫的虫体、唾液和排泄物均携带或含有大量致病微生物，飞虫的滋生可能给食品安全带来生物性风险。

每当夏季来临，食品企业又将迎来虫害高发期，本文主要从灭蝇灯的灭杀原理、选择、定位和安装规范、维护检查方面进行解读。

1 原理

如图1所示，大部分昆虫对于波长在315～400 nm范围内的长波紫外线敏感，在365 nm左右达到高峰，越接近365 nm波段的光线对其吸引力越强，会刺激其视觉神经，从而引起翅和足运动，趋向光源运动。

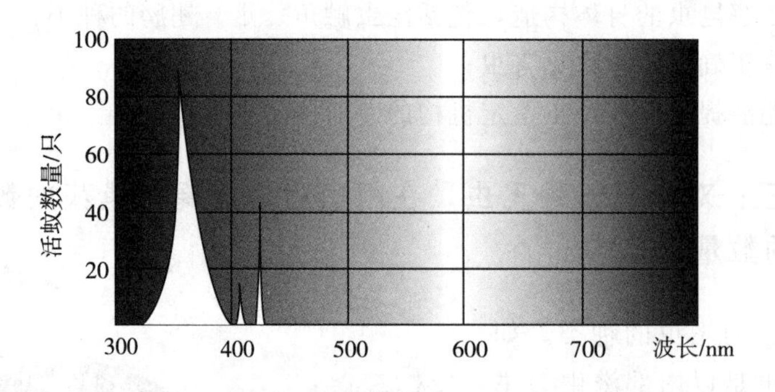

图1 昆虫光波敏感波长范围

灭蝇灯上的灯管均为紫外灯，其与车间中紫外杀菌灯的波长是不一样的（车间应用的紫外线杀菌中紫外线波长在240～280 nm范围，其中波长为254 nm的紫外线效果最好）。

此外，灭蝇灯的紫外灯管质量体现在两方面：

（1）紫外线输出波长的稳定性；

（2）灯管是否防爆。

《AIB国际统一检查标准 前提方案与食品安全程序》中要求原料储存区和生产区域的所有昆虫诱捕灯（灭蝇灯）必须使用防碎（爆）灯管，其他区域的昆虫诱捕灯灯管若不是防碎灯管，必须依据企业的玻璃、易碎塑料和陶瓷品控制程序进行控制。

2 选择

灭蝇灯只能消灭一些偶然避过其他预防措施而进入控制区域内的飞虫，其主要功能不是直接灭杀飞虫，而是监控飞虫种类和密度，因此不能使用灭蝇灯作为防治飞虫的第一道防线，应该综合利用其他防治措施，如保持车间内外的卫生清洁，密封车间孔洞，清洁下水道，清洁垃圾污染源，配置纱窗、胶帘、风幕机等。

车间或仓储区域建议使用粘捕式灭蝇灯而非电击式灭蝇灯（见图 2），主要原因如下：

（1）电击式灭蝇灯的杀灭原理是通过紫外线诱使飞虫靠近灯管，使飞虫接触灭蝇灯附近的高压电栅栏，产生电击波击碎飞虫，而击碎的尸体碎片冲出灭蝇灯以外可能会掉入灭蝇灯下方或附近的物料中产生异物风险。

（2）飞虫本身会携带许多细菌或致病菌，击碎的飞虫尸体飘落在空气中会产生生物性危害。

（3）粘捕式灭蝇灯的杀灭原理是用紫外线的波长引诱飞虫，诱使飞虫靠近灭蝇灯灯管，将黏虫纸放在灯管下将昆虫黏住，该方法不会造成二次污染，且有利于监测虫害的种类和数量、繁殖趋势。

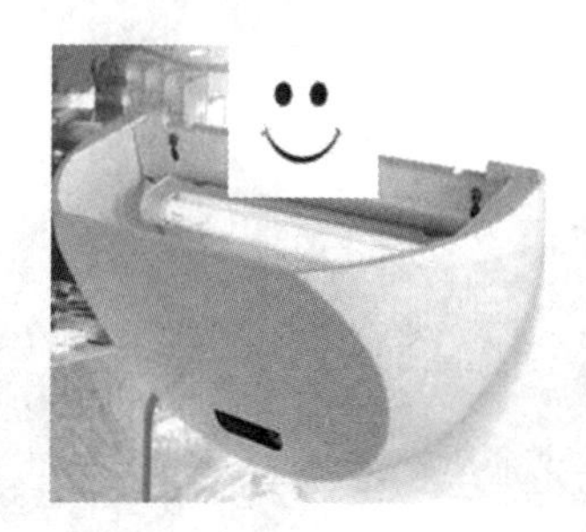

图 2　电击式灭蝇灯与粘捕式灭蝇灯

3 定位和安装规范

3.1 定位要求

（1）GMP（良好操作规范）审核中最严格的标准之一《AIB 国际统一检查标准 前提方案与食品安全程序》中要求：

① 在加工或储存区域，如果使用昆虫诱捕灯，应安装在距离食品接触面、裸露产品、包装线和位于加工和存储区原材料 3 m 范围以外。

② 昆虫诱捕灯安装位置不会吸引昆虫进入企业或者进入开放的食物。

（2）关于其他注意点，笔者根据行业经验总结如下：

① 沿昆虫必经路线（如出入口、发货通道等区域）安装灭蝇灯；

② 尽量将灭蝇灯安装于四面可见灯管且不易被货物或其他装饰物遮挡光线的位置，若安装在靠近门窗处，从室外不能看见安装的位置，严禁灭蝇灯正对入口或大门，一

般以安装在入口门的背面为佳。

③ 参照灭蝇灯说明书上的覆盖面积平均分布安装，为保证效果，建议相邻灭蝇灯的距离不超过 12～15 m。

④ 安装的高度离地面 1.8～2.1 m，顶部离天花板 0.6～1.2 m。因为大部分飞虫的飞行高度为 1.7～2.0 m，而人的高度大多数为 1.6～1.8 m，所以安装高度不能低于 1.8 m。

⑤ 不应将灭蝇灯安装在阳光直射或钠蒸气灯、水银灯附近（这些光线会释放大量的紫外光）。

⑥ 不要安装在多尘、高温、严寒环境中或排风口、风幕机周围；

⑦ 灭蝇灯最好保持 24 小时处于工作状态，以保持持续监控。

3.2　安装规范

常规安装步骤如图 3 所示。

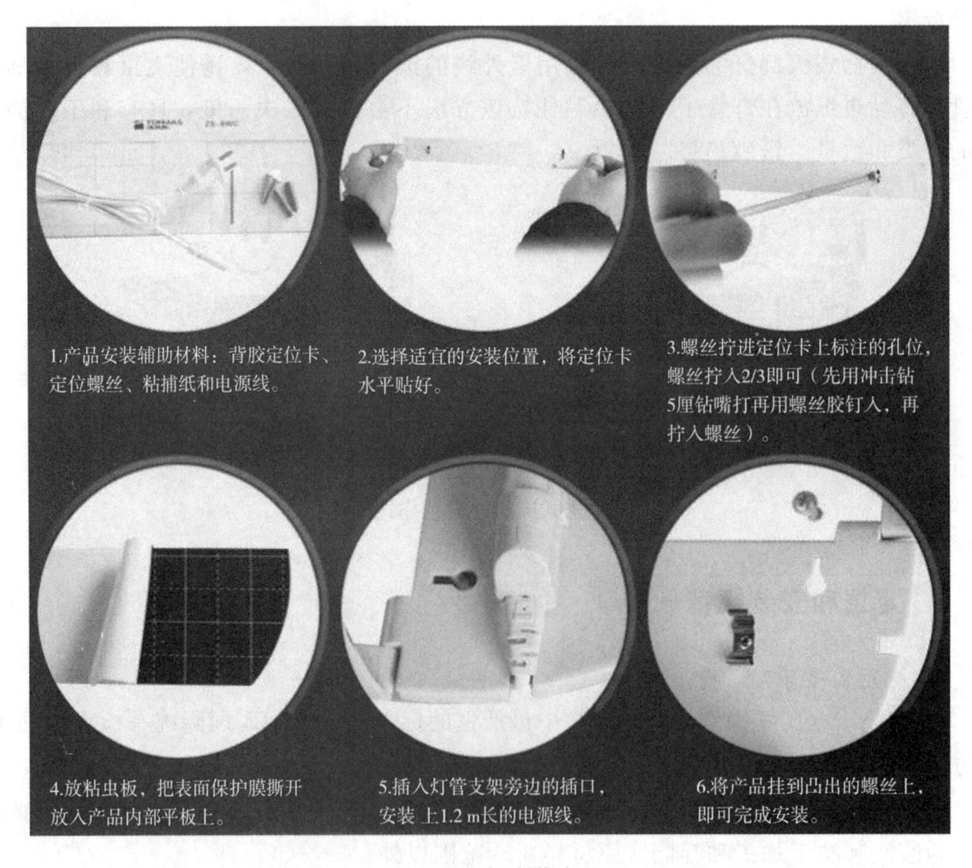

图 3　灭蝇灯安装步骤

4　维护检查

4.1　紫外灯管的检查和更换

由于长时间使用，紫外灯管中紫外线的输出波长会衰减。因此 AIB 标准中要求昆虫诱捕灯灯管应至少在每年昆虫活跃季节开始更换或根据生产商的建议更换，或者可以定期使用紫外线测量仪（见图 4）进行检测，测量仪通过多个 LED 灯来显示读数，这样可以快速和清晰地了解灭蝇灯灯管的品质与紫外线输出的状况，灯管是否处于最佳工作状态，是否需要更换或已超出寿命。

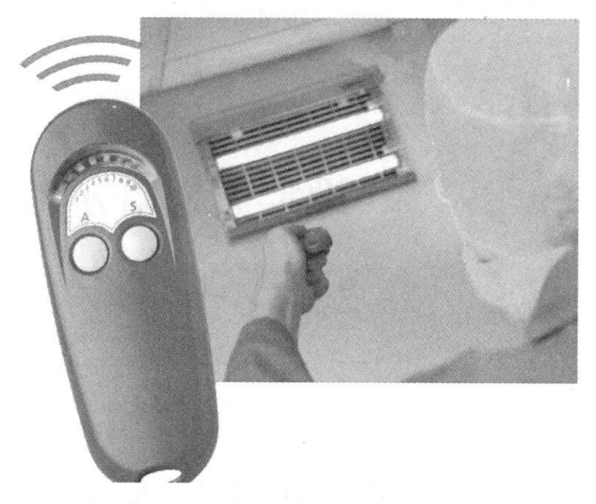

图 4　紫外线测量仪

4.2　粘捕纸的更换

由于粘捕纸主要依靠胶水黏住飞虫，胶水长时间暴露在空气中会氧化和失去黏性，需定期对粘捕纸进行更换，同时定期检查灭蝇灯的状态并对飞虫的种类和数量进行分析，更换粘捕纸的步骤如图 5 所示。

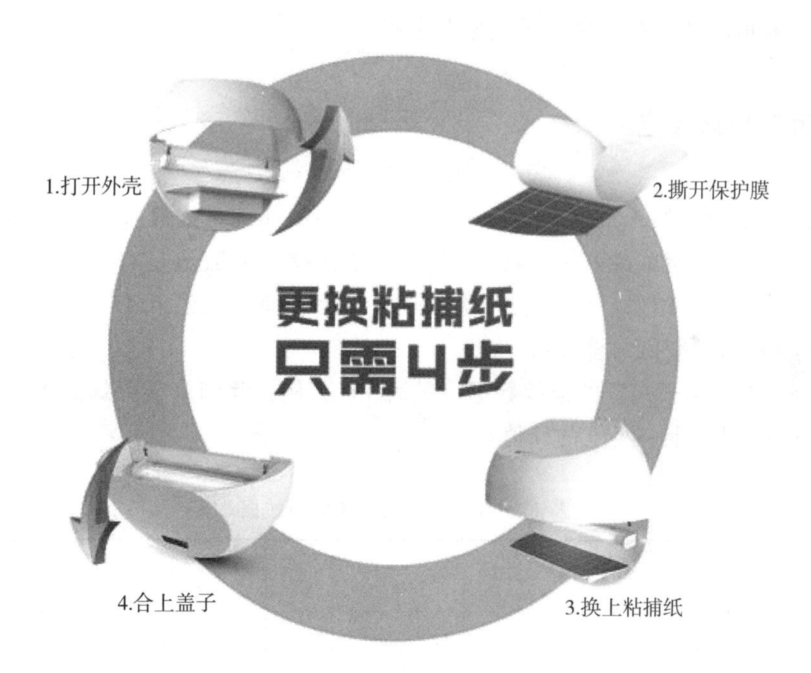

图 5　粘捕纸更换步骤

设定灭蝇灯示警值的一种方法

姜赛华 上海闽泰环境卫生服务有限公司

阳春三月是万物复苏的季节，花儿重新绽放，鸟儿欢呼歌唱，而从 PCO 角度出发，春天又是老鼠、苍蝇、蚊子的繁殖高发季节。

企业将上一年从灭蝇灯上所捕获的飞虫量，作为本年度灭蝇灯的示警参考值，因前后连续的一年是最为近似的环境模式。以下内容是笔者所在公司和客户共同协商设置灭蝇灯示警值时的相关思路，供大家参考指正。

1 阈值如何设定

一年四季周而复始，虫害的消亡、增长循环亦是如此，为此虫害数据的参考选取1—12月份的数据。而每盏灭蝇灯在 12 个月内单次捕获的数值是有高有低的，这是各种因素交叉影响后的结果，而理想的状态是本年度的捕获数值低于上一年，为此选择单灯 12 个月份内的峰值为警戒值。

以上一年的 1＃灭蝇灯的监控数据（见表 1）为例：我们希望灭蝇灯本年度单次捕获数不超过 17 只（上一年度的峰值）。

表 1 1＃灭蝇灯上一年监控数据

月份/月	1	2	3	4	5	6	7	8	9	10	11	12	总量
数量/只	2	0	0	0	8	17	15	7	5	3	2	1	60

在进行虫控把关之后，灭蝇灯捕蝇效果能在 17 只以下为佳，因为随着虫害的控制跟进（周边虫密度降低）和工厂条件设施的不断完善（防虫设施能力的提升），本年度捕获的飞虫单月量理应在 17 只以下。如果在工厂设施完善（防虫设施的能力提升）下和虫害控制持续跟进的情况下（虫密度的降低），还是超过了 17 只飞虫，那么很有可能已经出现问题了。因为本年度第 18 只飞虫（见图 1）的到来，我们无法预见它是否会带来风险，为此就需要采取行动，故而根据警戒线（峰值）开展工作，如以超低喷雾控制侵入的飞虫。即当第 18 只飞虫在 6 月份出现的时候，入侵 1＃灯所在区域，我们就认为是有风险的了（而实际当中 1＃灭蝇灯有能力捕获这第 18 只飞虫）。

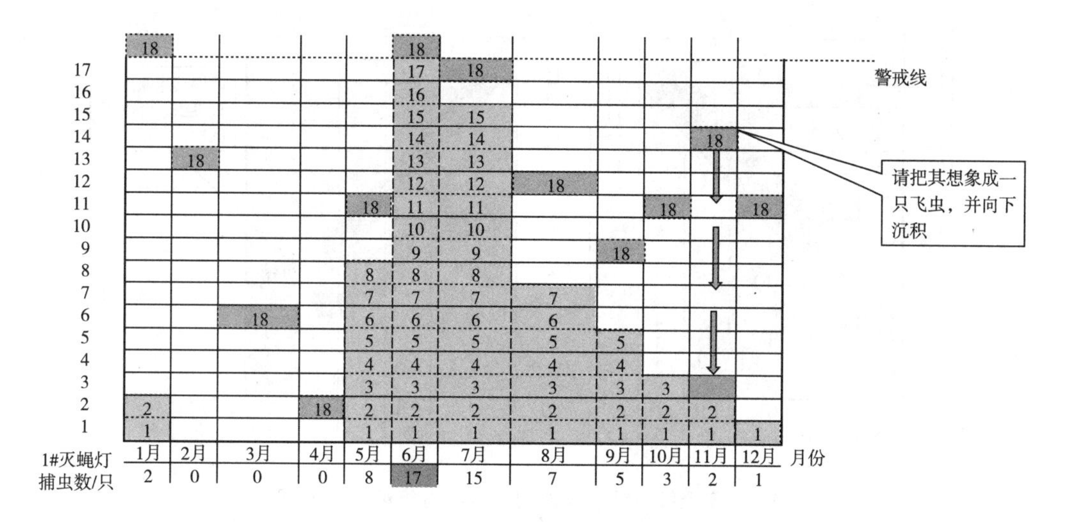

图 1　灭蝇灯捕获飞虫数量

而当第 18 只飞虫在其他月份出现的时候，其入侵 1＃灯所在区域，我们就认为是逼近风险的（因为历史数据在 6 月份的时候捕获了 17 只，实际当中 1＃灯其他月捕获量均小于 17 只，因此还是有能力捕获第 18 只飞虫的）。同时把 1＃灯捕获的总量 60 只进行平均分，那么每次便捕获了 60/12＝5 只虫子，我们将其视为安全线（见图 2）。

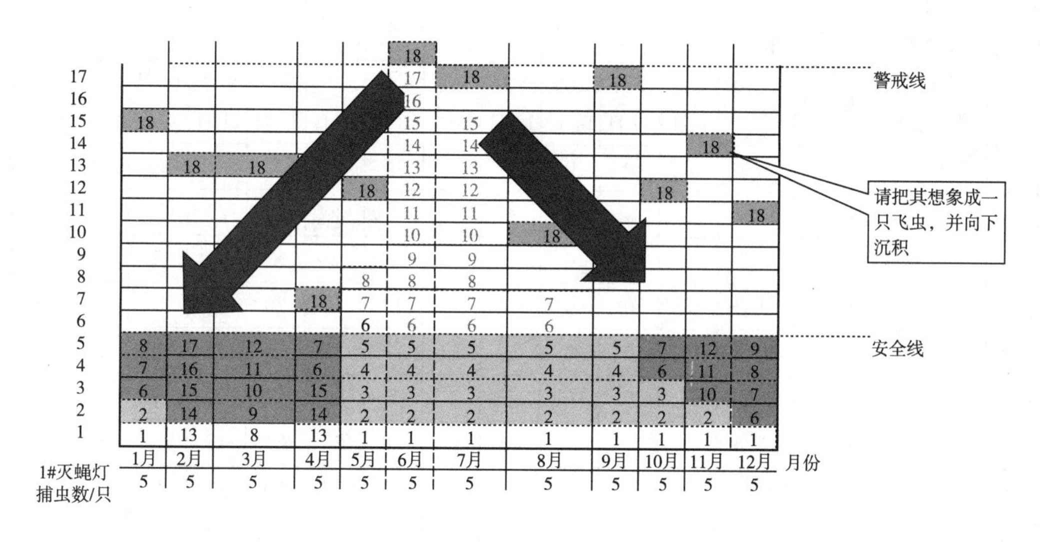

图 2　灭蝇灯捕获飞虫数量

超过安全线时，我们就应开始查找其中的原因。如在计算安全线时遇到有小数时，应向上取整。例如，全年虫口数为 61 只，平均约为 5.08 只，安全线视为 6 只。

而图 3 中安全线与警戒线之间的区域单次捕获量距离 17 只还是有空间的，说明 1＃灯还是有能力捕获这第 18 只飞虫的，并且捕获的空间还有很多。

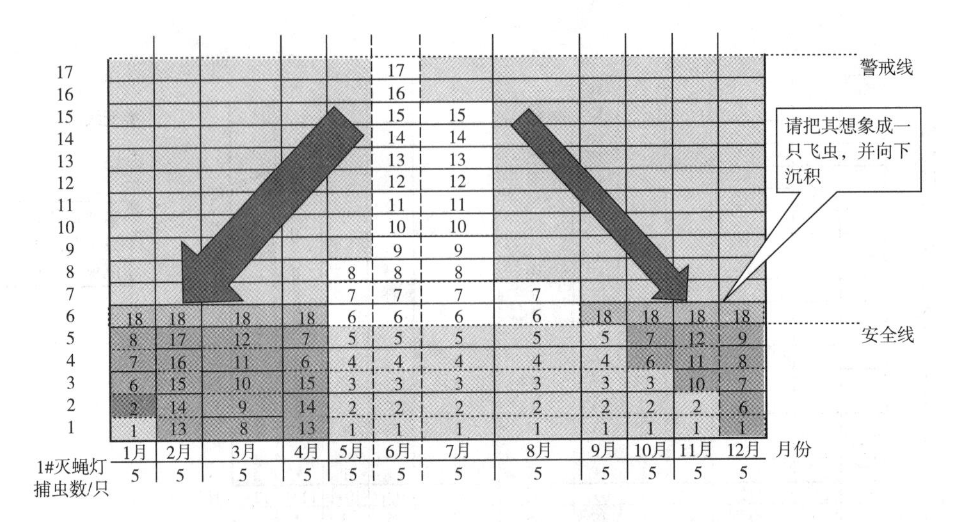

图 3　安全线与警戒线之间的区域为相对安全区域

以上所述，汇总上一年度的数据之后，便可以列出本年度的示警参考值了。

2　案例分析：以某公司监控数据为例

某公司 2020 年和 2021 年的虫害监控数据见表 2 和表 3 所列。

表 2　2020 年灭蝇灯监控数据　　（单位：只）

序号	峰值（12 次检查单灯的最大值）	和值（12 次检查单灯）	和值平均值	1 月	2 月	3 月	4 月	5 月	6 月	7 月	8 月	9 月	10 月	11 月	12 月
				1 月 9 日	2 月 20 日	3 月 14 日	4 月 10 日	5 月 13 日	6 月 12 日	7 月 10 日	8 月 21 日	9 月 11 日	10 月 9 日	11 月 13 日	12 月 11 日
1#	17	60	5.0	2	0	0	0	8	17	15	7	5	3	2	1
2#	30	133	11.1	5	0	0	6	0	0	30	25	20	29	12	6
3#	5	21	1.8	0	0	0	0	0	0	2	4	3	5	4	3
4#	24	135	11.3	3	0	0	8	6	18	22	20	24	16	9	9
5#	48	241	20.1	6	0	0	9	10	27	31	36	32	48	22	20
6#	10	46	3.8	2	0	0	7	4	7	10	7	3	1	3	2
7#	26	185	15.4	5	0	0	18	14	18	26	21	18	20	25	20
8#	77	327	27.3	4	0	0	1	34	50	77	70	45	28	13	5
9#	14	54	4.5	1	0	0	4	2	5	4	2	14	9	9	4
10#	29	82	6.8	2	0	0	4	3	5	6	2	6	29	14	11
11#	44	221	18.4	5	0	0	12	11	22	25	30	44	31	30	11
12#	30	69	5.8	—	—	—	—	0	0	10	5	20	30	4	0
13#	5	21	1.8	—	—	—	—	0	0	5	2	5	2	2	5
合计	—	1595	132.9	35	0	0	69	92	169	263	231	239	251	149	97

表 3　2021 年灭蝇灯监控数据　　（单位：只）

序号	峰值（12 次检查单灯的最大值）	和值（12 次检查单灯）	和值平均值	1 月	2 月	3 月	4 月	5 月	6 月	7 月	8 月	9 月	10 月	11 月	12 月
				1 月 10 日	2 月 6 日	3 月 14 日	4 月 11 日	5 月 16 日	6 月 13 日	7 月 11 日	8 月 15 日	9 月 11 日	10 月 17 日	11 月 14 日	12 月 12 日
1#	8	47	3.9	1	3	8	2	4	7	7	6	4	2	2	1
2#	27	140	11.7	6	4	4	8	13	27	21	17	15	9	8	8
3#	8	35	2.9	2	1	2	3	4	8	5	3	3	2	1	1
4#	23	139	11.6	1	2	6	9	23	19	21	15	16	11	7	9
5#	31	222	18.5	6	7	12	21	27	31	31	28	23	14	8	14
6#	12	58	4.8	1	2	2	4	7	4	12	12	7	3	2	2
7#	17	123	10.3	5	4	6	8	14	17	15	11	4	15	14	10
8#	28	164	13.7	4	2	6	20	18	28	28	24	14	8	5	7
9#	6	35	2.9	3	2	4	2	5	3	0	2	6	4	2	2
10#	36	208	17.3	6	2	12	22	25	36	35	34	33	2	0	1
11#	25	152	12.7	5	3	9	8	12	25	22	13	14	20	14	7
合计	—	1323	110.3	40	32	71	107	152	205	197	165	139	90	63	62

根据上文的阈值设置方法和过去两年的统计方法，可以设置监控的安全线和警戒线，见表 4 所列。

表 4　根据历史数据设置安全线和警戒线　　（单位：只）

序号	2021 年安全线	2021 年警戒线	2022 年安全线	2022 年警戒线
1#	4	8	5	17
2#	12	27	12	30
3#	3	8	2	5
4#	12	23	12	24
5#	19	31	21	48
6#	5	12	4	10
7#	11	17	16	26
8#	14	28	28	77
9#	3	6	5	14

（续表）

序号	2021 年安全线	2021 年警戒线	2022 年安全线	2022 年警戒线
10＃	18	36	7	29
11＃	13	25	19	44
12＃	—	—	6	30
13＃	—	—	2	5
合计	114	221	139	359

2021 年和 2020 年总体走势，将呈现如图 4 中所示的模式。

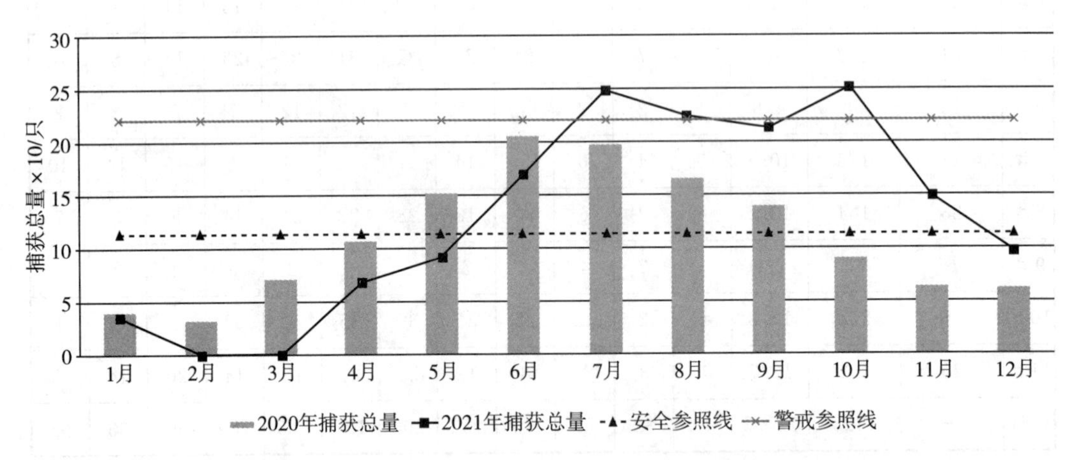

图 4　根据 2020 年数据而设置的 2021 年安全线和警戒线图

2021 年第二季度监控数据、安全线和警戒线图如图 5 所示。

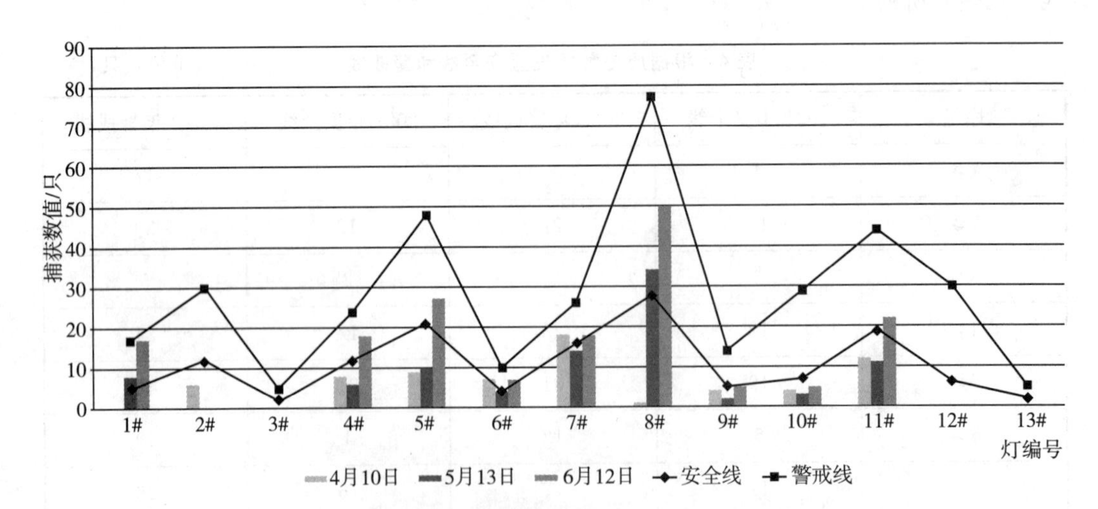

图 5　2021 年第二季度监控数据、安全线和警戒线图

以此类推，则势必也能呈现出本年度所需求的直观示警模式图。

3 小结

我们以单灯的峰值为警戒值，以单灯总量的平均值为安全值。若过安全值，需要我们查找原因并及时纠偏；过警戒值，需要我们人为干预，通过化学或物理组合的方式进行管控处置。

以上示警模式，是在企业依据上一年采集的真实数据和对企业未造成相关客诉的情况下，并与 PCO 虫控公司相互协商后制定的。相信随着相关工作人员的持续把关，后期的示警设定必将更为科学和合理。

来自异国他乡的虫污染事件

杨　倩　上海闽泰环境卫生服务有限公司

虫害异物出现在食品中，是很严重的安全事故，而在产品配料标准之外出现的活体昆虫，虫害的尸体、肢体、足、翅膀以及排泄物等跟虫害有关联的物体，均被视为虫害异物。这类异物的产生，有食品企业自身的生产工艺环境造成的，有PCO企业虫控综合管理的欠缺造成的，有采购的原材料存储不当造成的。本文中的案例则是涉及原材料采购的虫污染风险案例。

1　案例回顾

某食品生产工厂在使用海外瓶盖过程中发现有异物（见图1），后经专业人员辨识，异物虫害尸体为鞘翅目象甲科甘草豆象（见图2、图3）。

由于海外瓶盖的生产日期是4月份，而货物的采购到库时间是6月份，并且在工厂存放一段时间后，11月份才使用了该批次瓶盖，为此针对该虫污染事件，需要对虫的来源做分析判断。

图1　瓶盖异物

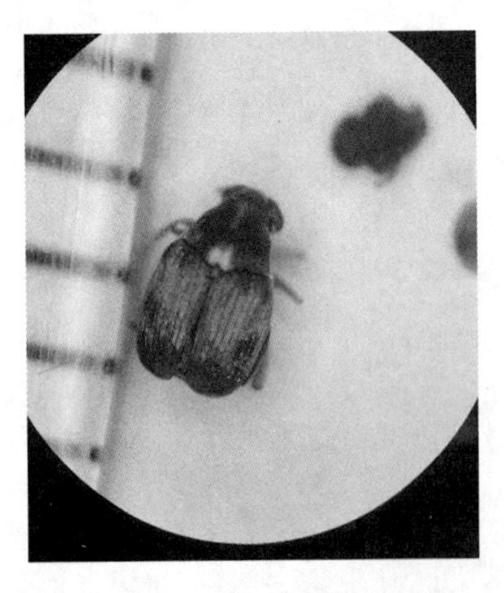

图2　镜检异物样

图3　参考图鉴

2 分析判断

依据异物虫害的生物学习性：成虫喜阳光，具飞翔能力，白天和晚上都能活动；成虫取食叶片，造成叶片空洞或缺刻，幼虫钻蛀种子和豆荚；5 月羽化，6 月中下旬产卵，次年 4 月下旬化蛹，蛹期 8 天左右，卵期 15 天左右；7 月开始孵化幼虫，并以幼虫状态越冬；幼虫体长 5～7 mm，喜好阴湿的环境；分布于中国的甘肃、宁夏、新疆地区。工作人员对工厂现场进行了针对性的勘察。

考虑到物料从海外进口，并且货柜处于铅封状态，直至入库时才被开启，为此工作人员对存放物料的包材库内四周角落进行了重点检查，现场库区为环氧树脂类地表设置，检查中并未发现虫尸。同时对储物货架支撑脚内一些容易积压粉尘和容易躲藏虫害的隐蔽角落进行查看，现场未发现虫尸，如图 4 所示。

图 4　支撑脚间隙中未发现虫尸痕迹

现场检查表现为无虫痕迹时，结合该虫害有飞行的能力，我们调阅了在该批次产品入库前、入库后，即 5 月、6 月、7 月包材库区域内灭蝇灯的监测数据，但也未发现该类虫害的痕迹及其他仓储害虫的痕迹。

为了能让虫污染事件更加清晰明朗，对存放该产品区域周边 3 m 范围之内的物料表面持续采用手电照明的方式进行检查，未发现邻近物料表面有虫害类痕迹。排除了虫害类掉落、攀爬、污染其他区域的可能性。同时对于有虫害异物的同批号箱子进行翻箱查看，发现箱子边角有空隙，目测是大于 6 mm×6 mm 的孔洞（见图 5），并且发现内置塑料薄膜袋非密闭式封口设置。

鉴于上述的勘察性工作，我们判定，货柜入库前铅封完整，排除了产品在运输过程中的虫污染可能性。甘草豆象危害的对象主要是甘草植物类种子，但该工厂周围未发现该类植物的存在，包材库四周角落及隐蔽处无虫害类尸体痕迹，结合追查入库前后监控的灭蝇灯数据，未监测到该类虫害的痕迹。并且工厂方在使用瓶盖过程中，仅在该问题瓶盖中发现有成虫死尸的情况。

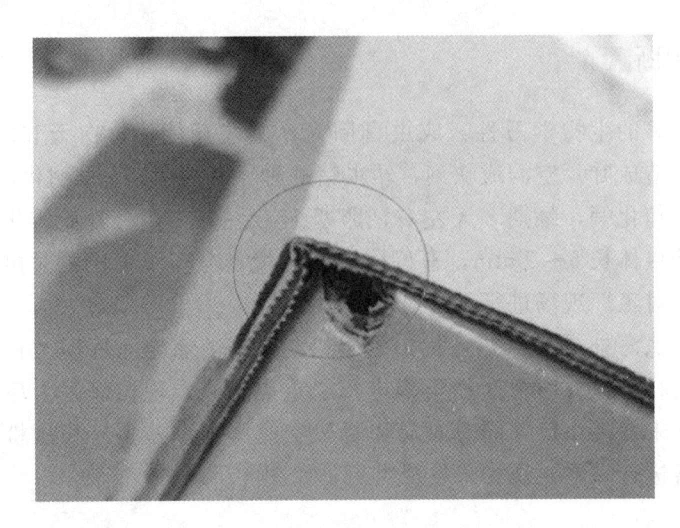

图 5　与虫害异物同批号的箱子

结合甘草豆象的生活史（见图 6）及现场问题批次瓶盖内无幼虫和蛹痕迹的情况，判定 3 月至 4 月间该幼虫危害成品后化蛹并在运输途中羽化后死于产品之中并残留了尸体，故工厂在后期使用时才发现该类虫尸的情况，从而判断该虫害污染事件为货物携带进入库区所导致。

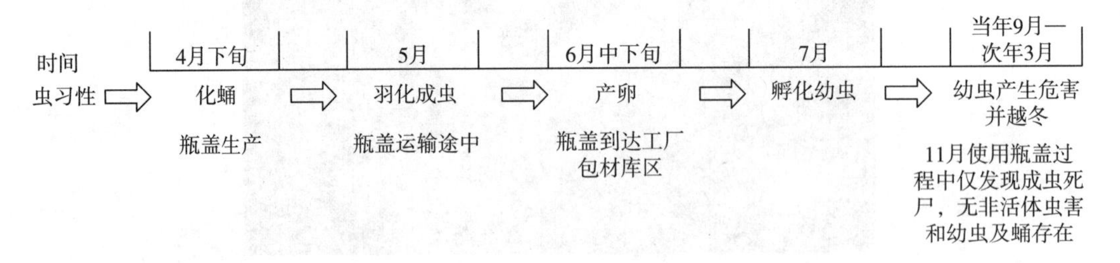

图 6　甘草豆象生活史

工厂中防鼠那些事

姜赛华　上海闽泰环境卫生服务有限公司

老鼠门齿无齿根，能终生生长，因此为了生存它们只能选择不断地磨损牙齿，而这会给我们人类带来经济利益的损失和火灾等风险。同时，又因它们的生存环境相对比较脏、乱、差，体表便易附有一些细菌，接触人类后也会给人类带来致病的风险，严重危害人类的生命健康。基于种种原因，我们要对老鼠采取相关措施。

老鼠为了寻找食源，很容易入侵工厂之内，尤其是一些食品工厂则更容易招致它们的"光顾"。针对此种情况，PCO 人员要做的就是"请鼠吃饭"，即设置带有杀鼠剂的外部监控装置（见图 1），用于降低厂区周边的总体鼠密度。

图 1　鼠控外部监控装置（诱饵站）

在确保周边鼠密度持续降低的状态下，为防止有"漏网之鼠"侵入工厂内部，还要有效、正确的把鼠实实在在"拒之门外"。

由于老鼠爱打洞钻缝，且它们能钻过很小的缝隙或孔洞，为此我们要确保工厂的硬件类设施，如门底部缝隙在 0.6 cm 之内（见图 2），这样才可以避免鼠从门缝隙之下侵入工厂。

或许有些人会说，工厂的对外大门都很严密，缝隙小于 0.6 cm，为何还会有老鼠进得来呢？这是什么情况所导致的呢？

其实老鼠除了会咬坏设备材料之外，它们还有许多超乎我们想象的"本领"，如它们能跳过高度近 60 cm 的障碍物，从 15 m 高空掉下来也不会摔死，在水下还能潜行

800多米远，而且攀爬水管电线的平衡技巧一点也不输于某些灵长类动物。所以我们有必要对一些外墙上穿墙的线盒管道所留下的孔洞给予正确的密封处理，也就是要确保孔洞小于1.3 cm×1.3 cm，从而杜绝那些攀爬能力强的鼠从隐蔽路径侵入工厂的内部区域，如图3所示。

图2 通向外围的门的缝隙小于0.6 cm

图3 孔洞和缝隙的封堵

即使有了这样的“铜墙铁壁”，工厂人员仍然有机会看见工厂内部设置的粘鼠板上有鼠被捕获，那这又是怎么回事呢？难道鼠还会“隐身穿墙术”？其实老鼠是会躲藏于货物之中的，接着会被工厂人员携带入库。有一类鼠名叫小家鼠，它们对水的需求不是很明显，即使在无水状态下，只要有食物填饱肚子也能存活数月之久。所以即使在铜墙铁壁之下，人们也不能疏忽大意，应做好原材料的入库翻包检查工作，使鼠无处遁形。

其次，当室外诱饵系统发挥功效，门缝隙、穿墙孔洞能阻挡老鼠且室内粘鼠板维护有效时，我们还要做的就是分析：老鼠为何要跑到工厂来寻找食物呢？是不是工厂有什么好东西吸引着它们过来？

我们都知道老鼠的嗅觉是特别灵敏的，因此，以往老人们都教育我们要把好吃的东西藏好，可别让老鼠闻着给偷了去。是的，工厂正是有了“好东西”吸引着它们，它们才会过来。这样的“好东西”就是垃圾房里暂存的垃圾（见图4），因为里面有餐厨垃圾，有生产后的原料残渣等，你说老鼠它会不喜欢么？

图4 鼠害滋生场所

所以工厂的垃圾房区域需要进行标准化管理以及有效的管控，做好垃圾入袋、每日清运等工作，这样才可以减少该区域对鼠的整体性吸引聚集。

最后，为了防止一些老鼠在厂区周边“安营扎寨”、繁衍后代，还需要对厂房周边环境做整体性提升工作，比如厂房四周应采用硬化的地面，厂区内的绿化草坪等植物应经常进行修剪，减少鼠类的躲藏机会，对厂区内的排水沟、下水道系统添置防鼠网装置等（见图 5）。但由于鼠的适应性极强，各个工厂也存在不同的生产工艺需求，因此整体性防鼠工作还是需要实地勘察评估后方可开展。

图 5　下水道防鼠网

微生物控制类

十大常见致病菌及危险指数

张　倩　上海悦孜企业信息咨询有限公司　安徽质安选食品安全科技有限公司

1　导语

食源性疾病是当今世界上最普遍的公共卫生问题之一，越来越引起各国政府和相关部门的关注。近年来，国内外食源性疾病案例数目明显增多，仅 2016 年一年爆发的食品安全事件中，由微生物因素所导致的事件就有 778 起，发病 12910 人，事件占比最大，发病人数最多。下面我们就对十大最常引起食源性疾病的病原菌进行介绍。

2　十大病原菌

2.1　沙门菌属

沙门菌属（见图 1）为能运动、无芽孢的革兰氏阴性杆菌，属于肠杆菌科。

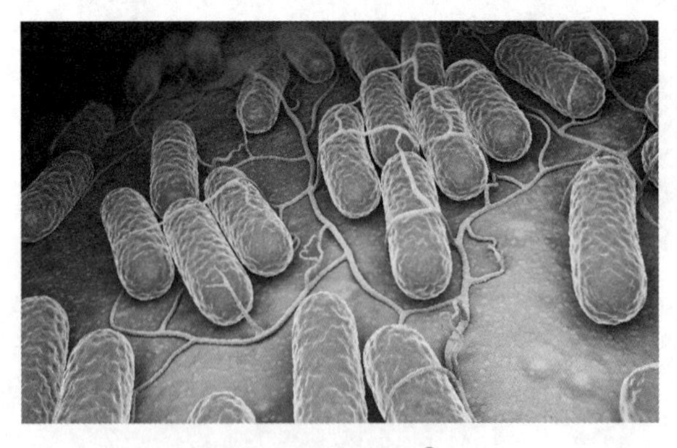

图 1　沙门菌属[①]

① 图片来源于摄图网。

2.1.1 食物来源

据统计，在世界各国的细菌性食物中毒事件中，沙门菌属引起的食物中毒事件数常列榜首，多与动物制品有关，但是生鲜农产品如生鸡蛋及其制品也是主要的来源。

2.1.2 疾病

基于血清型的不同，沙门菌可导致产生两种类型的疾病。

(1) 非伤寒沙门菌感染

该感染病死率通常低于 1%，暴露后 6～72 h 发病，会出现恶心、呕吐、腹痛、腹泻、发热、头痛等症状，经口传播。

(2) 伤寒

病死率可高达 10%，通常 1～3 周发病，可出现高热 39.4～40 ℃；嗜睡；胃肠道症状包括腹痛、腹泻或者便秘；头痛；全身疼痛；食欲下降；有时会出现扁平状玫瑰疹。容易并发败血症。

2.2 副溶血性弧菌

副溶血性弧菌（见图 2）是革兰氏阴性弯曲状弧菌，是一种嗜盐性海洋细菌。

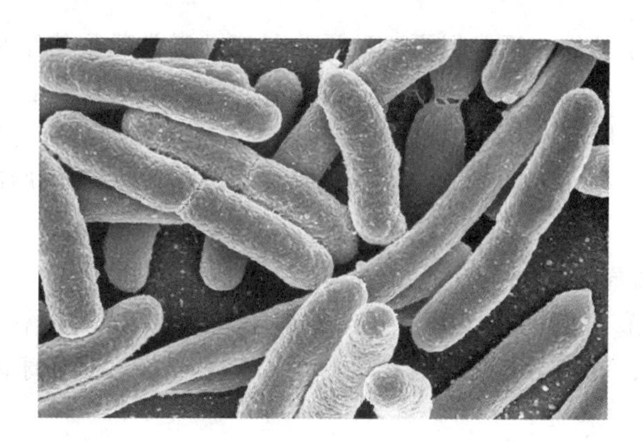

图 2 副溶血性弧菌①

2.2.1 食物来源

通常与食用生的或未烧熟的牡蛎、鲫鱼、墨鱼、章鱼、龙虾、虾、蟹和蛤蜊等有关。

2.2.2 疾病

感染引发胃肠炎病例的病死率约为 2%，败血症病例病死率为 20%～30%。摄入病原体后平均为 17 h 发病，症状有腹泻、腹痛、恶心、呕吐、发热和血便。该病的平均持续时间是 2～6 天。

2.3 蜡样芽孢杆菌

蜡样芽孢杆菌（见图 3）是革兰氏阳性、兼性厌氧、可形成内芽孢的杆菌。

① 图片来源于视觉中国。

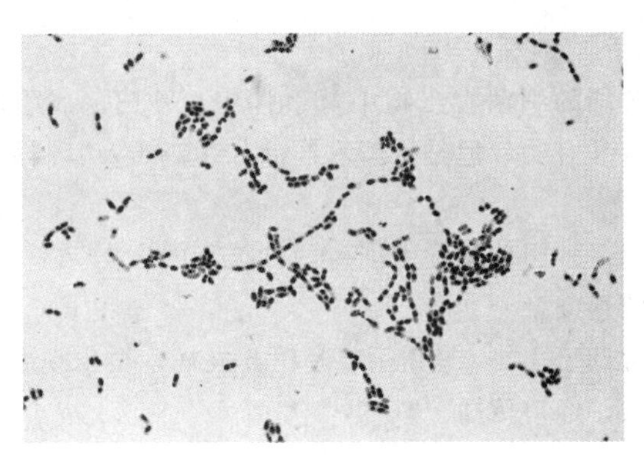

图 3 蜡样芽孢杆菌①

2.3.1 食物来源

分为腹泻型和呕吐型两种病症，夏季于室温保存下的米饭类食物最容易受到污染，导致人体发生呕吐型食物中毒症状。其他食物包括肉类、牛奶、蔬菜和鱼，都与腹泻型食物中毒有关。其他淀粉类食物，如土豆、面食和奶酪产品也与之有关联。

2.3.2 疾病

发病有明显的季节性，通常以夏、秋季为最高。感染后虽然罕见死亡病例，但由致病菌分泌的肠毒素会引发食源性疾病，可能导致人肝衰竭或死亡。腹泻型病症在食入污染的食物 6～15 h 后发病，出现水样泻、腹部痉挛和疼痛症状。呕吐型病症在人体食入污染的食物 0.5～6 h 后发病，以恶心和呕吐为主要症状。症状通常在发病 24 h 后消失。

2.4 金黄色葡萄球菌

金黄色葡萄球菌（见图 4）为革兰氏阳性小球菌，无动力，过氧化氢酶呈阳性，在显微镜下可见成对、短链或串成葡萄状聚集在一起。金黄色葡萄球菌是人类化脓感染中最常见的病原菌。

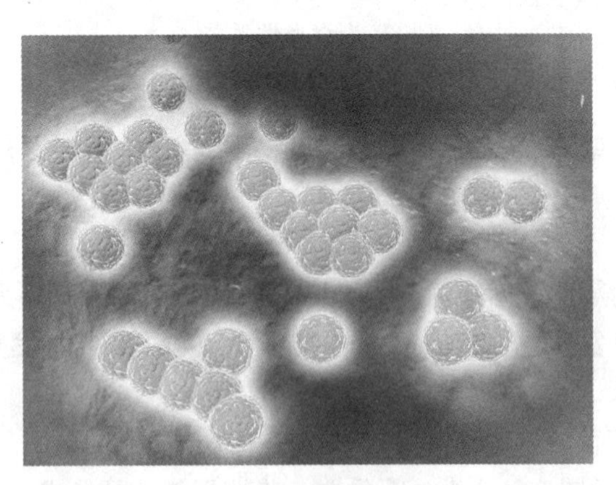

图 4 金黄色葡萄球菌②

① 图片来源于视觉中国。

② 图片来源于视觉中国。

2.4.1　食物来源

金黄色葡萄球菌食物中毒案例中最常见的可疑食物包括肉类及其制品，该菌有“嗜肉菌”的别称。家禽和蛋制品、沙拉、烘焙食品、奶油馅饼和夹心馅料以及牛奶和奶制品都是常见的感染源。

2.4.2　疾病

虽然由金黄色葡萄球菌食物中毒引起的死亡案例不常见，但是患者通常会迅速出现症状（1～7 h），许多病例发病急，肠毒素可迅速引起人体产生恶心、腹部绞痛、呕吐和腹泻等症状。更严重时人体可发生脱水、头痛、肌肉抽搐以及血压和脉搏的短暂变化等情况。

2.5　空肠弯曲菌

空肠弯曲菌（见图 5）为革兰氏阴性杆菌，呈弯曲状或 S 形，无芽孢。许多菌株可有动力，这与鞭毛有关，为微需氧菌。感染空肠弯曲菌被认为是导致人体患细菌性腹泻的主要原因。

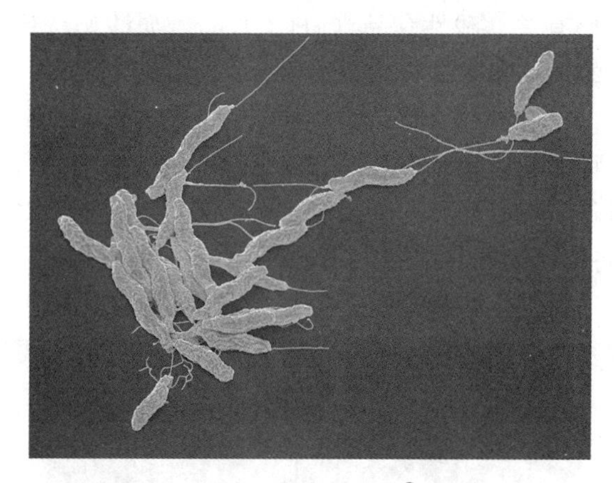

图 5　空肠弯曲菌①

2.5.1　食物来源

细菌来源包括未经适当处理或未烧熟的禽类产品，未经巴氏消毒的牛奶及其制成的奶酪，以及受污染的水，其中禽类产品具有重大风险，其还在很多其他食物（如蔬菜、海产品以及非食物性动物）中被发现。

2.5.2　疾病

从暴露到出现症状，空肠弯曲菌在人体内的潜伏期通常为 2～5 天。发热、腹泻、腹部痉挛和呕吐是主要症状。可出现水样泻或黏液便，其他症状包括腹痛、恶心、头痛和肌痛。疾病通常持续 2～10 天，经口传播是最主要的传播途径。

2.6　肠出血性大肠埃希氏菌 O157：H7

分泌志贺毒素的产毒性大肠埃希氏菌（见图 6）是革兰氏阴性杆菌。血清型 O157：H7 细菌是肠出血性大肠埃希氏菌株的原型。

① 图片来源于视觉中国。

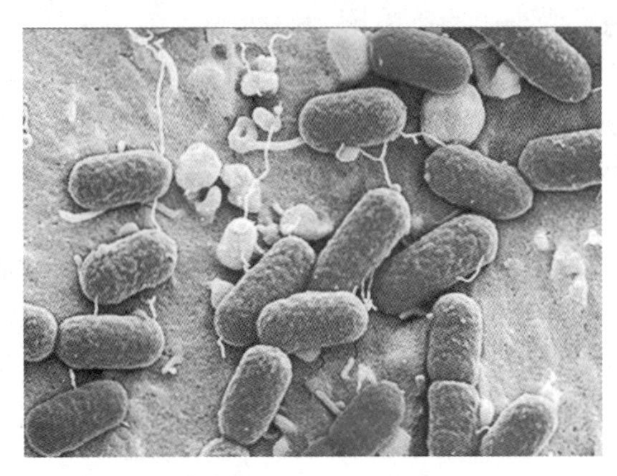

图 6 肠出血性大肠埃希氏菌 O157：H7

2.6.1 食物来源

生的或未烧熟的牛肉和牛肉制品往往是传播 O157：H7 最常见的媒介。早期的传播也与人体饮用生牛奶有关。酸性食品（pH<4.6），如酸奶、蛋黄酱、发酵的香肠、奶酪和未经巴氏消毒的果汁都可引起感染。

2.6.2 疾病

出血性结肠炎的特征是患者产生严重的痉挛性疼痛（腹痛）、恶心或呕吐症状。腹泻在初期为水样，但随后就变为大量血性便。症状平均持续 8 天左右。

2.7 单增李斯特菌

单增李斯特菌（见图 7）为革兰氏阳性杆菌，兼性需氧，可通过鞭毛运动。适应性强，能耐受盐环境和寒冷温度，是冷藏食品中威胁人类健康的主要病原菌之一。

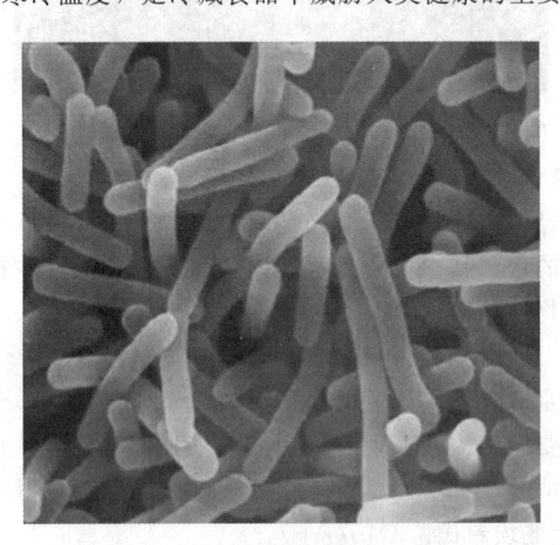

图 7 单增李斯特菌

2.7.1 食物来源

很多食物会携带单增李斯特菌，包括生牛奶、未完全经巴氏消毒的牛奶、巧克力、奶酪、冰激凌、生蔬菜、家禽和肉类、香肠、热狗和熟食肉类、生鱼和熏制的鱼、其他海产品等。

2.7.2 疾病

单增李斯特菌严重感染类型的平均病死率为15%～30%。围生期和新生儿感染后的死亡率高达80%以上。由单增李斯特菌引起的胃肠炎的潜伏期相对较短，可从数小时到2～3天。一些人可出现发热、肌肉疼痛、恶心、呕吐症状，有时可出现腹泻症状。如果发生更为严重的感染类型，可扩散到神经系统，症状包括头痛、颈项强直、意识障碍、平衡失调和惊厥。单增李斯特菌经口传播。

2.8 克罗诺杆菌属

克罗诺杆菌属（见图8）为革兰氏阴性致病菌，呈杆状，能运动，无芽孢。

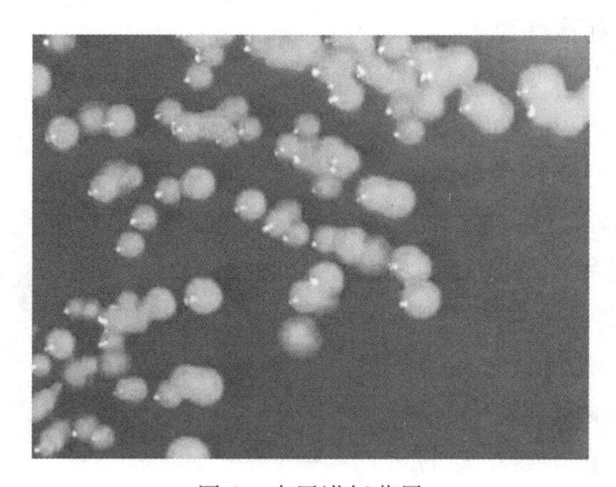

图8 克罗诺杆菌属

2.8.1 食物来源

婴儿感染克罗诺杆菌与饮用被污染的婴儿配方奶粉有关，婴儿配方奶粉并非无菌，其所含的营养成分在加水后为克罗诺杆菌的生长提供了良好的环境。

2.8.2 疾病

克罗诺杆菌通常可导致很高的病死率，尤其是对新生儿，从10%到80%不等。6月龄以上婴儿发病罕见。婴儿感染后主要症状为喂养反应差，易激惹，呼吸有呼噜声，体温不稳定，抽搐，引发黄疸、脑脓肿、脑积水，发育迟缓。

2.9 志贺菌属

志贺菌属（见图9）为革兰氏阴性杆菌，无动力，不形成芽孢。

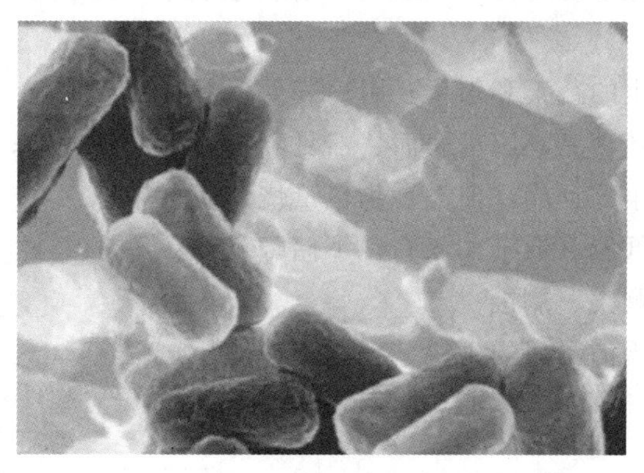

图9 志贺菌属

2.9.1 食物来源

大部分的志贺菌病是由摄入被粪便污染的食物或水引起的。污染食物的最主要原因是食品加工者的不良卫生习惯。该菌通常可通过生食传播。沙拉、牛奶和奶制品以及家禽也会携带、传播志贺菌属。

2.9.2 疾病

在健康人群中，志贺菌病通常为自限性。主要症状有腹痛、痉挛、腹泻、发热、呕吐、黏液脓血便、里急后重。无并发症的情况下一般 5～7 天内可恢复。粪口途径是人与人之间传播志贺菌属的主要方式。

2.10 肉毒梭状芽孢杆菌

肉毒梭状芽孢杆菌（见图 10）是一种厌氧革兰氏阳性杆菌，可形成芽孢，能产生毒力较强的神经毒素。

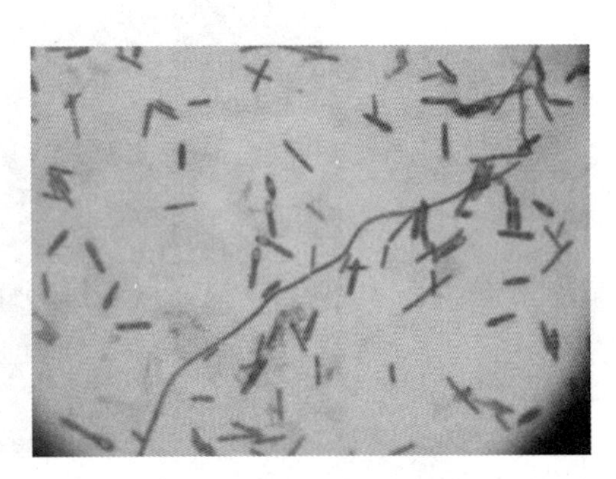

图 10 肉毒梭状芽孢杆菌

2.10.1 食物来源

广泛存在于自然界，特别是土壤中，所以极易污染食品。各种食物，如罐装玉米、芦笋、火腿、香肠、烟熏鱼等，都与肉毒杆菌毒素有关。蜂蜜是引起婴儿肉毒杆菌毒素中毒的重要食物来源，因此不应给 12 月龄以下婴儿喂食蜂蜜。

2.10.2 疾病

肉毒杆菌毒素中毒症状十分严重，甚至会致人死亡，这由肉毒梭状芽孢杆菌在生长过程中产生的毒性很强的神经毒素引起。感染后可导致人体肌肉弛缓性麻痹，包括呼吸肌麻痹。如不采取干预措施，患者就会死于窒息。

3 预防控制

除个别菌易感特定人群外，正常健康人群对上述大多数菌也都易感，而以老人、儿童、免疫系统功能低下者尤为突出。为了保障食品安全，保护生命健康，消费者在日常生活中应做到：

（1）用清水清洗生的蔬菜和水果、厨房表面、餐具和双手；

（2）将生食品与熟食品、厨房表面、器具和餐具等分开放置；

（3）按要求烹饪生的食品，肉类食物尽量烧熟后食用；

（4）按照要求在低温（低于 4.4 ℃）下储藏食物；

（5）尽量不食用剩菜、剩饭；

（6）只饮用经巴氏消毒后的牛奶；

（7）便后洗手。

微生物的生长影响因素

姚立霞　上海悦孜企业信息咨询有限公司
安徽质安选食品安全科技有限公司

据统计，全世界每年因微生物污染、腐败而损失的各类食品占食品总量的 10%～20%，我国每年发生的细菌性食物中毒事件占食物中毒事件总数的 30%～90%。我国相关企业在每年出口食品时遭遇的国外技术性贸易壁垒中，微生物超标案例也占据了较大的比例。因此，做好食品中的微生物控制，对于减少经济损失、保证食品安全及促进对外贸易发展均具有重要的意义。

要想控制微生物的污染，我们需要先了解微生物的生长和生存特点。食品微生物的生长繁殖是微生物与外界环境因素共同作用后的结果，在适宜的环境条件下，微生物可以快速生长繁殖；当适宜的环境条件发生改变时，可引起微生物形态、生理、生长、繁殖等特征的变化，从而抑制微生物的生长。当环境条件的变化超过一定极限，则会导致食品中微生物的死亡。一般来说，微生物的生长影响因素主要包括以下几个方面。

1　温度

温度是影响有机体的存活与生长的最重要因子之一。按照微生物的最适生长温度可以将它们分为嗜冷型、嗜温型和嗜热型三大类。其中，嗜温型微生物所占比例最大，其最适温度一般在 25～43 ℃之间，它们也是引起绝大多数食品腐败变质的罪魁祸首。在一般情况下，温度每升高 10 ℃，微生物生化反应速率增加一倍。温度对微生物的影响主要表现在低于最适温度时，微生物的生理代谢活动受抑制，食品微生物将休眠，但不会死亡。随温度的升高，微生物生长速度逐渐升高，而高于最适温度时，生长速度随温度的升高而降低，直至超过耐受温度后彻底失活死亡。

一般来说，5～60 ℃是微生物的敏感温度，大部分的微生物可以在这个温度范围内正常生长繁殖。所以正确的食品保存温度在 5 ℃以下和 60 ℃以上。常见微生物生存温度如图 1 所示。

2　水分活度

水分活度 A_w 对微生物细胞内其他化学反应和微生物的生长繁殖具有重要的影响。因此，作为一项关键因素，食品中的水分活度和环境相对湿度对微生物生长的重要作

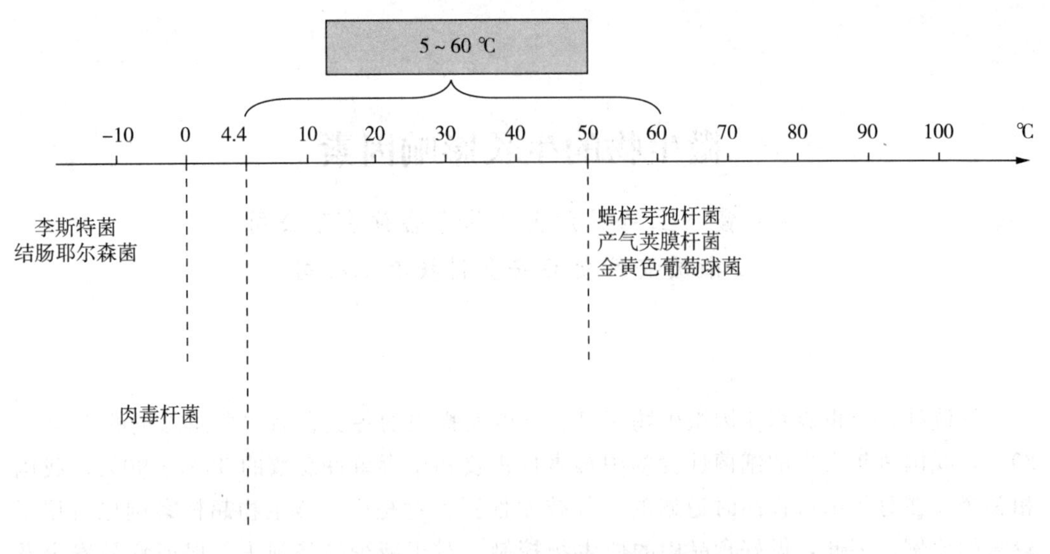

图 1　常见微生物生存温度

用不言而喻。此处，水分活度 A_w 指食品水分达到平衡状态时的值，自由水的含量和水分含量是两个概念，水分活度用以预测食品稳定性和微生物繁殖的可能性。通常，当食品中 A_w 低于 0.5 时，微生物是无法繁殖的；当食品中 A_w 为 0.95～1.00 时，食品中的常见微生物将迅速繁殖，导致食品的腐败变质。在日常生活中也常用烘干、晒干和熏干等方法来降低水分活度，保存食物。不同食品的水分活度和部分微生物的耐受度如图 2 所示。

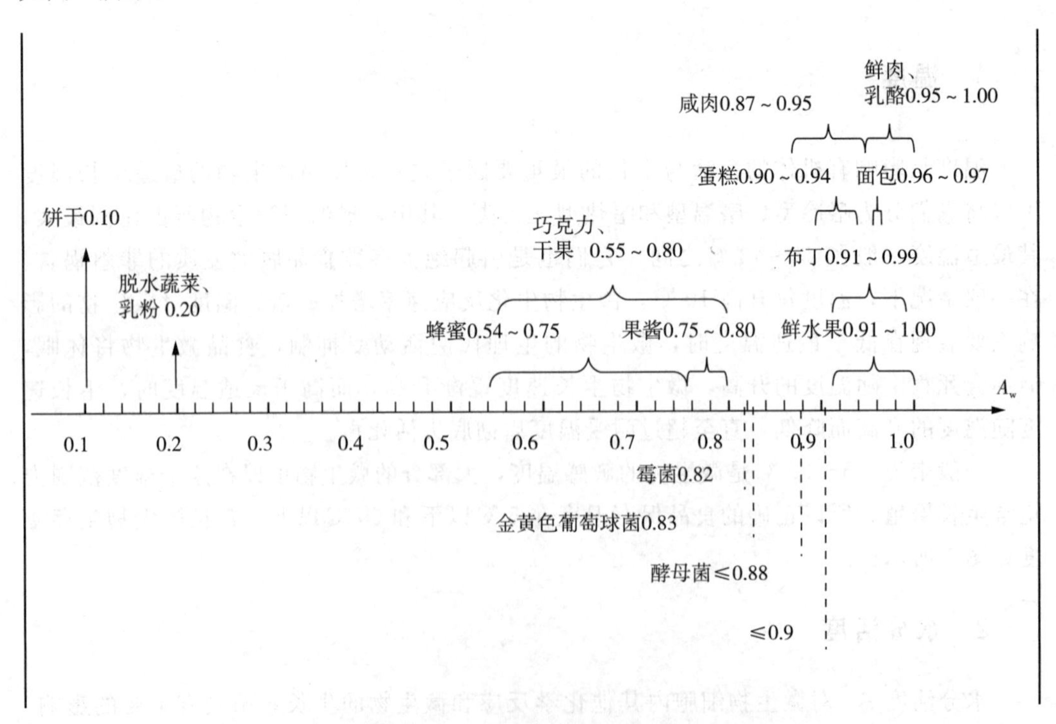

图 2　不同食品的水分活度和部分微生物的耐受度

3 pH

食品微生物中多数细菌的 pH 为 6.5～7.5，pH 适应范围为 4～10；霉菌和酵母菌可在酸性或偏碱性环境中生活，食品微生物在基质中生长，代谢作用改变了基质中氢离子浓度。随着环境 pH 的不断变化，食品微生物生长受阻，当超过最低或最高 pH 时，将引起食品微生物的死亡。不同的食品本身的 pH 不同，图 3 表示常见食品的 pH 范围和部分微生物的耐受度，通常来说 pH 范围在 4.5～9.5 之间为食品微生物的敏感区。

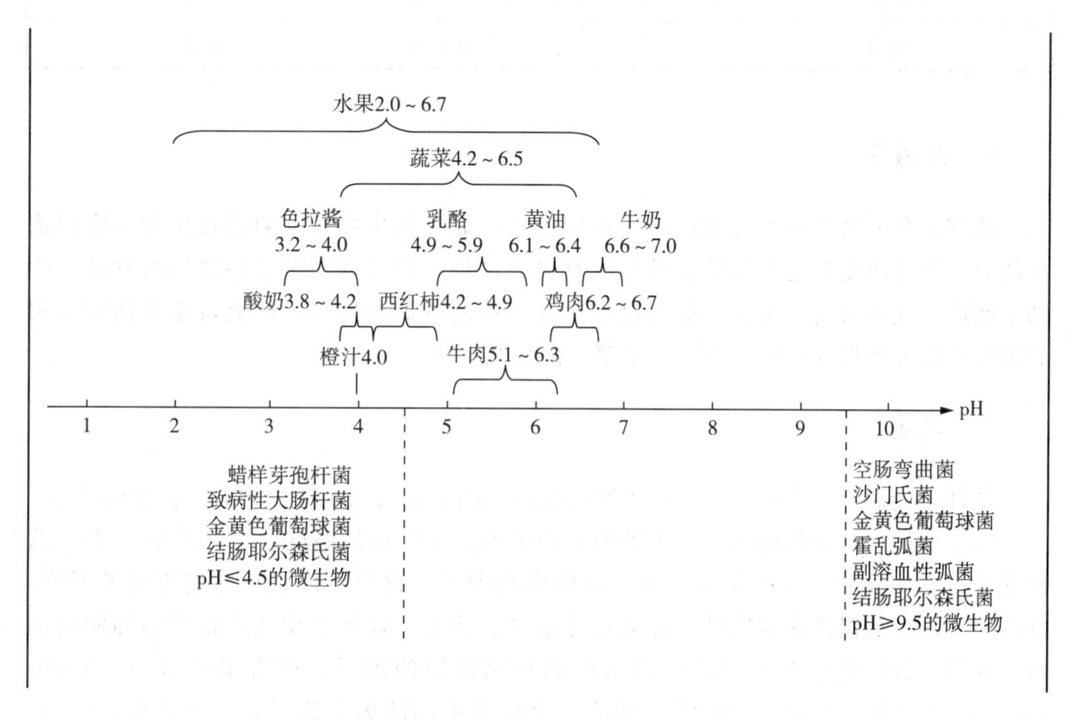

图 3 常见食品的 pH 范围和部分微生物的耐受度

4 营养成分

微生物像任何其他生物一样，在其生命过程中需要食物。尽管食品种类繁多、成分千差万别，但对于微生物来说，食品一般都有着较为丰富的营养成分，可以提供其生长繁殖所必需的碳源、氮源、无机盐、生长因子和水等关键要素。

5 气体成分

气体成分，尤其是微生物所处环境中的氧气和二氧化碳的含量也会影响微生物的生长。氧气是好氧微生物进行呼吸作用的必备条件，缺氧或低氧条件对好氧菌表现出生长抑制作用，抑制具有可逆性，一旦气体成分恢复常态，受抑制的好氧菌就会迅速恢复生命活动。我们日常所见的气调包装、真空包装、贴体包装、气体吸收剂、释放剂的包装等都是为了控制气体成分达到保存食品的目的。常见的氧气与微生物的关系见表1所列。

表1　氧气与微生物的关系

微生物类型	与氧气的关系	代谢类型
专性好氧	必须有氧气	好氧呼吸
微好氧	有氧气，含量低	好氧呼吸
兼性	可有可无	好氧呼吸或发酵
专性厌氧	氧气会产生毒害或致死作用	无氧呼吸
耐氧	可在氧气下存活，不用氧气	发酵

6　渗透压

适宜于食品微生物生长的渗透压范围较广，而且微生物往往对渗透压有一定的适应能力。突然改变渗透压会使食品微生物失去活性，但若逐渐改变渗透压时食品微生物常能适应这种改变。由于一般食品微生物不能耐受高渗透压，因此日常生活中常用高浓度的盐或糖保存食物，如腌渍蔬菜、肉类及蜜饯等。

7　其他

此外，光照、氧化还原电位、生物性结构等因素也会影响微生物的生长繁殖状态。

综上所述，微生物的生长受多种因素的影响，主要包括温度、水分活度、pH、营养成分、气体成分、渗透压等。基于这些影响因子，我们可以进行防腐方法的开发，如高温处理、低温冷藏或冻结、降低水分活性、酸化、降低氧化还原值和添加防腐剂等。通常，我们把存在于食品中的这些起控制作用的因子，称为栅栏因子（hurdle factor)。在实际生产中，可科学合理的组合运用不同的栅栏因子，发挥其协同作用，从不同的角度抑制引起食品腐败的微生物生长，形成对微生物的多靶攻击，从而改善食品质量，保证食品卫生安全。

食品加工过程中的微生物监控

张　倩　上海悦孜企业信息咨询有限公司
安徽质安选食品安全科技有限公司

1　法规要求

食品加工过程中的微生物监控是确保食品安全的重要手段，是验证或评估目标微生物控制程序的有效性、确保整个食品质量和安全体系持续改进的工具。

根据 GB 14881—2013《食品安全国家标准 食品生产通用卫生规范》中“附录 A 食品加工过程的微生物监控程序指南”的定义，食品加工过程中的微生物监控主要包括环境的微生物监控和过程产品的微生物监控。环境的微生物监控主要用于评判加工过程的卫生控制状况以及找出可能存在的污染源。通常环境监控的对象包括食品接触表面、与食品或食品接触表面邻近的接触表面以及环境空气。

2　加工过程中微生物的来源

工作环境中随时随地都存在微生物，需要进行监测和控制的微生物主要有两类：引起食品变质的微生物；食源性病原微生物，包括能引起人们食物中毒和使人、动植物感染而患传染病的病原微生物。而引发微生物污染的途径有很多，概括起来主要有以下几个方面。

2.1　人员因素

(1) 工作人员手部清洁不到位，手套、工作服等防护用品的清洗、消毒、更换不及时等都有可能导致微生物的污染；

(2) 工作人员未定岗，随意进出车间，尤其是从生区到熟区，非常容易带入非洁净区的微生物及粉尘，造成隐患；

(3) 工作过程中工作人员违反卫生管理制度，卫生习惯差，如不按规定佩戴口罩遮住口鼻，在包装间内没按规定穿连体衣，直接对着空气打喷嚏等。

2.2　设备设施因素

(1) 生产设备上、工器具上留有食品残渣；

(2) 风扇、干手机、抽湿机、空调等出风口，容易堆积灰尘及细菌、霉菌孢子，尤其是在停产后重新生产时及潮湿天气环境下。

2.3　生产环境因素

（1）空气中存在较多微生物，包括霉菌孢子、细菌等，这些微生物会沉降在食品表面或人员身上，直接或间接造成污染；

（2）下水道、脚踏池、水槽、水桶、水管、自来水水龙头、自来水管、不清洁的地板等高湿度水环境部位由于长期贮水，极易滋生微生物，其随车间内的气流四处飘散或附着于人员身上而进行散布。

3　环境微生物监控的设置

GB 14881—2013《食品安全国家标准 食品生产通用卫生规范》中附录A给出了关于监控环境微生物的指导建议，见表1所列。

表1　食品加工过程微生物监控示例①

监控项目		建议取样点	建议监控微生物	建议监控频率	建议监控指标限值
环境中的微生物监控	食品接触表面	食品加工人员的手部、工作服、手套传送皮带、工器具及其他直接接触食品的设备表面	菌落总数、大肠菌群等	验证清洁效果应在清洁消毒之后，其他可每周、每两周或每月进行一次	结合生产实际情况确定监控指标限值
	与食品或食品接触表面邻近的接触表面	设备外表面、支架表面、控制面板、零件车等接触表面	菌落总数、大肠菌群等卫生状况指示微生物，必要时监控致病菌	每两周或每月	结合生产实际情况确定监控指标限值
	加工区域内的环境空气	靠近裸露产品的位置	菌落总数、酵母霉菌等	每周、每两周或每月	结合生产实际情况确定监控指标限值

3.1　指示菌

指示菌是指在常规产品检测中，用以指示检验样品卫生状况的指示性微生物。从表1可以看出，大部分的监控微生物以菌落总数、大肠菌群、霉菌、酵母菌等微生物指示菌为主。主要以指示菌在检品中存在与否以及数量多少为依据，对照国家卫生标准，对检品的加工卫生状况做出评价。

指示菌可分为三种类型：

① 选自GB 14881—2013《食品安全国家标准 食品生产通用卫生规范》表A.1部分内容。

（1）评价被检样品总体卫生质量的指示菌，最常用的是菌落总数。

（2）粪便污染的指示菌。主要指大肠菌群、大肠杆菌，还有肠杆菌科细菌、粪大肠菌群、肠球菌等。它标志着检品可能受到过人、畜粪便的污染，而且有肠道病原微生物存在的可能性。

（3）其他指示菌。包括霉菌和酵母菌数，某些特定环境不能检出的菌类，如特定菌、某些致病菌或其他指示性微生物。

3.2 表面采样方法

在最新的 ISO 18593：2018《食品链的微生物学 表面取样的水平方法》中，详细介绍了表面取样的要求，以下列出一些要点供参考。

3.2.1 取样材料

接触皿、拭子、海绵、布。

3.2.2 取样地点

取样点可以分为三级：第一级区域包括生产线的产品直接暴露位置及其邻近区域，或其他裸露食品的直接接触面；第二级区域指与第一级区域邻近，但不靠近暴露的产品或不会直接影响产品的区域；第三级区域是指远离生产线和产品暴露位置的区域，该区域无须常规监控。标准中罗列了潜在的采样位置，企业可以根据自身情况选取采样点。

3.2.3 取样面积

（1）定性：应足够大，1000～3000 cm^2；

（2）计数：面积不要太大，例如小于或等于 100 cm^2（接触皿是用于计数的）。

3.2.4 取样方法

接触皿取样法只适用于平面，其他取样法适合任何表面。对于难以做到的小面积采样（$S \leq 100$ cm^2），应使用无菌拭子；对于大面积采样（$S > 100$ cm^2），应使用无菌的布和海绵。

我们也可以参考 SN/T 4426—2016《出口食品加工卫生表面取样技术方法》。它规定了对于食品工业环境（和食品加工车间）的表面取样技术方法。

3.3 空气采样方法

进行空气采样时，我们可以参照 GB/T 18204.3—2013《公共场所卫生检验方法 第 3 部分：空气微生物》中的操作方法进行。

3.4 监控指标的设置

对于监控指标，大部分食品生产卫生规范中并未明确规定说明具体指标，GB 14881—2013《食品安全国家标准 食品生产通用卫生规范》中也只是要求结合生产实际情况确定监控指标限值。表 2～表 3 是考察了 30 多个国家的食品生产及卫生规范后，将其中明确给出的环境监控指标设定值进行的汇总。

3.4.1 接触面

表 2 接触面微生物监控指标

标准名称	监控项目	取样点	微生物	频率	限定指标
GB 21710—2016《食品安全国家标准 蛋与蛋制品生产卫生规范》	直接接触食品的表面	蛋液运输管道、破壳机表面等	沙门氏菌	每 3 个月	不得检出
GB 17403—2016《食品安全国家标准 糖果巧克力生产卫生规范》	食品接触表面	食品加工人员的手部及其他直接接触产品的设备或设施表面	菌落总数、肠杆菌科或大肠菌群等	验证清洁效果应在清洁消毒之后，其他可每周、每两周或每月	菌落总数≤100 cfu/g（mL）；肠杆菌科或大肠菌群<10 cfu/g（mL）
	临近食品接触表面	设备外表面等接触表面	菌落总数等卫生状况指示、微生物、沙门氏菌	每周、每两周或每月	菌落总数≤1000 cfu/g（mL）；沙门氏菌不得检出
	非食品接触表面	清洁地面的清洁工具，地沟，地面等	沙门氏菌	每周、每两周或每月	不得检出
GB 15979—2002《一次性使用卫生用品卫生标准》	工作台表面	工作台表面	细菌菌落总数	定期监控	≤20 cfu/cm^2
	工人手表面	工人手表面	细菌菌落总数	定期监控	≤300 cfu/只手，并不得检出致病菌

3.4.2 空气

表 3 空气微生物监控指标

标准名称	监控项目	取样点	微生物	频率	限定指标
GB 12695—2016《食品安全国家标准 饮料生产卫生规范》	加工区域内的环境空气	清洁作业区	沉降菌（静态）	每周、每两周或每月	≤10 个/（φ90 mm · 0.5 h）
GB 17403—2016《食品安全国家标准 糖果巧克力生产卫生规范》	加工区域内的环境空气	靠近裸露产品的位置	菌落总数、酵母霉菌等	每周、每两周或每月	菌落总数≤50 cfu/g（mL）；酵母霉菌≤15 cfu/g（mL）
GB 12693—2010《食品安全国家标准 乳制品良好生产规范》	清洁作业区空气	清洁作业区	菌落总数	定期监控 按 GB/T 18204 中的自然沉降法测定	≤30 cfu/皿
GB 23790—2010《食品安全国家标准 粉状婴幼儿配方食品良好生产规范》	清洁作业区空气	清洁作业区	菌落总数	定期监控 按 GB/T 18204 中的自然沉降法测定	≤ 30 cfu/皿
	准清洁作业区空气	准清洁作业区	菌落总数	定期监控 按 GB/T 18204 中的自然沉降法测定	≤ 50 cfu/皿
GB 15979—2002《一次性使用卫生用品卫生标准》	装配与包装车间空气	装配与包装车间	细菌菌落总数	—	≤2500 cfu/m^3

此外GB 23790—2010《食品安全国家标准 粉状婴幼儿配方食品良好生产规范》在附录A（规范性附录）中，还给出了粉状婴幼儿配方食品清洁作业区沙门氏菌、阪崎肠杆菌和其他肠杆菌的环境监控指南。需要了解的朋友可以查阅相关标准。

4 总结

以上汇总收集到的数据，由于行业和产品的不同，数值结果也不尽相同。企业在实际应用的过程中，还应该结合自身产品的微生物要求来设定环境监控指标。

紫外杀菌原理及应用

张　倩　上海悦孜企业信息咨询有限公司
安徽质安选食品安全科技有限公司

20 世纪 70 年代开始，紫外杀菌技术逐步应用于污水处理、工业消毒等领域。紫外杀菌技术具有杀菌效率高、不产生有毒害的副产物、系统运行安全、设备维修简单、投资及运行维修费用低等特点。紫外杀菌属于纯物理消毒方法，无二次污染。在食品工业中，紫外杀菌也普遍应用于空气、包装材料、食品接触面等。然而，紫外杀菌也有很大的局限性，本文就将给大家详细介绍紫外杀菌的原理、应用和常见的紫外杀菌工具。

1　认识紫外线

紫外线光谱图如图 1 所示。波长在 100～400 nm 的电磁辐射称为紫外辐射或紫外线（UV）。从实际应用的角度可分为 4 种：

（1）真空紫外线（UVD）；

（2）短波灭菌紫外线（UVC）；

（3）中波红斑效应紫外线（UVB）；

（4）长波黑斑效应紫外线（UVA）。

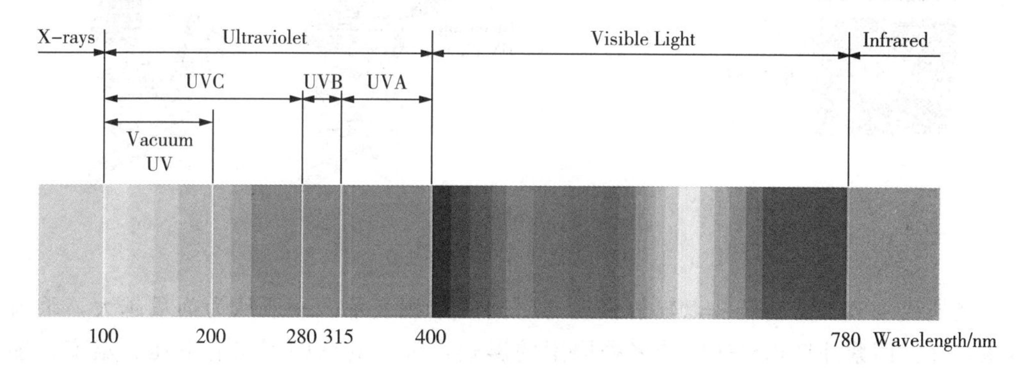

图 1　紫外线光谱图

太阳辐射的紫外线通过地球大气层时，UVC 完全被臭氧层吸收，UVB 也有很大的衰减，UVA 几乎不受影响，所以环境中的紫外线波长在 290～400 nm，工业应用的紫外线波长在 240～280 nm 范围。其中，波长为 254 nm 的紫外线很容易被生物吸收（严格来说为 253.7 nm），杀菌效果最好。而 185 nm 的紫外线与空气作用后可产生有强氧化作用的臭氧，也能有效杀灭细菌。

2 紫外杀菌的原理

紫外线具有杀菌消毒作用主要是因为紫外辐射对微生物的核酸产生了光化学危害，当微生物被紫外线照射时，细胞中核酸的生物活性因吸收了紫外线而被改变，从而引起菌体内蛋白质和酶的合成障碍，导致微生物结构发生变异，使微生物死亡。研究表明，紫外线能有效杀灭水中常见细菌、病菌、霉菌、孢子甚至是原生动物。在食品工业中，主要用于生产用水、固体表面、包装材料、食品加工车间、设备器具、工作台的杀菌及污水的处理，但对霉菌和细菌芽孢的杀灭效果较差，常需配合消毒方式来加强杀菌效果。紫外杀菌原理如图 2 所示。

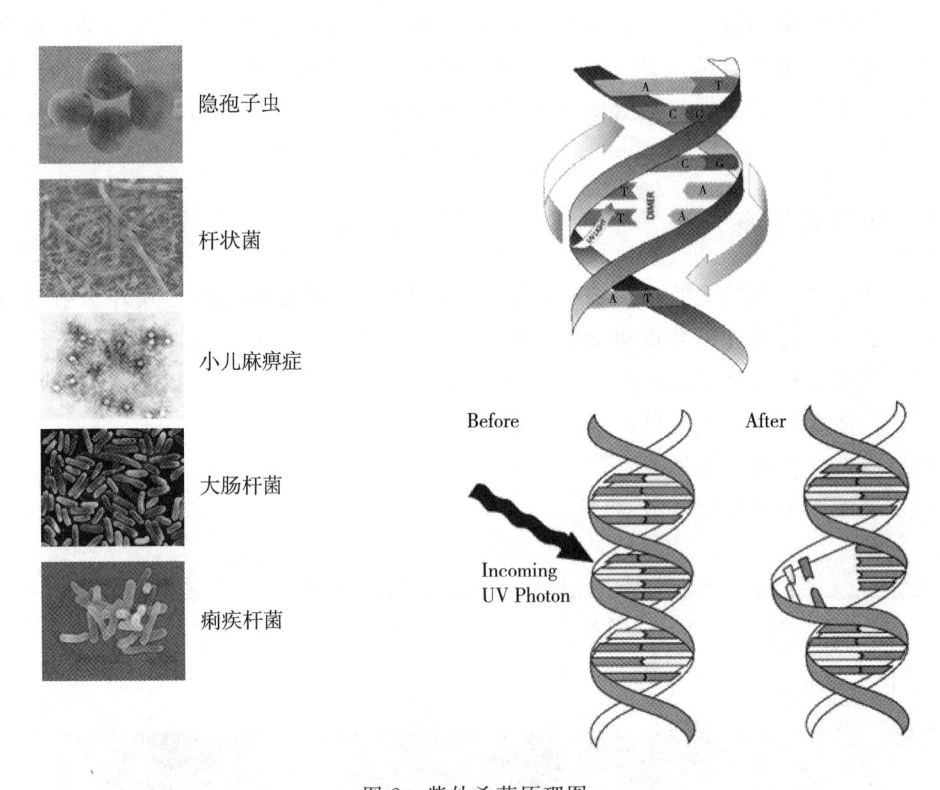

图 2 紫外杀菌原理图

紫外线杀菌所需剂量多以辐射强度与时间的乘积表示。一般认为剂量越大，杀菌效果越好。而紫外灯辐射强度受多种因素的影响，常见的影响因素有电压、温度、湿度以及紫外灯与受照物之间的距离等。

3 紫外杀菌技术在食品工业中的应用

在食品工业中，紫外杀菌技术主要用于三个领域：表面杀菌、空气杀菌和液体杀菌。

3.1 表面杀菌

紫外线常用于包装材料（容器、包装纸或瓶盖）的消毒：在包装材料运输通道上用适宜的紫外灯照射可起到杀菌作用。紫外消毒要求材料表面干净无垢，否则这些脏物会吸收紫外线而对微生物起到保护作用。

3.2 空气杀菌

在食品加工中处理易被微生物污染的物料时，建议对工作场所的空气进行处理：层流空气通过过滤器除去粒径大于 0.1 μm 的粒子，然后用紫外线辐射杀灭残存的活的微生物。

3.3 液体杀菌

用紫外线处理法是杀灭水中大部分微生物和减少环境污染的有效方法之一。已被用于饮用水、污水和游泳池水的消毒处理，紫外线和臭氧联合使用有非常强的氧化作用，可将水中的有机物含量降到极低的水平。

4 常见的紫外杀菌工具——紫外灯

4.1 安装

紫外线的强度随着光源距离的增大而降低，彼时穿透能力很弱，所以必须靠近被处理的物质。因此，紫外线对于大面积的开放区域中的空气消毒是无效的，它只适用于局部或区域消毒。紫外线杀菌效果与照射时间和距离有关，时间长而距离近者效果好。一般工作人员的身高大多在 1.8 m 以下，紫外灯的安装距离应该离地面 1.8～2 m，以略高于工作人员的头顶为较好。

目前，由杀菌率来精确计算生产车间所需的紫外线灯数还比较困难，因为涉及房间的换气次数，生产车间的高度，地面材料、墙壁房顶的反射效率，以及车间的工作人员数量等，一般生产车间内紫外灯照射强度不低于 70 $\mu W/cm^2$，为了确保灯管有足够的数量，根据目前的经验，一般可以每 7～10 m^2 安装一支 30 W 的杀菌灯。

4.2 使用

根据习惯，车间的紫外灯是在上班前提前半小时到一小时或下班后由值班人员打开的，上班时工作人员应在关闭紫外灯的情况下洗手、更衣后进入车间，如果光线不足时，可开启日光灯进行工作。所以，在设计电源时紫外灯和日光灯的开关电路要分开，最好用不同颜色或标识来区分电源开关。现在，不少企业安装的紫外灯开关往往和日光灯的开关在一起，安置在安装有灯管的房间内，而这种电源开关的安置方式是不对的。

4.3 其他注意事项

(1) 紫外灯灯管表面的污垢会影响紫外线的穿透力，从而影响杀菌效果。要保持灯管的清洁，至少每周用 95%的乙醇擦拭 1 次。

(2) 目前国产紫外灯的有效寿命一般为 1000～3000 h，而进口的低压高能灯管使用时间可达 8000～12000 h，中压灯管可达 5000～6000 h。所以，紫外灯的寿命是有限的，因此，必须建立记录和监测制度。

(3) 由于紫外线的穿透能力差，紫外灯不能添加防护装置，可以通过玻璃管控制度进行异物管理。

食品车间霉菌的控制

姚立霞　上海悦孜企业信息咨询有限公司
安徽质安选食品安全科技有限公司

霉菌（见图 1）经常用来测定食品和环境被污染的程度，是评价食品卫生质量必不可少的指标。当食品加工车间的湿度大、温度高、通风不足、厂内设备多时，食品车间被霉菌污染的风险尤为突出。

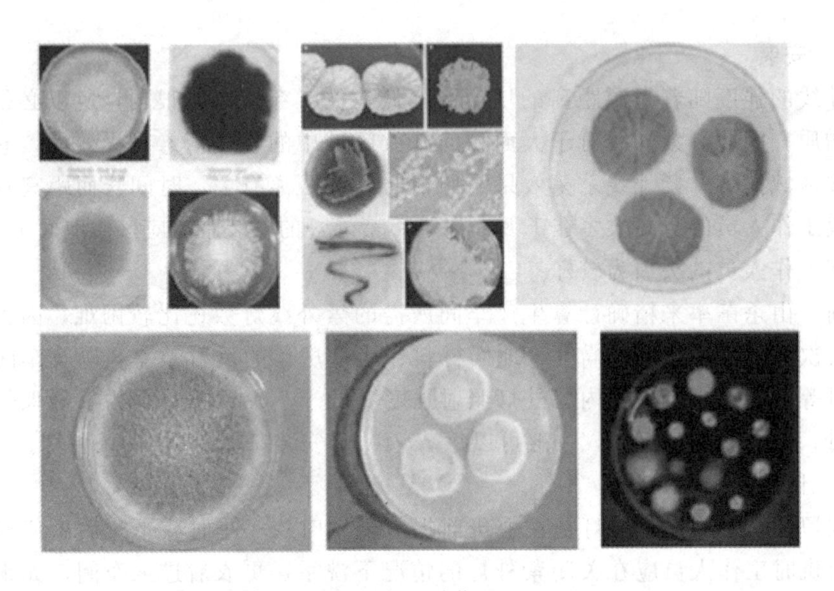

图 1　霉菌

广东省科学院微生物研究所曾对广州市 24 家食品企业车间内霉菌的污染情况进行调查①，采用菌落自然沉降法，结果显示，在 50%的企业车间发现了霉菌，其中 29%的车间污染较为严重，其中空气霉菌数大于 3000 cfu/m³ 的企业有 2 家，其中有 1 家车间空气霉菌数超过 20000 cfu/m³，说明车间内空气霉菌污染非常严重。

由此可见，食品车间的霉菌控制非常重要，本文将系统地介绍霉菌的基本知识、来源、检测和控制方法，希望能帮助食品车间更好地降低霉菌污染的风险。

---

① 欧阳友生，陈仪本，陈娇娣，等．广东食品（饮料）企业车间霉菌污染及优势种群调查［J］．中国卫生检验杂志，2001，11（4）：446－448.

1 霉菌的基本知识

1.1 什么是霉菌

霉菌是丝状真菌的俗称，意即“发霉的真菌”，它们往往能形成分枝繁茂的菌丝体。霉菌在自然界中分布极为广泛，存在于土壤、空气、水和生物体内外。长期以来，人们利用霉菌加工一些味道鲜美的食品，如用霉菌加工干酪和火腿。但在某些情况下，食品由于遭受霉菌的侵染，会发生腐败变质，对食用者造成危害。

1.2 霉菌的危害

食品车间内空气中常见的污染霉菌包括青霉、曲霉、根霉、短梗霉、毛霉、木霉、枝孢霉、交链霉等种类。其主要的危害有：

（1）引起食品变质，表现为食物表面霉变，失去正常的色、香、味，而发出难闻的气味；

（2）有些霉菌（黄曲霉、灰绿曲霉、绿青霉等）还会产生毒素；

（3）引起霉菌感染，霉菌可在人体内生长繁殖，并产生霉菌性肺炎等疾病；

（4）引发人体霉菌过敏症状。

1.3 霉菌滋生的环境

霉菌的传播主要依靠孢子，孢子呈微小粉末状，人的肉眼不易观察到。孢子从霉菌中弹射出来，能长时间悬浮在空气中，一旦环境适宜，孢子即会生长繁殖，于 8 ℃以上环境温度即可生长，当温度在 20～35 ℃，湿度在 75%～95%时，霉菌即可呈爆发性生长。环境中的酸碱度对霉菌的生长繁殖有很大的影响，霉菌适于在偏酸性环境中生活，最适生长 pH 为 3～6。

1.4 霉菌的繁殖

霉菌有着极强的繁殖能力，而且繁殖方式也是多种多样的。虽然霉菌菌丝体上任一片段在适宜条件下都能发展成新个体，但在自然界中，霉菌主要依靠产生形形色色的无性或有性孢子进行繁殖。

2 生产车间霉菌的来源

食品生产车间高温高湿环境、通风系统被污染、水和原材料被引入污染、空气污染、设备和厂房卫生设计不合规、交叉污染等均会为食品车间带来霉菌污染。以下是一家乳制品生产车间进行霉菌污染诊断的思路，该乳制品生产车间的空气落菌检测和产品涂抹实验偶有霉菌检测异常的现象。由图 2 可知，霉菌污染的来源较为复杂，很难确定真正的原因，控制霉菌污染的最好做法是事先进行预防。

3 霉菌的检测

如果要控制霉菌的滋生，首先需要进行霉菌的监测。目前国内对霉菌的检测仍采用菌落直接沉降法。该方法虽然检测结果准确，但程序复杂、检测周期过长。随着科技的发展，越来越多的快速检测方法得到了运用，例如 3M 快速霉菌酵母菌测试片

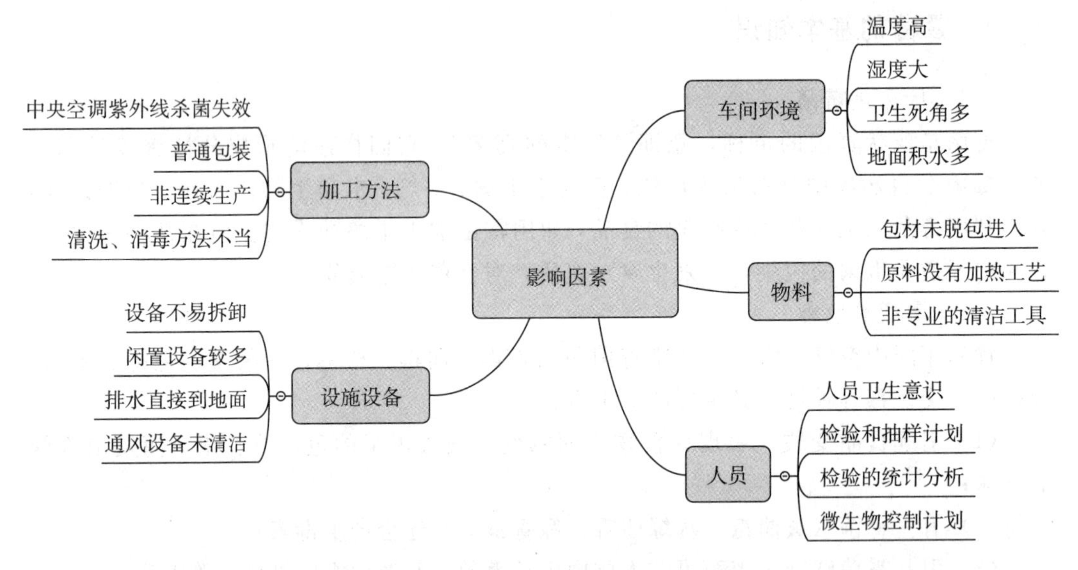

图 2 某酸奶车间环境中霉菌超标的原因分析

6477 比传统的方法能缩短时间（48 h），减少污染环节，操作程序更加简便，该方法已通过了 AOAC（美国分析化学家协会）认证。

4 霉菌的控制

食品车间环境中霉菌污染的防治措施包括：化学处理、温湿度控制、臭氧处理、紫外线照射、卫生管理①。

4.1 化学处理

食用级酒精喷雾消毒是生产食品时防止霉菌污染的常用方法，而对手部的消毒则常使用季铵盐和次氯酸钠。下班后采用臭氧或紫外线对空气消毒，防止空气中滋生的霉菌累加到第二天白天对产品不利。

4.2 温湿度控制

我国《食品卫生通则 GMP》中规定，制造、包装及贮藏等场所应保持通风良好，必要时应装设有效的换气设施，以防止室内温度过高、蒸汽凝结或异味等发生。根据实际需要，温度最好在 24 ℃以下，湿度在 55%以下，因为过高的温湿度会促进霉菌的生长。

4.3 紫外线照射

紫外线很难使霉菌的孢子死亡，必须配合酒精喷雾等方法。紫外线杀菌装置可用来作为环境空气和包装材料等的杀菌装置，紫外灯照射要保证足够的照射量和时间，对所照射的物体表面提前进行清洁作业，紫外灯的设置距离应不大于 4 m。

---

① 兰建丽，粘靖祺，王慧敏．浅谈食品生产环境中霉菌的分析与控制［J］．中国科技信息．2014（10）：169－170.

4.4 洁净空间

为了避免洁净室的设施产生霉菌等污染，其要求应是可制止环境内部产生霉菌污染源；可以阻断霉菌的扩散；当出现霉菌污染时，应可及时去除。

4.5 卫生管理

提高食品工厂管理者与操作人员的卫生意识在预防霉菌污染中发挥着重要作用，可从保持个人卫生、做好清洁消毒管理、保持食品接触面的卫生、进行生产环境卫生管控等方面开展工作。

5 结论

食品加工车间的霉菌污染有可能造成霉菌大量繁殖，进而污染产品，带来危害。由于霉菌污染的来源复杂，而且检测需要的时间长，对霉菌的控制需要从人、机、料、法、环等因素进行分析，制定预防措施。常用的防治措施有化学处理法、温湿度控制、紫外线照射、洁净空间、紫外线处理、卫生管理等。

李斯特菌离我们有多近?

王　芸

1　初识李斯特菌

李斯特菌（见图1）种包括26个种，其中单增李斯特菌（下文简称“李斯特菌”）是该菌属内的模式菌种，发现于1926年，后在1983年独立建属，致病性最强，致死率高达70%，是环境致病菌，广泛分布在自然界，易在低温条件下污染食物，却不易被人类发觉，也是生鲜食品行业的大敌。单增李斯特菌采用林奈双命名法，出自伯杰分类系统，按照《伯杰细菌鉴定手册》编排，由两部分组成：属名与种名。李斯特菌生存条件为pH 4.4～9.4，温度－0.4～45 ℃。不耐热，蒸煮后可被杀灭。

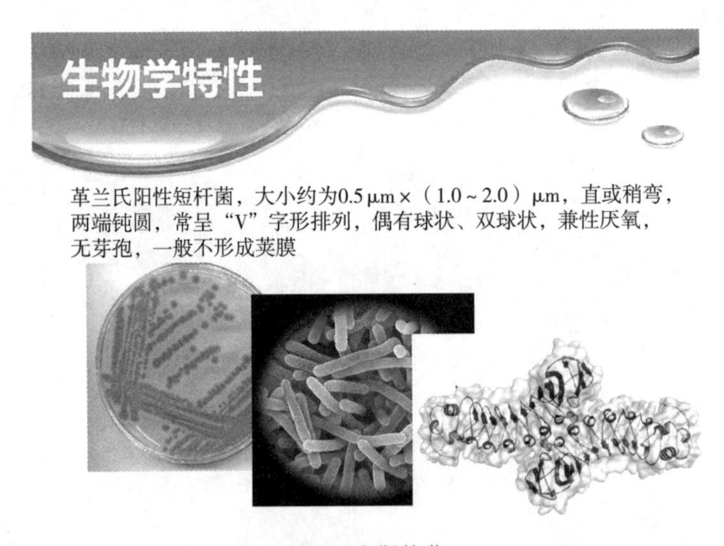

图1　李斯特菌

2　李斯特菌离我们有多近

近年来，随着人们对传染病病因研究的深入，李斯特菌致病性于1999年进入人类视野。1999年，美国FDA统计当年李斯特菌感染案例高达2518例，由食物污染导致的案例有2493例。李斯特菌食源性感染病发率高达99%。随后美国政府与科研机构共同制定李斯特菌防治计划，收效显著。

据报道，中国每年因食物感染李斯特菌的约有1600人，其中约260人死亡，死亡群体多是孕妇、新生儿、65岁以上老人或免疫力缺失的人群。

3 李斯特菌如何工作

李斯特菌附着在肠黏膜上，比 α－D－半乳糖接受体更易与其结合，顺利进入肠黏膜细胞，入侵途径如图 2 所示。它的鞭毛带给了它运动优势，移动速度达1.5 μm/s，每 50 min 繁殖一代。

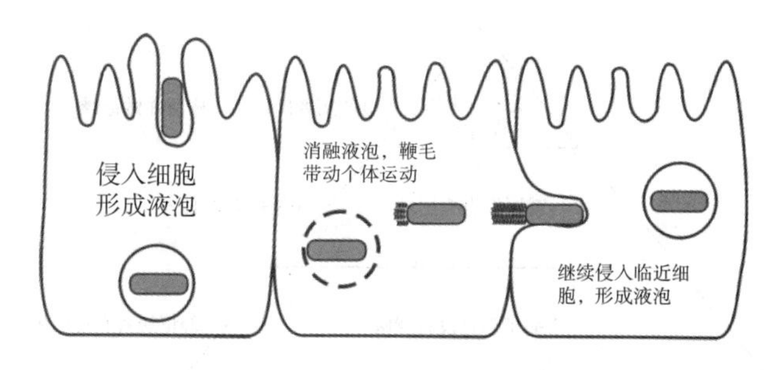

图 2　李斯特菌入侵简图

被李斯特菌感染致病后，患者都会表现出轻度流感症状，但对于易感人群会导致严重症状，分为非入侵性与入侵性。详见表 1 所列。李斯特菌感染途径如图 3 所示。

表 1　李斯特菌感染症状

李斯特菌致病性分类	目标人群	症状
非入侵性	健康人士	腹泻、发烧、头疼、肌肉疼痛
入侵性	高危人士	感染可蔓延至血液及脑部，并发败血症及脑膜炎，死亡率高达 20%～30%
注：高危人士包括：孕妇、老人、婴幼儿及免疫力低下者。		

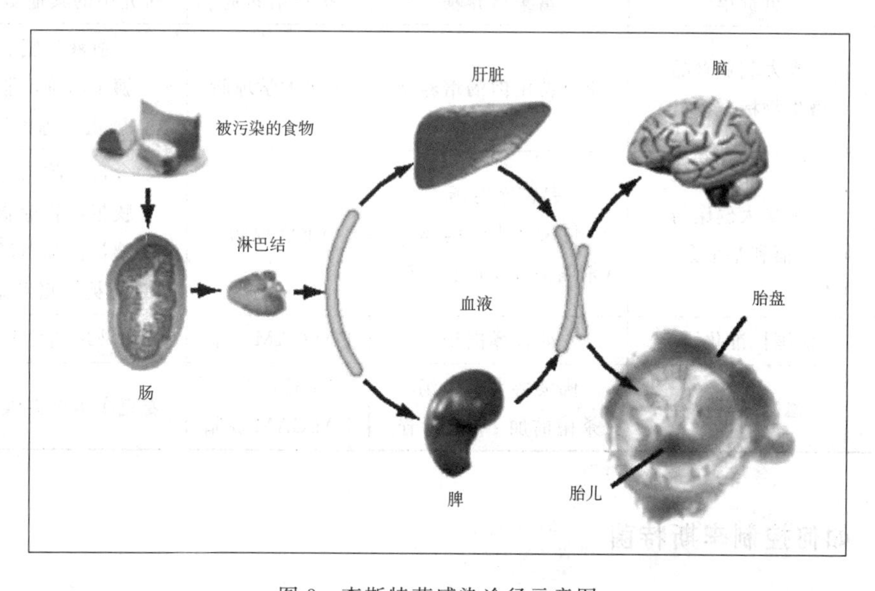

图 3　李斯特菌感染途径示意图

4 李斯特菌为何会被忽视

李斯特菌具有高污染率和高死亡率的特性，一直以来没有得到人们应有的重视主要是因为其低发现率和不易辨别。图 4 为李斯特菌漏报率金字塔，说明李斯特菌不易被发现，但由于其具有高发污染致病特性，已经严重威胁到了生鲜即食行业。

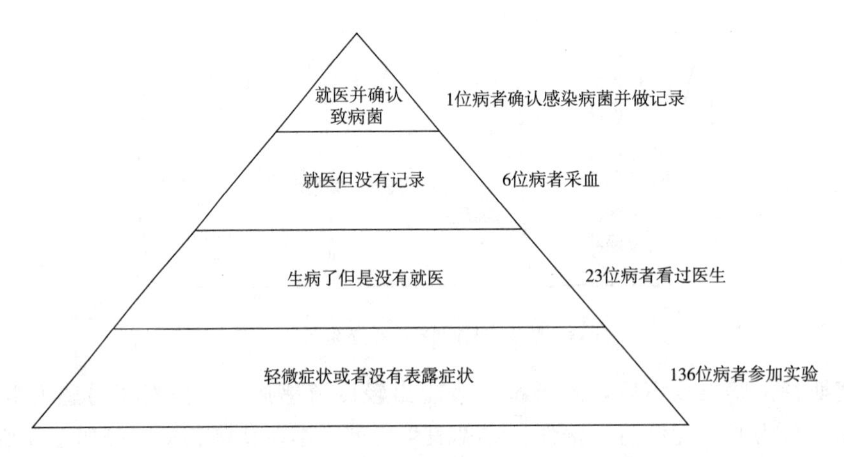

图 4 李斯特菌漏报率金字塔

另外，李斯特菌很难被筛选富集，培养富集李斯特菌时，培养皿常常因长满其他菌而辨别不清。因此研制出富集李斯特菌的培养基也是各国研究的热点。这些研究也为进一步防控李斯特菌感染提供了技术支持。各国指定用于鉴别李斯特菌的培养基见表 2 所列。

表 2 各国指定用于鉴别李斯特菌的培养基

国家	负责单位	富集培养基	扩培培养基	研究中的其他培养基
澳大利亚	澳大利亚食品微生物标准委员会	李斯特菌肉汤培养基	牛津大学琼脂	血液琼脂、胰蛋白胨琼脂、胰蛋白胨肉汤
加拿大	加拿大健康与福利基金会	弗雷泽肉汤、佛蒙特大学肉汤（杀菌前加 1 g 七叶苷）	LPM 琼脂	含蛋白胨肉汤、胰蛋白胨琼脂、胰蛋白胨肉汤、三糖铁培养基
法国	法国标准化协会	弗雷泽肉汤	PALCAM 琼脂	血液琼脂培养基
德国	德国外贸协会	佛蒙特大学肉汤（杀菌前加 1 g 七叶苷）	LPM 琼脂、PALCAM 琼脂	麦克布雷德血液琼脂

5 如何控制李斯特菌

如前文所述，李斯特菌广泛分布在自然界，易在低温条件下生存进而污染食物，却不易被发觉，是生鲜食品行业的大敌，那我们可以如何控制李斯特菌呢？食品工厂可以做好如下三点措施。

（1）控制原料的质量，控制生产过程中用水的质量。

（2）食品生产车间、仓储环境及分销环节均遵守良好行为规范，各类食物产品遵照相应标准。

（3）在预先包装的非即食类生鲜冷藏食品上标注“烹饪煮制”等条件指引。

5.1　哪些食品易受到李斯特菌的污染？

即食食物是李斯特菌之“佳选”，即食食物指售卖后人们可立即食用的食物，食用前不用做任何处理。其包括：货架内稳定食物、所有生鲜水果、所有生鲜蔬菜、坚果、生鲜类贝壳类软体动物以及熟肉制品，详见表 3 所列。

表 3　即食食品分类

分类	产品类别
乳制品	芝士、生牛奶、冰激凌、软奶油、黄油
肉制品	加工鸡肉、火鸡肉、香肠、培根、熟肉酱、猪肉火腿、切片肉、烤肉类
鱼	鱼肉、贝壳类、虾类、熏鱼、鳕鱼类、鱼子酱
蔬菜	凉拌菜、沙拉蔬菜、腌制菜类、稻米谷物类、鲜切水果、果茶类、蘑菇类、苜蓿类片剂、生鲜蔬菜
综合食物	三明治、混合类即食沙拉

研究人员分别以食物、李斯特菌为研究目标，研究得出李斯特菌在部分食物中的繁殖条件，见表 4 所列。

表 4　李斯特菌在部分食物中的繁殖条件

食品类别	温度/℃	繁殖时间/h
腌制牛肉	0	110.0
腌制牛肉	10.0	8.2
生卷心菜	5.0	43.0
生菜	10.0	21.7
烤牛肉	3.0	37.6
牛奶	4.0	36.0
煮制肉类	5.0	44.0
火腿	5.0	33.2

5.2　李斯特菌的污染途径有哪些？

在农田中因不规范施肥，土壤与水源会受到污染，李斯特菌可以在土壤中存活 84

天之久，蔬菜在生长过程中被污染，采摘时则会变成污染源扩大污染面。

在生产过程中，李斯特菌易附着在设备与传送带表面，很难清除。定期检测环境微生物，是有效预防李斯特菌的重要步骤。以鲜切蔬菜为例，首先列出操作步骤，再列出与产品接触的设备与环境清单，制定出微生物检测计划，包括取样点、检测周期与检测方法。鲜切蔬菜加工工艺流程图如图5所示。

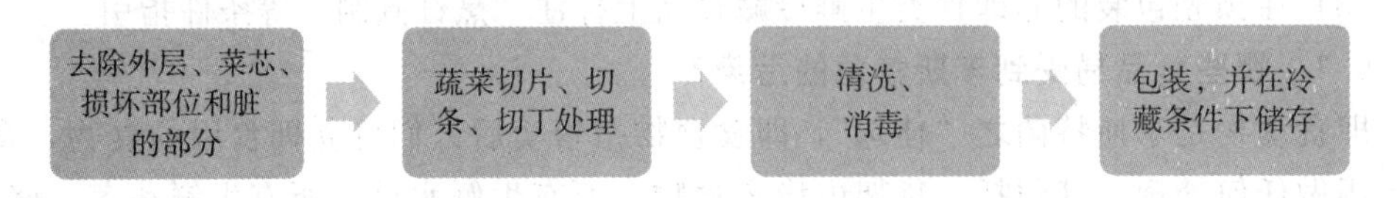

图5 鲜切蔬菜加工工艺流程图

生产用水分为清洗设备用水（辅助用水）与清洗蔬菜用水。两种水源一旦被李斯特菌污染，将成为产品污染源。进入生产环节后，食品接触表面成为李斯特菌“驻扎进攻”之良选，因此也是食品加工重点关注环节。定期取样检测以验证无污染，帮助工厂验证清洁消毒有效性，是确保预防措施有效实施的后续验证工作。美国农业部与美国食品药品监督管理局（FDA）分别对即食食品加工行业食品接触面做出了检测要求，见表5所列。

表5 美国农业部和FDA对即食食品行业食品接触面检测要求

序号	选项	美国农业部	美国食品药品监督局
1	杀菌处理并添加抗生素	非强制性要求：食品接触面两个取样点/线/6个月	非强制性要求：适用于所有产品食品接触面取样5个点/线/周；每月矫正分析
2	杀菌处理或添加抗生素	强制性要求：食品接触面两个取样点/线/季度	
3	仅用于清洁	强制性要求：食品接触面1～4个取样点/每条线，频率根据生产产品类型以及生产规模而定	

美国农业部根据清洁消毒工艺的不同，制定出了三种检测方案，美国食品药品监督管理局却对所有即食食品一视同仁，采用统一检测标准。目前美国即食食品行业参考两种标准，结合实际情况，实行的食品接触面监控计划多严于两个监管机构的标准，工厂根据生产规模、产品风险评估、生产工艺特性确定取样点与检测频率，长期分析检测结果，不断调整清洁与消毒计划，从而达到高效预防李斯特菌污染的目的。

5.3 如何判定李斯特菌污染食品的风险程度?

对于食品生产者来说，首先要判断产品是否易受到李斯特菌污染，可参照国际食品法典中标注的不适于李斯特菌滋生的条件（见表6）来判断，再去生产工艺中识别污染点，遵照国际食品法典标注条件，制订控制措施。

表 6　不适于李斯特菌滋生的条件

pH<4.4	（不考虑水分活度）
不考虑 pH	Aw<0.92
pH<5.0	且 Aw<0.94
冷藏货架期短于 5 天的食物	
冷冻食物（使用之前迅速解冻）	
保质期内李斯特菌不会繁殖到 100 cfu/g 的食物	

李斯特菌还会引起产品发生物理化学性质的变化，直观表现为产品不新鲜。图 6 可以用于确认产品污染李斯特菌的可能性。

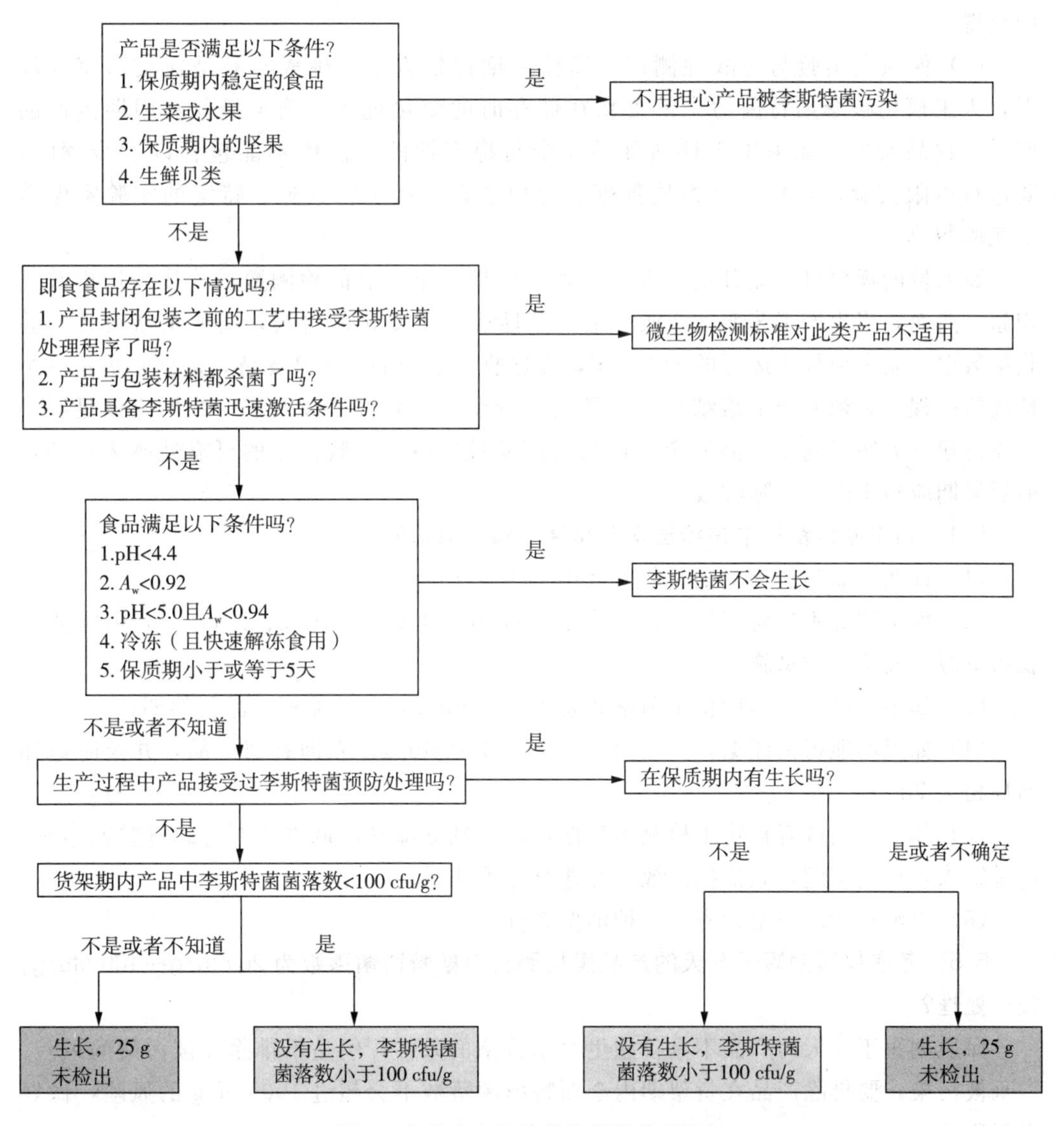

图 6　食品中李斯特菌控制限值判断树

在应用判断树的过程中，需要食品加工人员开展数据收集与分析工作，主要涉及以下信息的收集：

（1）食物的物理化学特性，需要从原料、产品、生产工艺与环境入手分析，特别是清洁后与食品直接接触的表面，数据应涵盖：过程数据（包含：温度、时间、pH 和 A_w）、原料追溯、微生物测试（卫生指示菌和李斯特菌），从生产过程中取环境与设备样品检测李斯特菌（验证环境卫生情节状况），分别对日常生产成品与货架期末产品样品检测李斯特菌，验证生产过程 HACCP 体系运行有效性。

（2）相似产品的历史数据，历史数据能够为指定产品提供最好的证据，表明产品持续可控，如果历史数据不充分，后续增加补充方案进一步提供货架期证明。可以从兄弟工厂或以往经验中获得。如果是新厂，需要具备以上能力才能筹建生产。

（3）科研数据与风险评估信息，可以从科研文献、新闻报道以及行业会议与讨论中获得。

（4）保质期实验与挑战性测试，即保质期评估方案；挑战实验是在实验室环境下，人工模仿被李斯特菌污染的食物在储存时的变化过程，确定最佳食用期内产品质量与食品安全。如果用于评估食品安全与稳定性的方法中不能包含以下步骤时，要进行极限实验，收集产品性质数据、历史数据、微生物数据、特定的实验室保质期实验数据。

数据量的规模可以提升信心度。例如，大批次量产品的检测数据将作为历史数据积累。然而，当生产工艺变动，或者是产品性质发生变化的时候，需要重新设计实验收集数据。安全依赖于运行的 HACCP，数据收集给予 HACCP 支持，数据收集是一个持续的过程。必须调查菌落结果，并且制定行动方案确保持续改进；数据应该足够可以支持建立方案以确保产品安全；检测的产品批次越多，数据库的可靠性越大；制定的货架期应短于产品实际腐败期。

5.4 如果原料留样中被检出李斯特菌，该怎么办?

（1）证明产品到达货架期时菌落数小于 100 cfu/g；

（2）如下情况不需要召回：菌落数低限检出，比如 10 cfu/g、20 cfu/g，但需要查找污染源并实施整改措施；

（3）如果产品检出李斯特菌菌落数超出 100 cfu/g，必须缩短产品货架期；

（4）如果不能得出证据，产品菌落数小于 100 cfu/g，立即召回产品，并及时通知当局相关部门；

（5）如在环境或者食物中检测出李斯特菌，则立即开展调查并制订跟进整改措施，记录结果，反复审阅，验证控制效果并建立完善体系；

（6）以消费者的安全为先，保护消费者健康。

5.5 若在保质期短于 5 天的产品里检测出李斯特菌菌落数为 20 cfu/g～100 cfu/g，如何处理?

保质期短于 5 天的产品不具备滋生李斯特菌的条件，但是不排除其被污染的风险。一旦被污染，要排除产品在货架期内李斯特菌菌落数不会超过 100 cfu/g 的风险，做好以下确认：

（1）确保 HACCP 正常运行；

（2）确认原料未被污染；

（3）确认生产环境未被污染；

（4）确认终产品未超过限值。

任何被检出李斯特菌的食品或者环境都必须接受调查，并跟进实施整改措施，记录结果，回顾 HACCP 和前提方案，并重新验证确认其有效性。

食品安全
管理体系篇

HACCP 体系类

关于 HACCP 的 15 个疑问和答疑

汪伟伟　上海悦孜企业信息咨询有限公司

1　HACCP 总体信息

1.1　HACCP 的类型和标准认证依据是什么？

HACCP 认证主要有两种类型：

（1）中国的危害分析与关键控制点（HACCP 体系）认证，即 China HACCP，在 2022 年 12 月 31 日前，主要认证依据有三个：

① GB/T 27341—2009《危害分析与关键控制点（HACCP）体系 食品生产企业通用要求》；

②《危害分析与关键控制点（HACCP 体系）认证补充要求 1.0》；

③ GB 14881—2013《食品安全国家标准 食品生产通用卫生规范》。

国家认证认可监督管理委员会发布《危害分析与关键控制点（HACCP）体系认证实施规则》后，要求 2022 年 12 月 31 日之后的认证依据是公告中的《危害分析与关键控制点（HACCP）体系认证要求（V1.0）》。

China HACCP 主要适用于非出口型的国内企业认证。

（2）CAC（国际食品法典委员会）HACCP，认证依据主要有两个：

① CAC/RCP 1－1969，Rev. 4－2003，可以在 CAC 官网下载；

②《食品卫生通则》及其附录《危害分析及关键控制点（HACCP）体系及其应用准则》（相当于 GB/T 19538—2004）。

CAC HACCP 目前主要适用于出口型企业的 HACCP 认证。

1.2　HACCP 在国内是不是强制实施的？

对于食品生产型企业，HACCP 在国外很多国家是强制实施的，但是总体上来看，《中华人民共和国食品安全法》第 48 条对其鼓励使用，目前在国内还未强制实施，但是有如下五种情况是要强制实施的：

（1）上海市食品生产企业［源自《上海市食品安全条例》（见图1）中第二十八条规定］；

（2）生产婴幼儿奶粉的企业（源自《乳品质量安全监督管理条例》第三十条）；

（3）罐头类食品；

（4）水产品类，肉及肉制品类，速冻蔬菜，果蔬汁，含肉或水产品的速冻方便食品，乳及乳制品类等出口产品；

（5）加入“三同”标准的出口食品，农产品生产企业三同标志如图2所示。

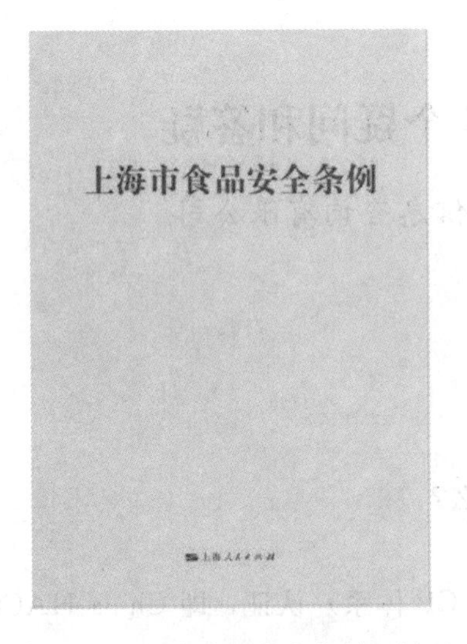

图1 《上海市食品安全条例》封面

图2 农产品生产企业三同标志

2 HACCP 预备步骤

2.1 HACCP 小组长必须是总经理吗？

确定小组长人选之前，须先了解小组长的职责，HACCP 小组长的职责是：

（1）确保 HACCP 体系所需的过程得到建立、实施和保持；

（2）向最高管理者报告 HACCP 体系的有效性、适宜性以及任何更新或改进的需求；

（3）领导和组织 HACCP 小组的工作，并通过教育、培训、实践等方式确保 HACCP 小组成员在专业知识、技能和经验方面得到持续提高。

也就是说 HACCP 小组长不一定是最高管理者，但是要有一定的资源和权力，从而领导小组保证体系有效运行。对于职责明确和授权充分的企业，一个副总经理或者质量经理可能就可以担任 HACCP 小组长，但是对于小型企业，也有可能需要总经理担任。

2.2 HACCP 小组成员中需要包括操作员工吗？

对于 HACCP 小组的成员，多数的标准仅描述了哪些部门人员要参加，比如需要生产、质量、研发、工艺技术、设备、采购和销售等部门人员参加，所以很多企业都安排了部门经理参与 HACCP 小组，但是一线的员工能够参加 HACCP 小组吗？

IFS Food 中 2.2.2.1 明确要求需要操作员工（operational staff）参加。因为在判断危害的可能性和严重性时，操作员工对可能性的判定会比经理更加准确。

因此建议企业将关键控制点的一线操作员工或主管纳入 HACCP 小组中。

2.3 产品描述除了描述终产品外，还需要描述什么？

很多标准中都有关于 HACCP 方面的要求，比如 ISO 22000、IFS Food、BRCGS、SQF、GB/T 37241—2018 等，有些标准仅列出了产品描述的要求，有些标准要求得更为详尽。为了更好地满足各个客户和标准的要求，企业除了对终产品进行产品描述外，还需要对如下产品进行描述：

（1）原料；

（2）辅料；

（3）包装材料；

（4）其他与产品直接接触的材料（如清洗剂、消毒剂、加工助剂、水处理剂、软连接等）。

2.4 产品工艺流程图中通常有哪些不符合标准的地方？

在产品工艺流程图中，通常发现有如下不符合标准的情况：

（1）没有体现返工，比如包装破损后的返包；

（2）遗漏辅助物料的支流程，比如遗漏水、冰、压缩空气等支流程；

（3）遗漏工序，比如遗漏搅拌、加热及转运工序；

（4）废弃物工序中，没有标识一些废弃物点，从而可能忽略交叉污染的风险。

3 HACCP 七大原理

3.1 危害分析可以分解成几个步骤？

危害分析可以分解为如下三步：

（1）危害识别。对于微生物的危害识别需要专业技术人员进行。危害识别的依据如下：

① 收集的预备信息和数据；

② 经验；

③ 外部信息，尽可能包括流行病学和其他历史数据；

④ 食品链中可能与终产品、中间产品和消费食品的安全相关的危害信息。

（2）危害评价。根据危害的可能性和严重性进行评估。

（3）控制措施制定。针对发生的危害，确定采用什么样的措施来控制，如选择前提方案 PRP、操作性前提方案 OPRP 还是关键限值 CCP 来控制。

3.2 危害分析的控制措施分为哪几类？

危害分析的控制措施共有三种：前提方案 PRP、操作性前提方案 OPRP 和关键限值 CCP。

3.3 危害分析是指分析本步骤存在的危害吗?

很多企业在对加工工艺进行危害识别时，到底是识别本步骤存在的危害，还是识别引入或减少的危害，不同的企业有不同的理解，标准中的描述也不尽相同。通常大家对危害的理解是“在本步骤中被引入、受控制的或被增强的危害”，但是在新版的 ISO 22000—2018 中相关描述是“组织应确定每个食品安全危害可能存在、引入、增加或持续的步骤”。但是不论企业以何种方式进行理解，都需要保证终产品安全。

3.4 要对原料进行危害分析吗?

很多企业仅仅是对流程图中的加工步骤进行危害分析，而除了对加工过程进行危害分析，还需要对原辅料及相关直接接触材料进行危害分析。

对于原料进行危害分析，主要目的是确定哪些原料的危害性可在工厂的后续加工步骤中降低，哪些需要依靠供应商来管控。对于没有进一步控制措施的原料（比如冷加工糕点中使用的果酱），则需要将此类原料进行重点管控，有些企业将此类原料作为敏感原料或者 OPRP 进行管理。

3.5 CCP 判断树有哪几种?

CCP 点的判断树有三个问题、四个问题的，也有五个问题的，接下来笔者说说这几个判断树的类型。

三个问题判断树是美国 FDA 推荐的判断树之一，应用得不是很普遍，如图 3 所示。

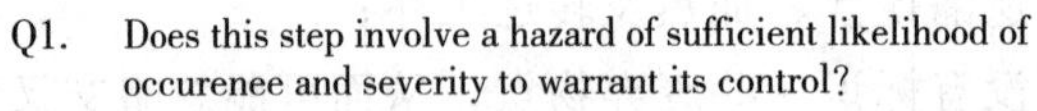

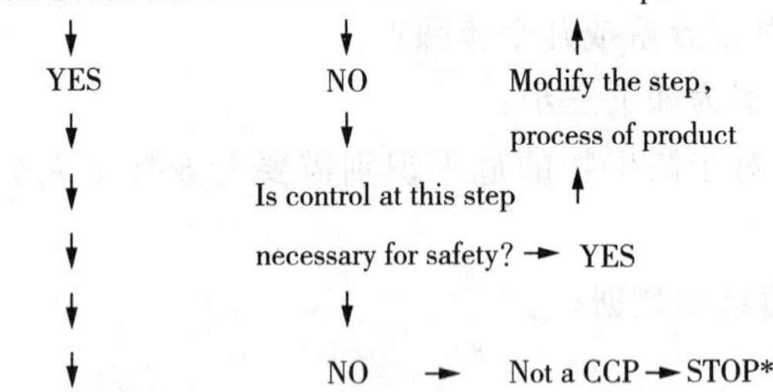

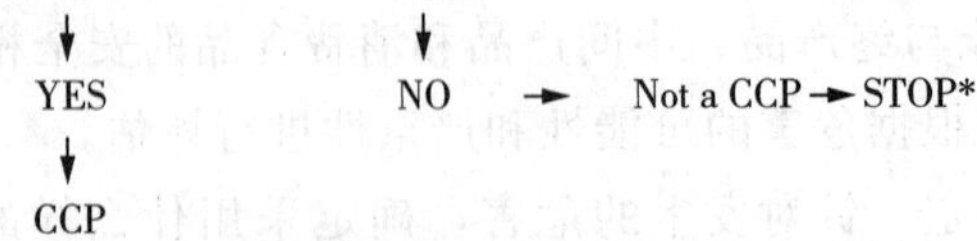

图 3 FDA 三个问题判断树

CAC 四个问题判断树如图 4 所示。这个判断树源于 CAC，也是大家用得最多的一种判断树。

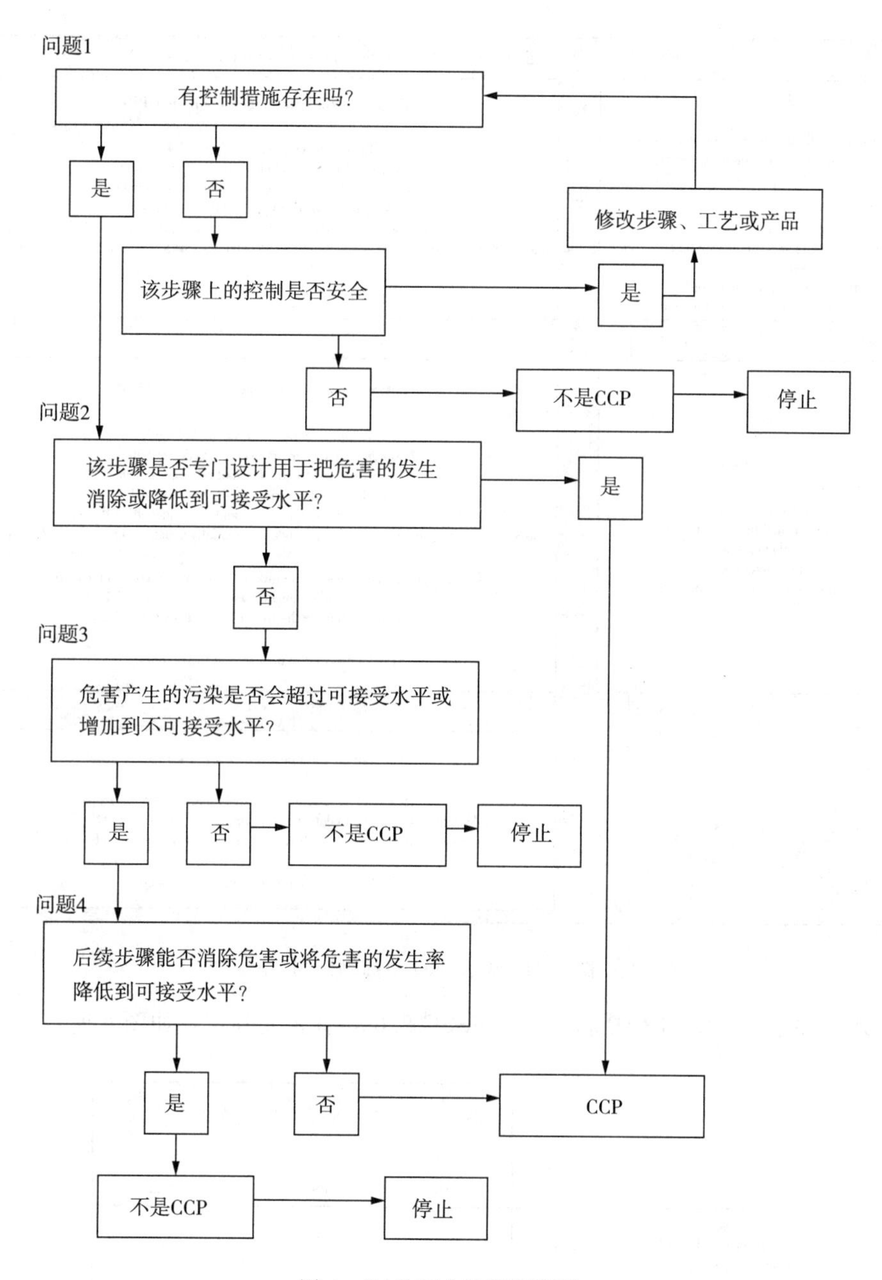

图 4　CAC 四个问题判断树

对于五个问题的判断树，很多企业通常在图 4 的最后一个问题后再增加一个问题“限值是否可测量?”，从而来判断 OPRP 与 CCP。

以上三种判断树都是企业可以使用的，最关键的是企业要运用判断树中的问题逻辑，依次回答每个问题，这才是最根本的要求。

3.6　如何区分 OPRP 与 CCP?

对于 OPRP 与 CCP 的区分，常用的方法是看这个控制对象是否可测量（measurable)。新的 FSSC 22000 中的附件列了一个新的判断树，如图 5 所示。

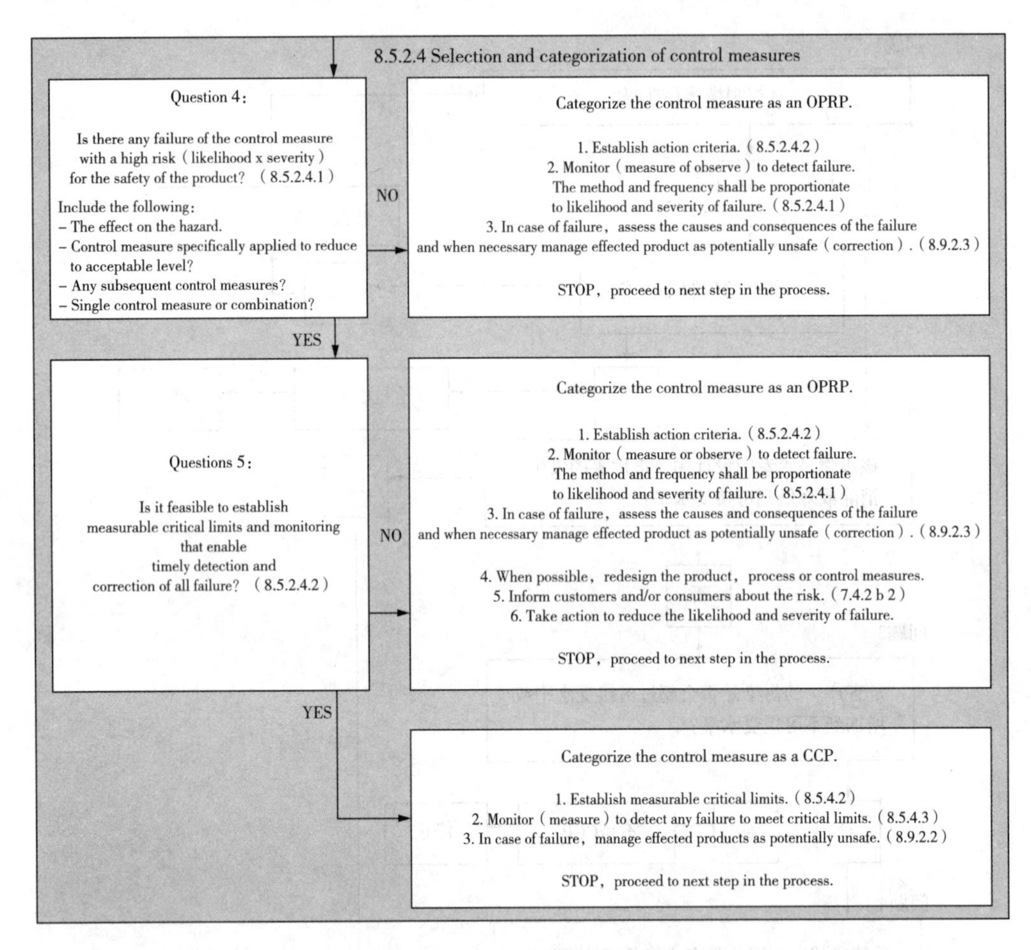

图 5　FSSC 22000 中的判断树

另外，关于 PRP、OPRP 和 CCP，FSSC 22000 有相关判定，如图 6 所示。

		Severity x likelihood of failure		
		low	moderate	high
Feasibility of detection and correction of failure	high	PRP	OPRP	CCP
	low	PRP	OPRP	OPRP

图 6　FSSC 22000 中对 PRP、OPRP、CCP 的判定

3.7　操作限值是指操作性前提方案的限值水平吗?

二者虽然都有“操作”二字，但是没有直接的相关关系。操作限值通常是指在关键限值的基础上制定的一个更严的标准（如杀菌的温度是不低于 72 ℃，企业设定了 74 ℃作为操作限值）。而操作性前提方案的限值水平是“行动标准（action criteria)”。

3.8 关键控制点的监控频率该如何确定?

对于关键控制点的监控频率，不同企业有不同的规定，比如金属探测，有每 1 h、2 h、4 h 进行一次监控的，该如何确定呢？对于频率的高低，主要的判定依据是什么呢？

依据 ISO 22000 的标准，最主要的是判定方法是如果超出关键限值，其产品是否能够进行标识隔离并作为潜在不安全产品来处理。所以对于监控的频率主要是看产品是否能够按照相应的频率进行区分隔离。

3.9 HACCP 体系的验证是否包括确认步骤?

HACCP 原理中的原理 6 指的是 HACCP 体系验证，包括对 PRP 及 HACCP 控制计划的验证，但是对 HACCP 计划的控制措施，除了进行验证，还需要进行确认，以保证 CCP/OPRP 按照正确的控制措施来进行。

HACCP 计划中，如何正确理解和确定 CCP

王　强

1　前言

HACCP（危害分析和关键控制点）作为食品安全管理的工具，自 20 世纪 60 年代首次运用于航空食品，后逐渐被各大食品企业应用，以预防或减少食品实现过程中的物理、化学及生物方面的食品安全危害。

然而，在体系的建立及实施过程中，大部分企业对关键控制点（critical control point，以下称 CCP）的确定存在不少的误区和问题。在这里，笔者对其进行了汇总，同时对 CCP 的定义、主要特征和确定方法进行了梳理。

2　CCP 存在的主要问题

笔者根据多年的审核和培训经验，总结了如下目前 CCP 普遍存在的主要问题。

（1）一个 HACCP 计划动不动就有十几个 CCP；

（2）CCP 的确定没有依据和出处，关键限值未经过确认；

（3）一些不属于 HACCP 计划监控的，如产品质量问题，也被列入了 CCP 予以监控；

（4）认为一定要有 CCP，没有 CCP 就不能有效地管理食品安全；

（5）食品安全的 CCP 和工艺的关键控制点混淆；

（6）属于前提方案的，如将卫生清洁也作为了 CCP；

（7）因政府监管或客户要求，将不适合的点作为 CCP；

（8）没有合适的 CCP，生搬硬套，无中生有；

（9）将 CCP 和 OPRP 混淆，本应作为 OPRP 的，却被当作了 CCP；

（10）CCP 的可监控性不足以控制食品安全风险，如设备可靠性和稳定性差；

（11）CCP 的可纠偏性差，不能及时有效地发现失控，并及时恢复受控状态。

3　CCP 的定义

在 2018 年，ISO 22000：2018《食品安全管理体系——食品链中各类组织的要求》标准正式发布并实施，该版标准一改旧版 CCP 定义的含糊、晦涩、不易被理解和实施等问题，重新定义了 CCP。

新版 CCP 定义简单，清楚、明了和具体，明确提出 CCP 是可测量、可及时纠偏的（见图 1）。

新：CCP（ISO 22000：2018）

过程中的步骤，通过应用控制措施，来防止或降低显著的食品安全危害到可接受水平，并有规定的关键限值，通过测量能够运用纠正。

旧：CCP（ISO 22000：2005）

（食品安全）能够施加控制，并且该控制对防止或消除食品安全危害或将其降低到可接受水平是所必需的某一步骤。

图 1　CCP 定义新旧对比

4　CCP 的主要特征

从 CCP 的定义中，我们可以看出 CCP 具有以下特征：

（1）是一个具体的过程步骤；

（2）有研究和技术支持；

（3）可预防或降低显著的食品安全危害至可接受水平；

（4）监控方法只能是测量；

（5）100％覆盖经过此步骤的产品；

（6）有可测量的关键限值；

（7）一旦失效可及时地纠正，确保受控。

除此之外，CCP 还有以下特征：

（1）生产和加工的特殊性决定了关键控制点具有特异性。

对于同样的产品，在不同加工线上，其所确立的关键控制点可能不同。因为危害及其控制的最佳点可能随厂区、产品配方、加工工艺、设备和配料选择等因素的变化而变化。

（2）有时一个危害需要多个 CCP 来控制，而有时一个 CCP 可以控制多种危害。

如罐装金枪鱼，需要通过原料收购、解冻等几个 CCP 来控制组胺的形成。而加热可以杀灭致病性细菌以及寄生虫。冷冻、冷藏可能是控制病原体和组胺形成的一个 CCP。

（3）CCP 是动态的。

对于确定的 CCP，如果工厂位置、配方、加工过程、仪器设备、配料供方、卫生控制和其他支持性计划改变以及用户改变了，CCP 都可能改变。

（4）CCP 控制的是影响食品安全的显著性危害，但显著性危害的引入点不一定是 CCP。

例如，在生产冻虾仁的过程中，原料虾有可能带有细菌性病原体，它是一种显著危害，原料虾收购是细菌性病原体的引入点，但该点并不是 CCP，在虾的蒸煮阶段，通过蒸煮可以把细菌性病原体杀死。

（5）合理、适宜、实用、可操作性强。

如果管控过严，即使没有影响到食品安全也会被要求采取纠正措施；如果过松，又会产生不安全的产品。

5 CCP的确定方法

5.1 CCP判断树

CCP是HACCP体系的重要组成部分，其识别的充分性对于有效实施HACCP非常重要。组织可通过风险评估、逻辑判断或是应用判断树识别出CCP。CCP判断树是判断CCP非常有用的工具，判断树中四个互相关联的问题构成判断的逻辑方法。但判断树的应用只能被认为是判定CCP的工具而不作为HACCP法规中的强制要素。因为判断树有其局限性，它不能代替专业知识，人们更不能忽略相关法律法规的要求。当CCP判断树的结果与相关法律法规或相关标准相矛盾时，判断树就不起作用了。CCP确定必须结合专业知识以及相关的法律法规要求，否则，就可能导致错误的结论。在GB/T 27341—2009《危害分析与关键控制点（HACCP）体系 食品生产企业通用要求》中“7.4关键控制点（CCP）的确定”中，判断树仅是有助于确定CCP的工具，而不能代替专业知识。

5.2 OPRP和CCP分类[①]

OPRP和CCP分类一直困扰着食品行业从业人员。从ISO 22000：2005标准发布以来，大家一直对OPRP的定义、作用和分类争论十分激烈，OPRP和CCP经常被混为一谈。因不能正确理解和掌握OPRP和CCP的分类，其实施效果差强人意。ISO 22000：2018标准修改和完善了2005版的分类原则，重新梳理了对OPRP和CCP分类的逻辑顺序，使大家能更好地理解两者的分类方法和原则。当然，对于食品链的各个组织，每个细分的行业都有各自的特点。在分类时，除了遵循上述基本原则外，还要参照各自的实际情况、法律法规、客户的需求、生产工艺技术，特别是企业在食品安全方面的专业知识和经验。

---

① https：//mp. weixin. qq. com/s? _ _ biz=MzU4NjM4OTgxNw==&mid=2247484278&idx=2&sn=0ef14010f818425c244b8769685c72f9&key=bfba78cdd2bd2e604ebbc79d2df610fb57787127ad35e0402b5f6833929dbbb46d26c39f59b266ab3d98545e45614285053216520 0fee81eb78d2b0fb78427660ff272bc12863308e50f9be52b0f1f72f04d8c0c959bf692cc5dd20d56bf0b0ade2fde76b84f8501d63092d2b6e9224bdd37ba05e2ad6fa40a26fb4bc7fb688e&ascene=1&uin=Mjg4Nzg3ODk2MQ%3D%3D&devicetype=Windows+10+x64&version=63070517&lang=en&exportkey=AVNR8C%2BgfUc%2FbmBLoHI65Ok%3D&acctmode=0&pass _ ticket=6%2Fpqg9ZJrrNVAArf7rpletKxLwthtI7b8KMXIbmP8WKe2bUndjjbE638N93%2FPA9R&wx _ header=0&fontgear=2

如何有效实施模拟追溯

汪伟伟　上海悦孜企业信息咨询有限公司

对于食品企业，可追溯目前在我国及其他主要发达国家是被强制要求实施的，目前食品企业面临的很多客户审核时，可追溯是一个被重点检查的项目。

1　各国法规对可追溯的要求

可追溯目前在中国及其他主要发达国家都是被法规强制要求的。表1列出了各国对可追溯的主要法规要求。

表1　各国对可追溯的主要法规要求

国家	法规名称/编号	章节号	条款主要内容概述/含义
中国	《中华人民共和国食品安全法》2018年	第42条	食品生产经营者应当依照本法的规定，建立食品安全追溯体系，保证食品可追溯
欧盟	EC NO. 178—2002	第18条	在生产、加工和分销的各个阶段，对食品、饲料、产肉动物和其他任何物质要用于或预期引入食品或饲料中，应建立其可追溯性
美国	《食品安全现代化法案》2011年	第204节	食品企业应建立生产档案和追溯制度，预防食品安全事件的发生
加拿大	加拿大《食品安全条例》2012年	51. 法规	应强化食品追溯能力，并制定相关的配套法规，要求生产经营者建立追溯体系以保证销售食品可识别、上下游可追溯
澳大利亚、新西兰	《食品标准条例》2016年	1.2.2 & 3.2.2 & 4.2.1～4.2.6	食品标识 食品接收 & 召回 初级生产加工标准的追溯要求
日本	日本《食品卫生法》2003年修订	第3条等	食品从业者必须要记录食品或其原材料的销售相关者的名称及其他信息

2　GFSI标准对可追溯的要求

GFSI标准对可追溯的要求，是根据GFSI的指导文件建立的，每个标准的要求会有一些不同，但是总体要求上没有太多本质区别。接下来列出针对食品加工行业最主要的四个GFSI认可的标准及中国HACCP标准的要求。

2.1 IFS 标准第 7 版关于可追溯的要求（见图 1）

4.18 可追溯性

4.18.1 第七个 KO 项：应建立可追溯性体系，以识别产品批次与其原料和初级（内）包装材料批次之间的关系，追溯体系应包括相关的记录：

（1）接收

（2）加工

（3）分工

（4）分销记录

直到产品交付顾客，都应确保可追溯性并形成文件。

4.18.2 应定期测试追溯体系，至少一年一次或者在每次追溯体系发生变化时。测试样品应代表企业产品范围的复杂性。测试记录应验证追溯的回溯和追踪能力（从交付的产品到原材料，反之亦然）。成品的可追溯测试最多应在四小时内完成。

4.18.3 对测试结果（包括获取信息的时限）应予以记录，必要时应采取适当措施。应确定时限的目标，并符合顾客的要求。

4.18.4 应建立追溯体系来识别成品批次与其标签的关系。

4.18.5 应实现对生产过程各环节的追溯，包括加工过程、后处理和返工。

4.18.6 为了实现对货物清晰的追溯，半成品或成品的批次标识应当在包装时直接加贴。如果稍后加贴标识，在临时存放的货物上应采用专用的标识。商品标签上的保质期（如最佳品赏期限）应按照原生产批次建立。

图 1 IFS 标准第 7 版关于可追溯的要求

2.2 BRCGS 标准第 8 版关于可追溯的要求（见图 2）

3.9 可追溯性

基本

公司应能够追踪从供应商，经过所有的加工步骤并发送到客户的所有原材料的产品批次（包括初级包装），反之亦然。

条款	要求
3.9.1	工厂应具备成文的可追溯性规程，以便在工厂所有流程中保持产品的可追溯性。作为最低要求，这应包括： （1）可追溯性系统的运作方式； （2）要求的标签和记录
3.9.2	原材料（包括初级包装），中间品/半成品、部分使用材料、成品和处于调查中的材料，应进行适当的标识，以确保可追溯性
3.9.3	（1）工厂应测试各个不同产品组的追踪系统，以确保可确定从原材料（包括初级包装）供应商到成品的可追溯性，而且反之亦然，包括质量检查/物料平衡； （2）可追溯性测试应包括一个在测试中使用的参考文件的总结，并清楚展示其中的关联。测试应按预先确定的频率进行，最起码每年进行一次，而且保存检验结果。可追溯性应可在 4 h 之内实现
3.9.4	在执行返工或任何返工操作的情况下，应保持可追溯性

图 2 BRCGS 标准第 8 版关于可追溯的要求

2.3 SQF标准第9版关于可追溯的要求（见图3）

2.6.2 产品追溯（强制性）

2.6.2.1 用于追溯产品的责任和方法应形成书面文件并遵照实施，以确保：

（1）产品至少可向前一步追溯至客户，并应至少从加工流程向后一步追溯至制造供应商；

（2）记录原材料、配料、食品接触包装和材料以及其他投入的接收日期（参见“2.8.1.8了解过敏原食品的回溯”）；

（3）产品返工时也应保持可追溯性（参见2.4.6）；

（4）产品追溯系统的有效性作为产品召回和撤回评审的一部分，至少每年评审一次（参见2.6.3.2）；

（5）应留存原材料和包装材料接收和使用、成品发货和目的地的记录。

图3 SQF标准第9版关于可追溯的要求

2.4 FSSC 22000标准关于可追溯的要求（见图4）

8.3 追溯体系

追溯体系应能够唯一识别供应商来料和终产品的初始分配路线。

建立和实施追溯体系前，至少应考虑下述内容：

（1）终产品有关的接收料批次、配料和中间产品之间的关系；

（2）材料/产品返工；

（3）终产品分配路线；

（4）组织应确保符合法律法规的可适用性和客户要求。

成文信息应作为追溯体系的证明保留一定时间。保留时间至少为终产品的保质期。组织应验证并测试追溯体系的有效性。

注：如适合，体系验证预计将包括确认终产品数量与配料数量保持一致，作为有效性的证明。

图4 FSSC 22000标准关于可追溯的要求

2.5 中国HACCP标准关于可追溯的要求（见图5）

6.7 标识和追溯计划、产品召回计划

6.7.1 标识和追溯计划

企业应确保具备识别产品及其状态的追溯能力，并应制定实施产品标识和可追溯性计划，至少满足以下方面的要求：

（a）在食品生产全过程中，使用适宜的方法识别产品并具有可追溯性；

（b）针对监控和验证要求，标识产品的状态；

（c）保持产品发运记录，包括所有分销方、零售商、顾客或消费者。

图5 中国HACCP标准关于可追溯的要求

2.6 各个标准对可追溯要求的比对汇总（见表2）

表2 各个标准对可追溯要求的比对汇总

国际标准	明确追溯时限要求	明确物料平衡	明确描述正/反向追溯
IFS	4 h	明确说明	正向 & 反向
BRCGS	4 h	明确说明	正向 & 反向
SQF	无	无说明	正向 & 反向
FSSC 22000	无	无说明	无明确说明
中国 HACCP	无	无说明	无明确说明

3 高端客户对可追溯的要求

目前不同客户除了要求追溯应满足前文 GFSI 标准提及的相关要求，对追溯时限及物料平衡也有更明确的要求，我们查阅了各个国际品牌的审核标准要求，汇总列出了在业内以质量审核标准要求高而知名的国际高端客户对追溯的要求（见表3）。

表3 国际高端客户对可追溯的要求

高端客户	标准名称	追溯方向	追溯时限要求	物料平衡/追溯率/召回率
麦当劳	SQMS	正向 & 反向	3 h	100%
肯德基	Yum Star	正向 & 反向	2 h	100% 99.5%～105%为较小不符合
星巴克	D58	正向 & 反向	4 h	原料：98%～105% 成品：99%～101%
玛氏	QMA	正向 & 反向	4 h	无明确说明
卡夫	SQE	正向 & 反向	4 h	100%

4 企业如何建立追溯体系

企业建立完善的追溯体系需要做好很多模块，如工艺流程、人员水平、制度完善程度等，特别应强调追溯体系中最重要的三个因素：

（1）追溯单元；

（2）追溯标识；

（3）追溯记录。

追溯过程涉及产品流和信息流，追溯单元和追溯标识与产品流相关，追溯记录关注的是信息流和产品流的相互对应。

4.1 追溯单元

企业建立追溯体系，首先要明确具体的追溯单元是什么，追溯单元不是单个批次，具体例子如下。

4.1.1 食用油原料

企业若用到大批量的食用油，则采用食用油存储罐（见图6）接收食用油原料，这样追溯单元则不会是一个批次，而可能是一段时间内的多个批次。

4.1.2 白糖原料

由于白糖属于大宗产品，每袋白糖原料（见图7）包装袋上的生产批次可能会不同，这样追溯单元可能就不是每个袋子上的批号，而很多食品企业很难让糖厂配合限定发送的批次数量，这样追溯的单元可能就是到货日期的批次，而不是每袋的批次。

追溯单元识别是追溯体系建设中的基础步骤之一，如果追溯单元不是某一个批次，而是合并了多个批次，需要将所有的批次进行记录。

图6 食用油存储罐

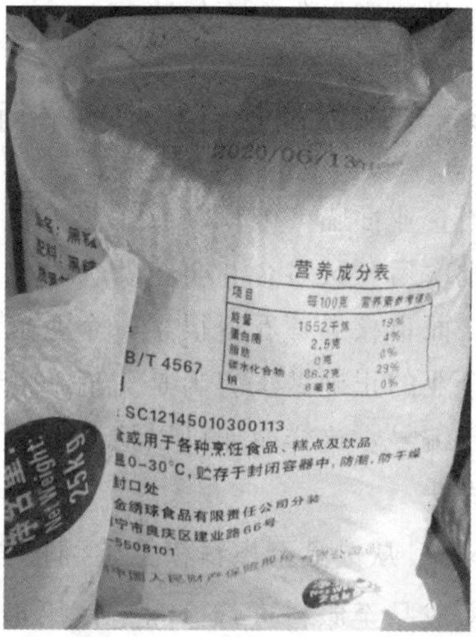

图7 白糖原料

4.2 追溯标识

标识主要为了在产品的生产过程中，保证产品的主要信息能够随着产品一起传递，很多时候，要了解企业的追溯做得好不好，观察其配料间的脱包产品、开封产品和加工过程中的周转产品的标识即可，这些基本可反映出其追溯的水平。某企业的备料间在产品脱包后，并没有相应的追溯标识，如图8所示，这样的追溯是很难保证的。

图8 没有追溯标识的脱包原料

4.3 追溯记录

企业的追溯记录主要分为两大类：

4.3.1 基本溯源信息记录

这部分的信息主要用于追溯责任，

这是保证企业的产品在生产过程中有效链接的最少信息，通常包括：

（1）生产者信息：如原料的生产厂家名称或者工厂名称。

（2）物料批次：如原料的生产批次。

（3）物料数量：如进入库的数量。

（4）生产地点信息：如具体的生产线号、每个生产场所代码。

4.3.2 扩展追溯信息记录

扩展追溯信息记录除了用于记录基本溯源信息之外，还用于记录质量安全或者其他管理目的。比如：产品规格书、检验信息、CCP 监控记录、操作工信息、产品温度信息等。这些扩展信息的主要目的不是溯源。

在后面的模拟追溯中，建议企业将基本溯源信息记录和扩展追溯信息记录进行区分，这样追溯报告会更加清楚。

5 模拟追溯报告和物料平衡

当企业面临二方审核或者三方认证审核时，审核老师给出了一个终产品批次或者原料批次后，很多企业会花费大量的人力寻找记录，结果最终交给审核老师一大摞记录本，而审核老师看得很累，企业也解释得很费劲。

企业的正确做法应当是先有一个总的追溯报告，然后再附上相应的记录，并将记录进行编号，这样企业可以清楚所提交的资料，审核老师也更容易理解企业的追溯流程和做法。

5.1 从成品至原料模拟追溯报告

从成品至原料进行追溯是使用最为普遍的情况之一，审核老师审核企业时经常用自己制作的报告（见表 4）让企业进行追溯。报告中既包括了追溯的批次，也包含了物料平衡的计算方法。这样企业追溯起来有条不紊，追溯报告也很清楚。

5.2 从原料至成品模拟追溯报告

从原料至成品的追溯和物料平衡的计算，可以让企业用表 5 所列报告进行模拟追溯。

6 常见问题

6.1 是否需要做双向模拟追溯？

目前在三方审核和很多的二方审核中，使用最多的是抽取终产品的一个批号回溯原料及追溯发货成品。但是有部分高端客户既会抽取成品，从也会抽取原料。相比于抽取成品，从原料至成品的追溯会更加复杂，尤其是对于合并批次的大宗原料。

6.2 模拟追溯的时间要求（比如 4 h）是针对单向的还是双向的？

模拟追溯的时间是固定的，比如模拟追溯时间要求是 4 h。如果既抽取成品，也抽取原料，是指向前追溯和向后追溯两个方向模拟追溯所用时间之和是 4 h，而不仅指一个方向模拟追溯所用的时间。

表 4　从成品至原料模拟追溯报告

1. 基本信息			
模拟追溯测试日期		模拟追溯产品名称	
模拟追溯开始时间		产品批号	
模拟追溯结束时间		产品规格	
模拟追溯总时长		生产日期	

2. 成品追溯

成品名称	成品批次	生产数量（A）	已发货数量（B）	现库存数量（C）	问题物料数量（D）	追溯率［（$B+C+D$）/A］

3. 半成品追溯（适用时）

工序名称	半成品批次	半成品生产数量（A）	已使用数量（B）	现库存数量（C）	问题物料数量（D）	追溯率［（$B+C+D$）/A］

4. 包材追溯（内外包材）

包材名称	包材批次	包材领用数量（A）	已使用数量（B）	现库存数量（C）	问题物料数量（D）	追溯率［（$B+C+D$）/A］

5. 原辅料追溯（含添加剂）

原辅料代号	原辅料名称	生产日期	生产批号	原辅料投入数量（A）	已使用数量（B）	现库存数量（C）	问题物料数量（D）	损耗（E）	采购数量（F）	追溯率［（$A+B+C+D+E$）/F］

表 5　从原料至成品模拟追溯报告

iQC 悦孜 Integrated Quality Consulting

1. 基本信息

模拟追溯测试日期		模拟追溯产品名称	
模拟追溯开始时间		原料批号	
模拟追溯结束时间		原料规格	
模拟追溯总时长		原料生产日期	

2. 原料追溯

原料名称	原料入库日期	原料批号	原料入库数量（A）	已领用数量（B）	现库存数量（C）	问题原料数量（D）	追溯率［（$B+C+D$）/A］

3. 原辅料追溯（含添加剂）

领用次数	领用日期	领用数量（A）	返库数量（B）	问题料数量（C）	损耗数量（D）	生产成品名称	生产成品批次	生产成品数量（F）	配方比例（E）	追溯率［（$E\times F$）/（$A-B-C-D$）］

食品接触材料管理类

食品工厂要求的食品级产品到底是什么?

邵　磊　安徽质安选食品安全科技有限公司

公众对食品安全日益关注，同时政府监管、三方认证、客户审核在食品安全工作上也投入了巨大资源。食品企业的经营和发展应该建立在合规基础上，合规主要体现在劳动关系、财务管理、环境保护、物料安全等方面。

今天我们主要关注的是工厂平时容易疏忽的食品级接触产品。随着 GB 4806 系列标准的发布实施，很多食品工厂逐步规范了对食品接触材料的管理。

1　什么是食品接触材料及制品

食品接触材料及制品指的是在正常使用条件下，各种已经或预期可能与食品或食品添加剂接触，或其成分可能会转移到食品中的材料和制品，包括食品生产、加工、包装、运输、贮存、销售和使用过程中用于食品的包装材料、容器、工具和设备，及可能直接或间接接触食品的油墨、黏合剂、润滑油等。

2　常见标准具体的要求

2.1　GB 14881—2013《食品安全国家标准 食品生产通用卫生规范》(见图 1)

> 5.2.1.2.1　与原料、半成品、成品接触的设备与用具，应使用无毒、无味、抗腐蚀、不易脱落的材料制作，并应易于清洁和保养。
>
> 7.5　盛装食品原料、食品添加剂、直接接触食品的包装材料的包装或容器，其材质应稳定、无毒无害，不易受污染，符合卫生要求。
>
> 8.3.4　生产设备上可能直接或间接接触食品的活动部件若需润滑，应当使用食用油脂或能保证食品安全要求的其他油脂。

图 1　GB 14881—2013 中的相关要求

2.2 IFS Food（见图2）

4.17.2 直接与食品接触的所有设备和工具都应有符合性的证明，以证明满足现行的法规要求。

图2 IFS Food中的相关要求

2.3 2018年10月1日起施行的《餐饮服务食品安全操作规范》（见图3）

7.6.2 盛放热食类食品的容器不宜使用塑料材料。 7.6.3 添加邻苯二甲酸酯类物质制成的塑料制品不得盛装、接触油脂类食品和乙醇含量高于20%的食品。 10.3.1 使用的洗涤剂、消毒剂应分别符合GB 14930.1—2015《食品安全国家标准 洗涤剂》和GB 14930.2—2012《食品安全国家标准 消毒剂》等食品安全国家标准和有关规定。

图3 《餐饮服务食品安全操作规范》中的相关规范

3 食品级相关产品的执行标准

3.1 化学品

3.1.1 洗洁精

（1）GB 14930.1—2015《食品安全国家标准 洗涤剂》

（2）GB/T 9985—2000《手洗餐具用洗涤剂》

其中A类洗涤剂可直接接触食品。

3.1.2 次氯酸钠

GB/T 19106—2013《次氯酸钠》

其中A型次氯酸钠适用于消毒、杀菌及水处理。

3.1.3 食用酒精

（1）GB 31640—2016《食品安全国家标准 食用酒精》

（2）GB 10343—2008《食用酒精》

两个标准目前均有效。

3.1.4 食品级白油

GB 1886.215—2016《食品安全国家标准 食品添加剂 白油（又名液体石蜡）》

白油是食品级润滑油的基础油（底油）。

3.1.5 食品级润滑剂

详见本书第3节“3 工厂如何选择食品级润滑剂”。

真正的食品级润滑剂应为NSF（美国国家卫生基金会）H1类润滑剂。

3.1.6 二氧化氯

GB/T 26366—2021《二氧化氯消毒剂卫生标准》

二氧化氯可应用于生活饮用水、食品加工器具、餐饮具、果蔬等产品的消毒。

3.1.7 过氧化氢

GB 22216—2020《食品添加剂 过氧化氢》

3.1.8 过氧乙酸

GB19104—2021《过氧乙酸溶液》

3.1.9 氢氧化钠

GB 1886.20—2016《食品安全国家标准 食品添加剂 氢氧化钠》

3.1.10 碱性清洗剂

QB/T 4314—2012《食品工具和工业设备用碱性清洗剂》

3.1.11 酸性清洗剂

QB/T 4313—2012《食品工具和工业设备用酸性清洗剂》

3.2 清洁、卫生、容器

3.2.1 一次性丁腈手套

(1) GB 4806.11—2016《食品安全国家标准 食品接触用橡胶材料及制品塑料周转筐》

(2) GB 4806.7—2016《食品安全国家标准 食品接触用塑料材料及制品》

3.2.2 不锈钢制品/器皿

(1) GB 4806.9—2016《食品安全国家标准 食品接触用金属材料及制品》

(2) GB/T 29601—2013《不锈钢器皿》

3.2.3 食品级清洁工具

(1) GB 4806.7—2016《食品安全国家标准 食品接触用塑料材料及制品》

(2) EC NO. 2023—2006 欧盟食品接触材料生产 GMP 法规

(3) EV NO. 10/2011 欧盟食品接触塑料法规

(4) 产品符合性声明 DOC (Declaration of Compliance)

3.2.4 一次性食品用擦拭纸

GB 4806.8—2016《食品安全国家标准 食品接触用纸和纸板材料及制品》

食品接触材料标准体系介绍

张　倩　上海悦孜企业信息咨询有限公司
安徽质安选食品安全科技有限公司

1　定义

食品接触材料是对所有可能与食品接触的材料的统称，在实际的供应链中，包括食品生产、加工、包装、运输、贮存、销售和使用过程中用于食品的包装材料、容器、工具和设备，可能直接或间接接触食品的油墨、黏合剂、润滑油等都可以被认为是食品接触材料。作为食物链中的一个重要角色，世界各国都十分重视食品接触材料的质量安全问题，各国通过建立和完善相应的法规、制定相关质量安全标准和开发检测技术等措施，来保障食品接触材料的质量安全，进而确保食品安全。

2　中国的食品接触材料标准架构

我国最顶层的食品接触材料框架法规是《中华人民共和国食品安全法》，其中对食品接触材料的定义是："用于食品的包装材料和容器，指包装、盛放食品或者食品添加剂用的纸、竹、木、金属、搪瓷、陶瓷、塑料、橡胶、天然纤维、化学纤维、玻璃等制品和直接接触食品或者食品添加剂的涂料。"

我国现有的食品接触材料标准在《中华人民共和国食品安全法》之下包含4个标准体系。

2.1　第一类食品接触材料通用法规

2.1.1　GB 4806.1—2016《食品安全国家标准 食品接触材料及制品通用安全要求》

标准中规定了食品接触材料及制品的基本使用要求，多材质产品的全管理，安全阈值的管理方式，DoC等产品信息要求，协调各标准间的关系。

2.1.2　GB 9685—2016《食品安全国家标准 食品接触材料及制品用添加剂使用标准》

2016版标准中规定了958种食品接触材料，其中塑料731种、涂料492种、橡胶167种、油墨189种、黏合剂521种、纸和纸板597种、硅橡胶等其他材料12种。涉及1294种添加剂，与上一版相比，增加添加剂新品种364种，扩大使用范围和使用量的添加剂198种，删除了35种添加剂，同时，2016版扩大了允许用作食品接触材料及制品用添加剂的范围。

2.2　第二类产品标准

2.2.1　GB 4806系列标准

从GB 4806.2—2015《食品安全国家标准 奶嘴》到GB 4806.11—2016《食品安全

国家标准 食品接触用橡胶材料及制品》，这一系列共计 10 个标准，对相关食品接触产品的卫生及产品指标做出了规定。

2.2.2 其他产品标准

除了 GB 4806 标准之外，还有软木、油墨、复合材料等也有相应的推荐国标。例如：GB/T 23778—2009《酒类及其他食品包装用软木塞》、GB/T 36421—2018《包装材料用油墨限制使用物质》、GB/T 18192—2008《液体食品无菌包装用纸基复合材料》等。这些标准也对相应的产品指标或生产要求做出了规定。

2.3 第三类检测标准

检测标准以 GB 5009.156—2016《食品安全国家标准 食品接触材料及制品迁移试验预处理方法通则》和 GB 31604 系列标准为基础，分为 3 类：基础标准、通用项目标准和特殊项目标准。涉及的检测项目很多，同时国家也在不断地增加和完善更多的检测项目标准。

2.4 第四类生产通用标准

GB 31603—2015《食品安全国家标准 食品接触材料及制品生产通用卫生规范》。标准规定了食品接触材料及制品的生产，包括原辅料采购、加工、包装、贮存和运输等各个环节的场所、设施、人员的基本卫生要求和管理准则。

图 1 可以帮助大家更清晰地了解这些标准及分类。

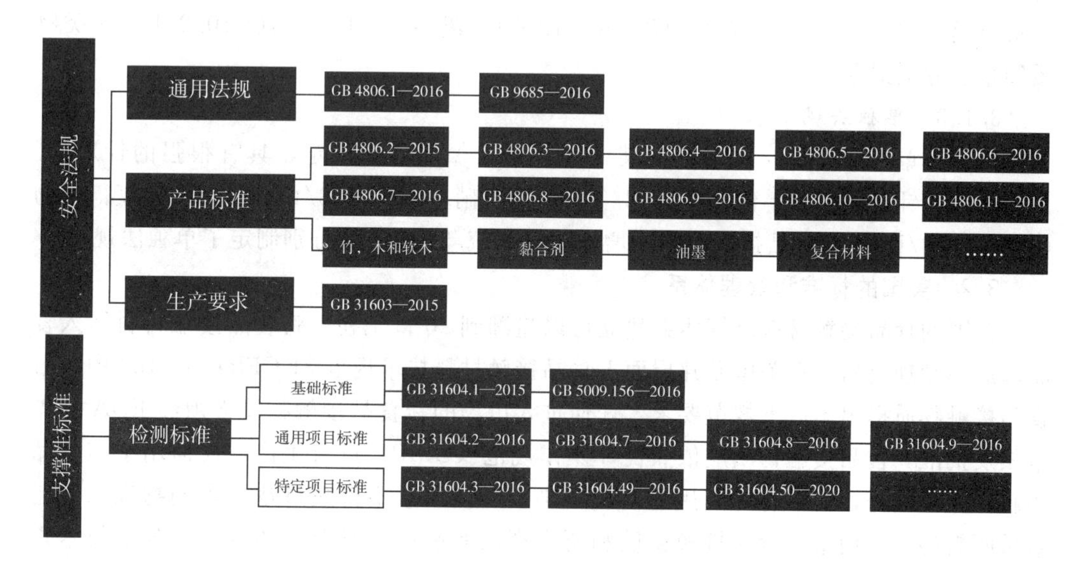

图 1 食品安全相关法规体系图

3 国外食品接触材料标准

介绍了我国现有的标准体系后，我们再来了解一下国外关于食品接触材料的标准和管理体系。

3.1 欧盟的标准和管理体系

欧盟对食品接触材料有着十分严格的管理规定。1972 年，欧盟开始制定食品接触材料及制品的相关法律法规，欧盟对食品接触材料的多个方面做了具体要求，欧盟食品接触材料及制品的法规包括框架法规、专项法规和单独法规三类。

3.1.1 框架法规

欧盟现有与食品接触材料有关的主导性规章有2个。EC NO.1935/2004《关于拟与食品接触的材料和制品暨废除80/590EEC和89/109/EEC指令》确定了适用于所有食品接触材料的总原则和规定，包括适用范围、安全要求、标签、可追溯性和管理规定条款等内容。该法规对活性及智能型物质、黏着剂、陶瓷、软木塞、橡胶、玻璃、离子交换树脂、金属及合金、纸及纸板、树胶、影印墨水、再生纤维素、硅化物、纺织品、油漆、蜡、木头等17类材料制定了专门的管理要求。

EC NO.2023—2006《关于拟与食品接触的材料和制品的良好生产规范》是针对良好操作规范（GMP）的法规。每个企业经营者在食品接触材料生产过程中必须按照GMP的规定进行操作。其通用要求包括符合GMP，不会释放出对人体有害的物质，不会导致食品成分产生不能接受的改变，不会使食品的味道、气味和颜色等感官特性改变，材料和制品的标签、广告及说明不应误导消费者这5个方面的要求。

3.1.2 专项法规

专项法规规定了框架法规中列举的每一类物质的特殊要求。在欧盟规定的必须制定专门管理要求的17类物质中，目前仅针对活性和智能材料（2009/450/EC）、再生纤维素薄膜（2007/42/EC）、陶瓷（84/500/EEC）、塑料［（EU）NO.10/2011］4类物质颁布了专项指令。

3.1.3 单独法规

第三类单独法规是针对单独的某一种物质所做的特殊规定，具有很强的针对性。目前，欧盟针对氯乙烯单体（78/142/ EEC）、亚硝基胺类（93/11/EEC）、环氧衍生物（2005/1895/EC）和食品接触垫圈中增塑剂（2007/372/EC）分别制定了单独法规。

3.2 美国的标准和管理体系

美国的食品接触材料监管体系建立可以追溯到20世纪初，将食品接触材料纳入食品添加剂管理范畴。在美国联邦层面上食品接触材料技术规范21 CFR170－189中，对食品接触物质提出了以下规范要求：任何进入市场的新食品接触物质必须经FDA预先审核及批准，食品接触物质应依照良好操作规范（GMP）进行生产，任何用于与食品接触物品的组分，需要有与其用途对应的纯度、使用量不得超过达到预期物理或工艺效果所需的合理用量，食品接触物质和所生产的制品应该符合具体规章所列的技术指标要求。

美国食品接触材料及制品的监管法规体系也可分为三类。

3.2.1 框架法规

美国联邦法规《联邦食品、药品和化妆品法案》（FFDCA）为其他相关法规的法律依据。同时，美国食品药品监督管理局为了进一步确保食品接触材料的质量安全，也颁布实施了食品接触材料的良好生产规范。

3.2.2 食品接触材料法规

《联邦规章法规》（CFR）是联邦政府各规章的汇编。该法规中关于食品接触材料的规定主要在 CFR21 174 - 186 部分。

3.2.3 美国 FDA 符合性政策指南

其管理方式包括三种，第一种为免于法规管理，第二种为食品添加剂审批，第三种为食品接触物质通报。

4 结语

近年来，我国在食品接触材料标准体系的建立方面有了长足的发展，但仍然存在一些亟待解决的问题，主要表现在以下几个方面。

4.1 标准覆盖不够全面，缺乏有效检测标准等

以 GB 9685—2016、GB 4806.6—2016 标准为例，标准对食品接触用塑料材料及制品中使用的物质提出了迁移试验要求，限制的物质有成百上千种，然而，我国目前与相关指标配套的检测方法目前只有不到 100 个，远远不能满足现实的检测需求。

4.2 标准科学性待提高

目前，我国缺乏食品接触材料风险评估的基础数据，尚不能进行完善的系统风险评估，因此，标准中的部分指标限量主要参考欧美等发达国家法规。很多的迁移量限值数据借鉴了欧盟的要求及限制。考虑到各个国家在食品接触材料的构成、使用习惯、人类膳食暴露风险等方面都存在较大的差异，因此，我国亟须开展全面系统的调查，制定符合我国实际情况的限量指标要求，构建自己的食品接触材料数据库，建立风险评估参数，进一步提高标准的科学性和合理性。

4.3 新型食品包装材料的研究需进一步深化

随着科学技术的发展和社会进步，新型食品包装材料也越来越多地被应用于食品工业中，我们必须加强新材料卫生安全性评价与风险分析研究，才能跟得上时代进步的步伐。

以下9类物料都需要食品级证明，你做到了吗？

梁宝生

食品工厂中有很多材料会同食品接触，这不仅包括食品的包装材料，还有容器、工具和设备，需要特别关注的是可能直接或间接接触食品的化学品，如润滑油等。因此从满足《中华人民共和国食品安全法》等法规标准和材料的食品安全要求的角度出发，应收集相关材料的食品级证明，如检测报告（见图1）、产品符合性声明（DOC）（见图2）等。

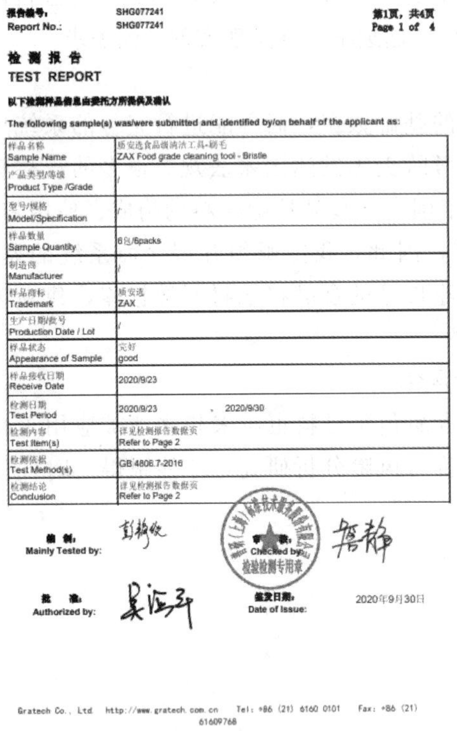

报告编号：SHG077241
Report No.: SHG077241
第1页，共4页
Page 1 of 4

检测报告
TEST REPORT

以下检测样品信息由委托方所提供及确认
The following sample(s) was/were submitted and identified by/on behalf of the applicant as:

样品名称 Sample Name	质安选食品级清洁工具-刷毛 ZAX Food grade cleaning tool - Bristle
产品类型/等级 Product Type /Grade	/
型号/规格 Model/Specification	/
样品数量 Sample Quantity	6包/6packs
制造商 Manufacturer	/
样品商标 Trademark	质安选 ZAX
生产日期/批号 Production Date / Lot	/
样品状态 Appearance of Sample	完好 good
样品接收日期 Receive Date	2020/9/23
检测日期 Test Period	2020/9/23 - 2020/9/30
检测内容 Test Item(s)	详见检测报告数据页 Refer to Page 2
检测依据 Test Method(s)	GB 4806.7-2016
检测结论 Conclusion	详见检测报告数据页 Refer to Page 2

编制：Mainly Tested by: 彭梅欣
审核：Checked by: 詹静
检验检测专用章
批准：Authorized by: 吴[illegible]
签发日期：Date of Issue: 2020年9月30日

Gratech Co., Ltd http://www.gratech.com.cn Tel: +86 (21) 6160 0101 Fax: +86 (21) 61609768

图1 检测报告示例

ZAX质安选

符合性声明 Declaration of Compliance

声明方 Business Operator
安徽质安选食品安全科技有限公司
ZAX Solutions Co.,Ltd.

联系方式 Contact Information
电话 Tel：4001682866
网站 Website：www.zax-solutions.com
邮箱 Email：info@zax-solutions.com

产品信息 Product Profile	
产品名称 Product Name	食品接触用清洁工具—桶 Cleaning Tools for Food Contact – Barrel
产品代码 Product Number	CB4200
产品图片 Product Photos	
尺寸（长*宽*高）Size (length/width/height)	350mmx330mmx300mm (12L)
产品材质 Product Material	
塑料原料 Plastic Material	聚丙烯 Polypropylene，98%
色母料 Color Masterbatch	蓝色 Blue，2%

安徽质安选食品安全科技有限公司 ZAX SOLUTIONS CO.,LTD
安徽省合肥市蜀山路百利中心2号楼1109-1110室 No.1109-1110 Building 2 Baili Center, Hefei, Anhui, PRC
-1-

图2 符合性声明DOC示例

现将常见的需要收集食品级证明的材料进行汇总，主要包括如下几大类。

1 食品包装材料

食品包装材料作为与食品接触的最为常见的材料，往往不容易被大家忽视，我们需要关注的是不同包装材料标准要求检测的频率和项目是不同的，例如食品工厂最常用的食品级塑料袋（见图3）或者胶袋，我们需要通过查看检测报告判断其对于GB 4806.7—2016《食品安全国家标准 食品接触用塑料材料及制品》、BB/T 0039—2013

《商品零售包装袋》等标准的符合性，因为该品类使用量大，在审核相关供应商时，也应关注其用于塑料吹膜原料的相应外检报告和用于印刷的油墨的情况，我们对这一过程进行关注，更容易识别该类材料中的塑化剂等问题；又例如铝箔类包装材料所要遵循的 GB/T 28118—2011《食品包装用塑料与铝箔复合膜、袋》中要求，要注意食品包装使用的隔层纸等辅助包装材料的食品级证明的收集。

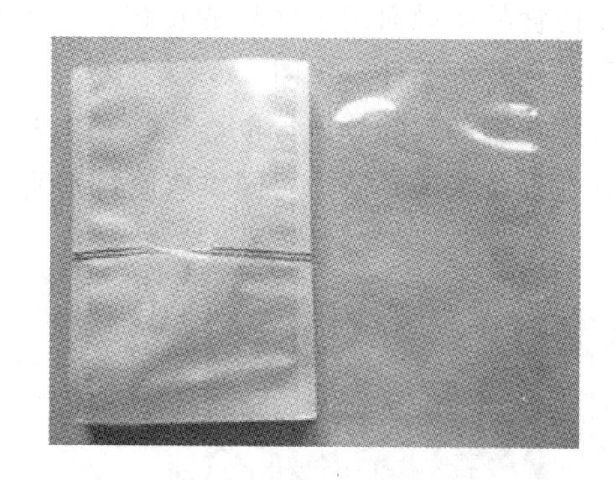

图 3　食品工厂常用的食品级塑料袋

2　不锈钢设备及制品

食品设备中含大量不锈钢，因此要满足 GB 4806.9—2016《食品接触用金属材料及制品》的相关要求，但是通常很难要到检测报告或者其他符合性声明，实际上，规范的设备厂家会对设备进行送检，通常从感官要求、理化指标和材质分析三个方面去分析。这样的检测报告，不但满足了合规的要求，而且对后期投诉、异物来源的分析也非常有帮助，案例如图 4 所示。此外还需要特别关注当采购部分小器具（例如钢盆、漏斗等）时，也要尽量索取相应的报告。

常州进出口工业及消费品安全检测中心
CHANGZHOU SAFETY TESTING CENTER FOR ENTRY-EXIT INDUSTRIAL AND CONSUMABLE PRODUCTS
国家食品接触材料检测重点实验室
STATE KEY TESTING LABORATORY OF FOOD CONTACT MATERIALS

正本
ORIGINAL

页码：2/6　　出证日期：2019/03/29　　证书编号：

结果汇总

样品名称	样品编号	检验项目	限量来源	结论
缸圈	FCM1921114-01	感官要求	GB 4806.9-2016	合格
		理化指标	GB 4806.9-2016	合格
		材质分析*	GB/T 3280-2015	合格
缸身	FCM1921114-02	感官要求	GB 4806.9-2016	合格
		理化指标	GB 4806.9-2016	合格
		材质分析*	GB/T 3280-2015	合格

说明：1）样品经水清洗后进行迁移试验测试。
2）*项目不在 CNAS 认可范围内。
3）产品图片由客户提供。

图 4　食品接触金属材料检测报告示例

3　设备中的部分零部件

食品工厂在进行设备间物料传输时会使用大量的塑料材质输送带，很多网带作为重要的食品接触面用于食品的转移。为了将设备进行有效连接，不可避免地会用到密封圈、软管等部件（见图 5），为了尽可能满足贴合内壁的工艺要求，搅拌锅的搅拌桨叶、搅拌罐的桨叶等通常也会选择塑料材质，此时不能忽略对它们的食品级材料的要求，在设备采购环节需要同供应商特别明确相关要求并索取食品级证明。

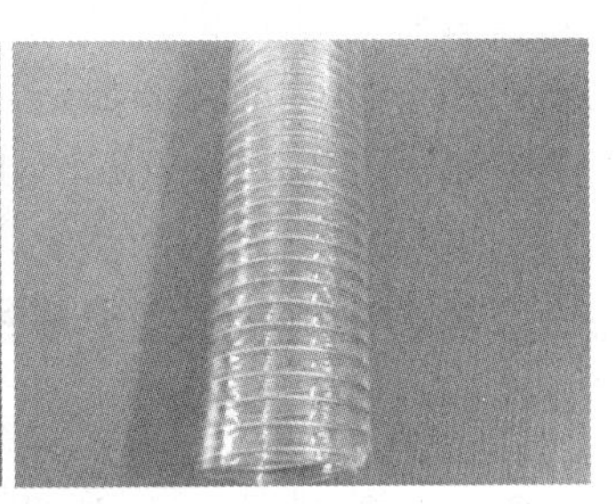

图 5　食品工厂各类设备零部件图

4　周转容器

食品工厂在生产过程中不可避免地会用到周转容器，例如在肉制品生产过程中用于滚揉后腌制原料的塑料桶和塑料筐（见图 6）等，关注使用过程中这些周转的容器是否会产生毛刺或者破损，同时也应要求供应商按照 GB 4806.7—2016《食品安全国家标准 食品接触用塑料材料及制品》中的相关标准提供食品级证明。

5　食品接触防护手套、围裙和套袖

在食品工厂的日常操作中会使用防护手套（见图 7）、围裙和套袖，作为食品接触面的一部分，对它们的管理在二方或者三方审核中越来越被关注，因此在采购以上备品时需要按照 GB 4806.11—2016《食品安全国家标准 食品接触用橡胶材料及制品》的相关要求向厂商索取食品级证明。

图 6　食品工厂常用塑料筐

一次性食品级丁腈手套
耐油 / 耐磨 / 耐酸碱
食品级SGS品质检测
L
100 Disposable Gloves

图 7　食品工厂常用食品级防护手套

6 食品接触面用清洁工具等

在食品生产和清洁过程中会使用部分小工具，例如塑料材质的刮板、清洁用刷子（见图 8），我们在关注其是否容易破损产生异物的同时还要索取相关的食品级证明。

7 清洗、消毒和润滑用化学品

工厂内的化学品种类繁多，我们需要关注的不仅包括洗洁精、氢氧化钠和碱性清洗剂等清洗用化学品，还包括次氯酸钠、食用酒精、二氧化氯、过氧化氢和过氧乙酸等消毒用化学品，同时对食品级白油和食品级润滑油（见图 9）同样也需要收集相关的食品级证明，具体执行标准可以参考本文第 3 章第 2 节相关内容。

图 8 食品级清洁工具用刷子

图 9 食品级润滑油

8 涉水用化学品

蒸汽在食品工厂的应用广泛，作为二次能源被广泛地用于烹饪、杀菌、干燥和加热过程，部分工艺（例如 UHT 杀菌、熏煮香肠等）还会直接接触食品。在锅炉产生蒸汽的过程中，为了保护设备会添加化学药品，例如除氧剂、阻垢剂和缓蚀剂等。虽然使用前会过滤蒸汽，但是无法消除蒸汽中的化学物质，美国 FDA 法规要求，当蒸汽可能与食品接触时，需要提供锅炉水添加剂食品可接触证明文件（NSF）。NSF 食品可接触证明文件网页示例如图 10 所示。

同时为了保证设备的使用寿命，通常会进行锅炉水的软化（见图 11），通常采用离子交换树脂处理硬水中的钙盐、镁盐，通常需要利用盐作为还原剂实现离子交换剂的再生，使其恢复继续软化水的能力，此时在注意盐的食品级要求的同时也要使用大颗粒的无碘盐，因为加碘盐一般都经过加工被研磨成了较小的颗粒，离子交换树脂用盐

NSF Product and Service Listings

These NSF Official Listings are current as of Tuesday, July 19, 2022 at 12:15 a.m. Eastern Time. Please contact NSF to confirm the status of any Listing, report errors, or make suggestions.

Alert: NSF is concerned about fraudulent downloading and manipulation of website text. Always confirm this information by clicking on the below link for the most accurate information: http://www.nsf.org/usda/psnclistings.asp

White Book™ - Nonfood Compounds Listing Directory

NSF-Registered
Proprietary Substances and Nonfood Compounds

HKQ (Tianjin) Water Additives Co., Ltd. Visit this company's website

YG-108(A) Deoxidizer	156500	G6
YG-800 boiler water treatment agent	164662	G6

Kansai Syowa Boiler Sichuan Co., Ltd.

KS-208SP	164339	G6

Miura Industries (China) Co., Ltd.

IE-11C	155886	G6, G7
IF-13C	155887	G6, G7
IH-11C	149198	G6, G7
IS-101C	155888	G6, G7
IS-102C[1]	149200	G6, G7
IS-122C	163565	G6, G7

[1] This product is exclusively for sale and distribution outside of the United States.

图 10　NSF 食品可接触证明文件网页示例

通常推荐使用 4 mm 以上的盐颗粒，这是考虑到其溶于水不易板结的性质，更容易溶解达到饱和盐溶液所要求的浓度。

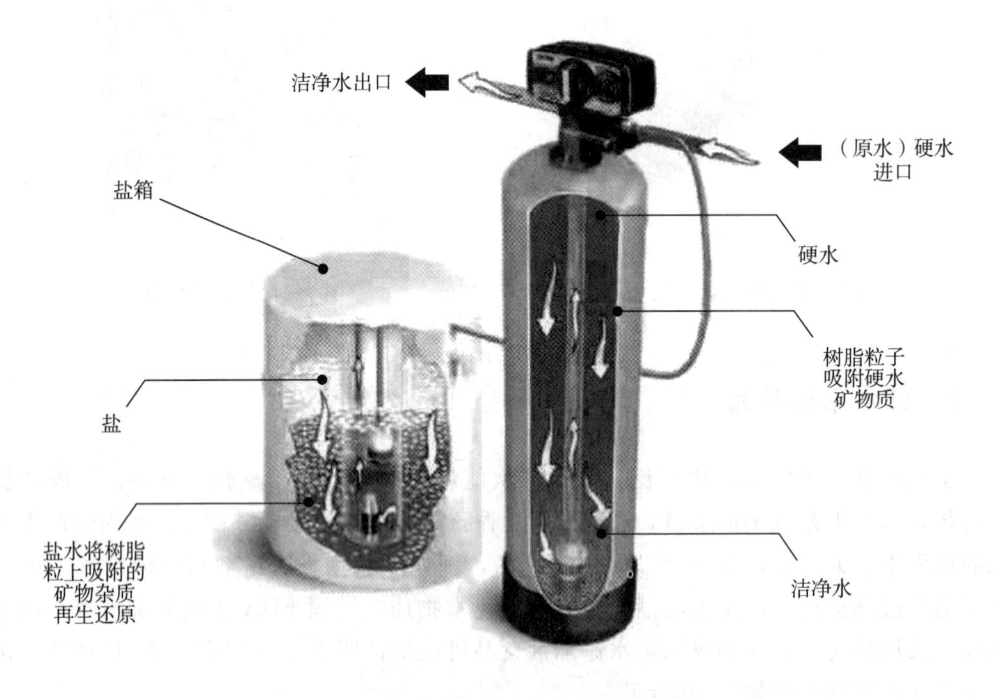

图 11　离子交换软化锅炉水示意图①

① 图片来源于网络。

9 加工助剂

食品加工中的加工助剂往往容易被大家忽略，依据我国 GB 2760—2014《食品安全国家标准 食品添加剂使用标准》给出的定义，食品工业用加工助剂是指保证食品加工能顺利进行的各种物质，与食品本身无关。如助滤、澄清、吸附、脱膜、脱色、脱皮、提取溶剂、发酵用营养物质等。该标准列举的 115 种加工助剂（不含酶制剂）主要分为两类，一类为残留量不需要限定的加工助剂（共 38 种，不含酶制剂），另一类为需要规定功能和食用范围的加工助剂（不含酶制剂），共 77 种。因此在使用相关加工助剂时需要满足以上的限量要求，例如被广泛应用于生鲜果蔬或肉类保鲜的氮气可参考 GB 2760—2014《食品安全国家标准 食品添加剂使用标准》附录 C 表 C.1 中相关说明，同时，氮气满足 GB 29202—2012《食品安全国家标准 食品添加剂 氮气》中的相关标准。充氮技术在肉类产品中的应用如图 12 所示。

图 12 充氮技术在肉类产品中的应用①

① 图片来源于网络。

食品级不锈钢的知识

张　倩　上海悦孜企业信息咨询有限公司
安徽质安选食品安全科技有限公司

中国是不锈钢生产和消费大国，2017 年我国不锈钢的生产量就占到了世界总产量的 53.6%，而且呈逐年上升的态势。不锈钢因其易清洁和耐腐蚀特点，在食品行业中的使用越来越普遍。然而，我们对不锈钢的认识非常有限，什么样的不锈钢是安全的？不同国家有什么要求？主要的风险在哪里？使用过程中要注意什么？这些问题对于食品从业人员来说都是需要了解的。本文将给大家系统介绍一下这些内容。

1　不锈钢的定义

在钢的冶炼过程中，通过加入铬（Cr）、镍（Ni）、锰（Mn）、硅（Si）、钛（Ti）、钼（Mo）等合金元素改善钢的性能，所得产品为不锈钢。通常不锈钢中的铬含量至少为 10.5%，它可以在钢的表面形成极薄而坚固细密的含铬氧化膜，防止其表面继续被氧化，从而可以获得较好的防锈耐蚀性。

GB/T 20878—2007 中关于不锈钢的定义为："以不锈、耐蚀性为主要特性，且铬含量至少为 10.5%，碳含量最大不超过 1.2%的钢。"

2　不锈钢的特征

不锈钢是指能耐大气、蒸汽或水等介质腐蚀的钢，其具有以下三个特征：

（1）铬含量大于 10.5%；

（2）在钢的表面有一层极薄的"膜"，即厚度只有数纳米的氧化膜；

（3）不生锈。

3　不锈钢的分类

一般来说，不锈钢有两种分类方法，即按成分分类和按微观组织分类。

按成分分类：在冶炼过程中，由于加入合金元素种类及量的不同，不锈钢的特性也会不同。因此，为了区别不同类别的不锈钢，人们便给它们冠上了不同的牌号。简单来说，不同牌号就意味着不锈钢有不同的成分，常用的牌号见表 1 和 2 所列。

表 1　不锈钢的分类

分类	名称	中国钢号	日本钢号
Fe - Cr 基	马氏体	1Cr13	SUS410
	铁素体	1Cr17	SUS430

（续表）

分类	名称	中国钢号	日本钢号
Fe-Cr-Ni基	奥氏体	0Cr18Ni9	SUS304
	奥氏体-铁素体	0Cr26Ni5Mo2	SUS329J1
	沉淀硬化型马氏体	0Cr17Ni4Cu4Nb	SUS630
	沉淀硬化型奥氏体	0Cr17Ni7Al	SUS631

按微观组织分类：根据微观组织，即不锈钢中原子的排布方式，可将其分为奥氏体型不锈钢、奥氏体-铁素体（双相）型不锈钢、铁素体型不锈钢、马氏体型不锈钢、沉淀硬化型不锈钢五大类。

表2　国内外常用不锈钢牌号对照表

中国	日本	美国		德国	
GB	JIS	AISI/SATM	UNS代号	DIN17006	DIN17007
0Cr18Ni9（0Cr19Ni9）	SUS304	304	S30400	X5CrNi18-10	1.4301
0Cr19Ni10（00Cr18Ni10）	SUS304L	304L	S30403	X2CrNi19/11	1.4306
0Cr25Ni20	SUS304S	304S	S31008	X12CrNi25-21	1.4845
0Cr17Ni12Mo2	SUS316	316	S31600	X5CrNiMo17-12-2 X5CrNiMo17-13-3	1.4401 1.4436
0Cr17Ni14Mo2	SUS316L	316L	S31603	X2CrNiMo18-14-3	1.4435
0Cr19Ni13Mo3	SUS317	317	S31700	X2CrNiMo17-13-3	1.4439
00Cr19Ni13Mo3 （00Cr17Ni14Mo3）	SUS317L	317L	S3703	X2CrNiMo18-16-4	1.4438
1Cr18Ni9Ti	—	—	—	X12CrNi18-9	1.4878
0Cr18NIi10Ti	SUS321	321	S32100	X6CrNiTi18-10	1.4541
0Cr18Ni11Nb	SUS347	347	S34700	X6CrNiNb18-10	1.455

4　什么是食品接触用不锈钢？

在生活中，许多人认为“304不锈钢”就是安全可靠的食品接触用不锈钢（也有人称其为食品级不锈钢，虽然这种说法不够严谨）。其实“304”只是不锈钢的牌号，是不锈钢中常见的一种材质。然而，判断不锈钢制品是否可用于接触食品，不应是依据牌号，而是看其是否符合GB 4806.9—2016《食品安全国家标准 食品接触用金属材料及制品》的要求。当前常用的食品接触用不锈钢材质有“304”和“316”两种，当然这些材质不等于可接触食品，其具体的理化指标须满足表3中的要求。

表 3　GB 4806.9—2016 中不锈钢的迁移物指标

项目	指标	检验方法
砷（As）/（mg/kg）⩽	0.04	GB 31604.38—2016 第二部分，或 GB 31604.49—2016 第二部分
镉（Cd）/（mg/kg）⩽	0.02	GB 31604.24，或 GB 31604.49—2016 第二部分
铅（Pb）/（mg/kg）⩽	0.05	GB 31604.34—2016 第二部分，或 GB 31604.49—2016 第二部分
铬（Cr）/（mg/kg）⩽	2.0	GB 31604.25，或 GB 31604.49—2016 第二部分
镍（Ni）/（mg/kg）⩽	0.5	GB 31604.33，或 GB 31604.49—2016 第二部分

5　食品接触用不锈钢的材料要求（见表 4）

表 4　食品接触用不锈钢的材料要求①

地区或组织	对食品接触用不锈钢的材料要求
中国	根据 GB 4806.9—2016，不锈钢食具容器及食品生产经营工具、设备的主体部分应选用奥氏体型不锈钢、奥氏体·铁素体型不锈钢、铁素体型不锈钢等不锈钢材料；不锈钢餐具和食品生产机械设备的钻磨工具等的主体部分也可采用马氏体型不锈钢材料
美国	可使用 AISI 200、300、400 系列牌号（包括铁素体、奥氏体、马氏体）不锈钢。美国包装材料法案 CONEG 则限定了铅（Pb）、镉（Cd）、汞（Hg）、六价铬（Cr^{6+}）四种重金属的总和
ISO	ISO 8442-1、ISO 8442-2 规定了刀具和餐具的材料类型和牌号，规定了奥氏体、铁素体、马氏体、不锈钢成分限量
欧洲标准（EU）	餐具材料要求同 ISO 标准；未规定允许使用的牌号，规定了不同金相组织不锈钢主要元素的含量，及各类材料允许使用的范围。限定含量的有害重金属元素为砷、铅、镉
法国	规定了允许使用的不锈钢类型、牌号和成分质量分数； 最小铬含量：13%；Ta、Nb、Zr　最大含量：1%； Mo、Ti、Al、Cu 最大含量：4%
意大利	根据使用条件，允许使用的铁素体、奥氏体、马氏体不锈钢多达数十种牌号
日本	允许使用，未规定具体牌号

① 朱丽萍，卢明，何渊井．国内外食品接触金属制品的质量安全要求比较［J］．轻工标准与质量，2014(3)：25-28.

6 食品接触用不锈钢的风险来源

2011—2015年欧盟RASFF对中国通报的食品接触材料材质包含金属、塑料、玻璃、竹木、陶瓷、纸制品、硅胶等，通报次数数据如图1所示。由图1可以看出，通报产品材质最多的是金属材质和塑料材质，两者加起来约占所有通报材质的84%。其中金属材质的主要为不锈钢产品。

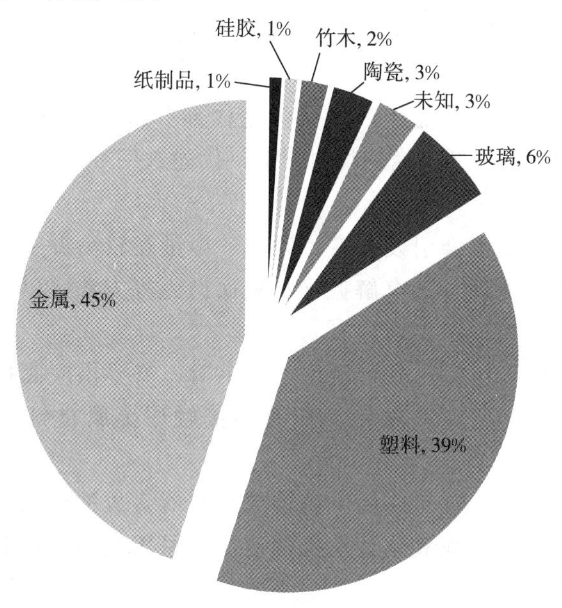

图1 2011—2015年欧盟RASFF对中国的食品接触材料材质通报次数数据

通过出口的食品接触的金属材料的风险分析，我们可以知道不锈钢的安全风险客观存在，主要表现在迁移量测试的不合格方面。特别是我国与食品直接接触的不锈钢制品生产企业未被纳入工业产品生产许可证认证范围，部分生产企业管理不太规范，生产的产品存在的风险主要在于以下几方面。

6.1 原材料来源存在的风险

部分小型生产企业，由于原料供应商相对固定，因此没有对供应商进行选择与管理，也没有留存原料供应商的相关资格材料。同时，一部分小型作坊企业在生产过程中，存在使用回收料、虚假牌号，以次充好，伪造生产产品或者冒用他人的产品、质量标志等违法行为。

6.2 原材料质量验证存在的风险

钢铁原料供应商在供货时会提供钢材产品的质量证明书，但是此类质量证明书中提供的检测项目多为钢材化学成分百分比，通常包括C、Si、Mn、P、S、Ni、Cr、Cu、N等，很少有钢铁原料供应商提供钢铁原材料（如卷、带、板材）的重金属迁移量检验报告。

6.3 企业管理与制度存在的风险

部分企业管理者缺乏与食品相关的产品的法律法规知识，对不锈钢产品用于食品相关产品时可能存在的风险无法预估，管理制度不健全，日常生产管理松散，缺少对生产过程与工序的日常记录或记录混乱。

7 食品接触用不锈钢的使用注意事项

影响食品接触用不锈钢的安全性的因素有：材料组织、化学成分、加工变形、表面质量及使用条件等，奥氏体组织比马氏体组织的重金属迁移量少，不锈钢冷加工会引发相变，表面粗糙、介质浓度升高都会增大迁移量。因此，我们可以从以下几个方面进行控制。

（1）选材：食具容器及食品生产设备的主体部分应选用奥氏体、奥氏体铁素体、铁素体等符合国家相关标准的不锈钢材料制造，优先选用 304 等 Cr、Ni 含量较高的牌号材料。

（2）加工：由于冷加工会引发相变，因此，尽量在较高温度下进行加工，减少马氏体相变，此外，表面处理首选电解抛光、镜面抛光等方法，以保证表面质量，减少迁移析出。

（3）资质管理：购买相关食品接触用不锈钢时，需要供应商提供相应的资质证明和 GB 4806.9—2016《食品安全国家标准 食品接触用金属材料及制品》规定的检测报告。

（4）使用过程：不要长时间使用不锈钢餐具容器盛放酸性或碱性食品，以免破坏其表面钝化膜；不用强碱或强氧化性洗涤剂清洗，忌用锐器铲刮餐具容器，如餐具容器已破损应及时更换。

证明内包材的安全性仅靠检测报告就够了吗？

汪伟伟　上海悦孜企业信息咨询有限公司

1　前言

假如你是一个食品生产企业管理者，若想证明你的内包装塑料袋是安全的，如下常见的这些做法，你通常会选择哪些（不定项）？

A：让内包装材料厂家提供内包装材料的检测报告。

B：让内包装材料厂家提供包装材料的资质证明（如生产许可证）照片。

C：让厂家必须通过 GFSI 相关认证。

D：让内包装材料厂家提供符合性声明。

E：自己去送检，获得内包装材料的检测报告。

你的选择是什么？是不是选择的是 A 和 B？而实际上最为重要的除了 A 和 B，还有 D，A 是对很多企业的基本要求，B 是合法合规的要求，C 的要求对于一些中小企业目前还有一定的困难，D 是确定包装材料安全性的最重要文件，选择 E 估计是无奈之举。

你可能要问，什么叫符合性声明？

先来说个场景案例。

工厂使用的某种食品接触面材料（比如软连接的管或清洁工具）由国外供应商提供，若从国外供应商索取检测报告，他却只发给你一个由他们自己签字的合规产品的符合性声明。此时你会认为供应商很不专业，最后他们通过送检来满足你关于检测报告的要求。

国外供应商提供符合性声明，是比提供检测报告更科学也更专业的做法，此要求源自欧洲法规 NO. 10/2011（关于预期和食品接触的塑料材料和物品），如图 1 所示，欧盟对塑料的化学性危害管控是全球最为严格的，对于包装材料欧盟要求符合性声明是必需的，而检测报告不是必需的。

Article 15

Declaration of compliance

1. At the marketing stages other than at the retail stage，a written declaration in accordance with Article 16 of Regulation（EC） NO. 1935/2004 shall be available for plastic materials and articles，products from intermediate stages of their manufacturing as well as for the substances intended for the manufacturing of those materials and articles.

图 1　欧盟法规要求的符合性声明

2 符合性声明的含义

符合性声明英文全称为“Declaration of Compliance”，简称为 DOC，主要用于包装材料企业声明自己包装材料的成分构成和使用条件满足相关法规要求。

如图 2 所示，是不是见过类似的？

Declaration of Compliance

For FDA and EU Regulations

Plastic materials and articles to come into contact with food

Issued By: BFM Global Limited
PO Box 66-087
Beachaven 0749
Auckland
New Zealand

Issued On: 28th May 2014

For the Following Product: Teflex – Woven Polyester

Manufactured By: BFM Global Limited
PO Box 66-087
Beachaven 0749
Auckland
New Zealand

Confirmation: Teflex is supplied in accordance with the following requirements

- FDA CFR21, Part 177.1550

Specification on the use of the material

Type of food: All dry food and powder product.

Signed:

图 2 符合性声明示例

我们阅读符合性声明是为了获得食品接触材料中原辅料物质信息，特别是有限制性要求的物质信息，以及食品接触材料的使用条件，只有获得了这些信息，方能准确评价食品接触材料的合规性和安全性。

3 检测报告可以代替符合性声明吗?

企业提供的内包装材料的检测报告见表 1 所列。

表 1 内包装材料的检测报告示例

检验项目		技术要求	检验结果	单项判定
感官要求	浸泡液	迁移试验所得浸泡液无浑浊、沉淀、异臭等感官性的劣变	符合要求	符合
理化指标	总迁移量(10%乙醇,70℃,2 h)	≤10 mg/dm²	0.42 mg/dm²	符合
	高锰酸钾消耗量(水,60℃,2 h)	≤10 mg/kg	0.51 mg/kg	符合
	重金属(以 Pb 计)[4%乙酸(体积分数),60℃,2 h]	≤1 mg/kg	<1 mg/kg	符合

这样的检测报告可以替代符合性声明吗?在回答这个问题之前,先说说几个定义。

(1) 总迁移限量(OML):从食品接触材料及制品中迁移到与之接触的食品模拟物中的所有非挥发性物质的最大允许量,以每千克食物模拟物中非挥发性迁移物的毫克数(mg/kg)表示。

(2) 特定迁移限量(SML):从食品接触材料及制品中迁移到与之接触的食品或食品模拟物中的某种或某类物质的最大允许量。

(3) 特定迁移总量限量 [SML(T)]:从食品接触材料及制品中迁移到与之接触的食品或食品模拟物中的两种或两种以上物质的最大允许总量。

(4) 最大残留量(QM):食品接触材料及制品中某种或某类物质的最大允许量。

我们要求的内包材料检测报告通常体现的是总迁移量检测结果,而总迁移量满足要求不代表特定迁移量/总量满足要求。即使检测得到了某个特定物质(如塑化剂)的特定迁移限量(SML)或总量限量 [SML(T)],也只能证明包装材料内的塑化剂是安全的,除了塑化剂,还可能有几千种化学限量添加物质和添加剂中的某些物质,无法证明包装材料里不含这几千种物质中的某些成分。

因此,检测报告不能代替符合性声明。

没有符合性声明去做检测报告,就如同一种食品没有任何标签信息,然后去送检,想知道这种食品的成分是否安全。但是没有标签说明成分,则根本不知道应检测什么指标?如果仅检测得到了微生物不超标的结果,并不代表产品就一定是安全的。

检测报告在特定要求检测条件(如要求检测塑化剂)下是能够证明特定迁移量(如塑化剂)的安全性的,但是特定迁移量安全不代表这个包材一定是安全的,因为除了塑化剂,还有很多的限量添加的化学物质。

因此,符合性声明是非常重要的前提,没有符合性声明就将材料送检,相当于蒙眼打靶,却还希望能够打中。

4 符合性声明在中国的相关法规要求

GB 4806.1—2016《食品安全国家标准 食品接触材料及制品通用安全要求》中相关规定如图 3 所示。

8.3 标识内容应包括产品名称，材质，对相关法规及标识的符合性声明，生产者和（或）经销者的名称、地址和联系方式，生产日期和保质期（适用时）等内容。

8.4 符合性声明应包括遵守的法规和标准，有限制性要求的物质名单及其限制性要求和总迁移量合规性情况（仅成型品）等。

8.5 食品接触材料及制品终产品除应符合上述要求外，还应注明“食品接触用”“食品包装用”或类似用语，或加印、加贴调羹筷子标志（具体见附录 A），有明确食品接触用途的产品（如筷子、炒锅等）除外。有特殊使用要求的产品应注明使用方法、使用注意事项、用途、使用环境、使用温度等。对于相关标准明确规定的使用条件或超出使用条件将产生较高食品安全风险的产品，应以特殊或醒目的方式说明其使用条件，以便使用者能够安全、正确地对产品进行处理、展示、贮存和使用。

图 3 GB 4806.1—2016 中关于符合性声明的规定

5 包装产业链哪些需要符合性声明？

食品接触材料是由多级供应链生产的产品，只有所有经营者都从终产品合规的角度出发，在其生产环节中承担必要的责任，终产品合规才能有所保证。

塑料食品接触的材料供应链上，上下游之间传递的商品类别主要有化学物质、中间材料、终产品。如图 4 所示。

图 4 食品接触材料供应链图

（1）化学物质生产商：化学物质是指用于生产食品接触材料及制品的基础成分，如添加剂、溶剂、助剂、着色剂等化学物质，化学物质生产企业的经营者就是化学物质生产商。

（2）中间材料生产商：中间材料是需进一步加工和再成型，才能制成最终产品的材料，如基础树脂、母料、预混料、瓶坯、半成品的薄膜片材及复合材料中未复合成型的塑料层等。中间材料生产企业的经营者就是中间材料生产商。

（3）终产品生产商：终产品是指可直接接触食品，但尚未与食品接触的产品。终产品生产商通常就是包装生产企业。

（4）终产品用户：指使用接触食品终产品的企业或个人。终产品用户通常是指食品生产企业。

（5）最终消费者：指购买最终食品的个人消费者。

每一个环节（包括化学物质生产商、中间材料生产商和终产品生产商）都要向其下游传递符合性声明。

6　包装材料符合性声明的案例

化学物质、中间材料和终产品生产商的符合性声明会有一定的差异，接下来我们主要来说说食品行业最常用到的直接上游包装材料生产商提供的符合性声明应当包括什么内容？内包装材料生产商提供的符合性声明，至少要包括如下内容：

（1）符合性声明发布方信息：是指包装材料企业的名称和联系方式。

（2）生产商/进口商信息（适用时）：包括但不限于名称和联系方式。

（3）产品信息：商品名称 、材质。

（4）符合法规/标准情况：基于上游传递的符合性声明，说明终产品符合的法规和标准，应列出具体的法规/标准名称和代号等。

（5）法规/标准符合性声明：应对产品所符合的法规/标准中的限制要求，如总迁移限量（OML）、特定迁移限量（SML）、特定迁移总量限量［SML（T）］、最大残留量（QM）等进行符合性阐述，必要时可以列出各项指标的限量及符合性，特别是存在多项特定迁移量和残留量要求时。所有限量指标的符合性，应存在必要的支持性文件，支持性文件包括但不限于原辅料质量规格说明、符合性筛查、测试或评估报告及其他安全性评估材料等。

（6）产品使用条件：对终产品的使用条件给出说明，特别是终产品可以接触的食品/食品类型、与食品接触的使用条件限制（接触时间和接触温度）、最小容量和重复使用情况等。

（7）声明日期：符合性声明的发布日期。

（8）签发：符合性声明和签发人员的签名或单位公章。

除以上必要要素外，建议符合性声明还应包括责任声明，即发布方对相关责任的界定和承诺，例如，基于上游供应商提供的符合性声明，对该产品进行符合性评价后给出该符合性声明。

上述符合性声明中，最为重要的是产品信息和产品使用条件两个因素，而这两个因素也是传统的包装材料检测报告中所不能提供的。

7 终产品包装材料符合性声明的参考格式

中国食品工业协会食品接触材料专业委员会提供的终产品包装材料符合性声明参考格式如图5所示。

符合性声明（终产品）

产品名称：	XXXXX（符合性声明对象的产品名称）
产 品 材 质 ：	XXXX（根据相关产品标准标要求标识产品材质，对于复合、组合材料及制品可以列表的形式体现各层材料或部件的材质）
生 产 商 ：	XXXXXX
联系方式（适用时）：	XXXXXX
声 明 方 ：	XXXXXX
联系方式（适用时）：	XXXXXX
产品使用条件*[1]：	可以或不可以接触的食品/食品类型、与食品接触的使用条件限制（接触时间和接触温度）、最大面积体积比（或最小容量）和重复使用情况等。
符 合 法 规 ：	产品符合 GB 4806.1-2016《食品安全国家标准 食品接触材料及制品通用安全要求》、GB 9685-2016《食品安全国家标准 食品接触材料及制品用添加剂使用标准》和 GB 4806.6《食品安全国家标准 食品接触材料及制品用塑料树脂》、GB 4806.7-2016《食品安全国家标准 食品接触用塑料材料及制品》适用于本产品的相关要求。产品生产过程符合 GB 31603-2015《食品安全国家标准 食品接触材料及制品生产通用卫生规范》要求。
法规符合性说明：	产品对上述法规技术指标的符合情况见附件。
责 任 声 明 ：	我司对所提供产品试样、产品信息、测试报告的真实性及配方的变更负法律责任。产品使用者对正确使用该产品负有法律责任。

***[1] 对于终产品，其符合性声明中必须说明产品的安全使用条件，其说明信息包括但不限于以上内容。当不做任何说明时，则意味着产品可在任何条件下使用。**

签 名：

日 期：

图5 符合性声明参考格式

8 国内不流行 DOC 的原因及企业的应对措施

虽然 DOC 符合性声明非常重要，但是若只有 DOC 而没有检测报告，在面对客户索证索票及审核检查时，可能仍会遇到挑战，得不到认可。因为国内的包装企业，尤其是中小型包装企业，在出具符合性声明时，其严谨性和可信度还较低声明缺乏支持性文件。

因此，建议食品生产企业在索要传统的包装材料检测报告的同时，再让包装生产企业提供一份符合性声明，毕竟提供符合性声明并不需要增加太多成本且可操作性强。

9 总结

目前我国新的GB 4806系列标准采用的是与欧盟标准相同的方法论，将符合性声明作为了一个重要的内容。市场和法规对于包装材料的管控也越来越规范，今后越来越多的企业会采纳索要符合性声明的方法，而检测报告将只是验证和佐证符合性声明的一个支持性文件。

食品工厂涉水材料如何获得合规资质

汪伟伟　上海悦孜企业信息咨询有限公司

1　什么是涉水批件

涉水批件全称为“涉及饮用水卫生安全产品卫生许可批件”，是政府为生产涉及饮用水产品的企业颁发的、标志其卫生安全性的唯一权威性文件。国家在相关法规中明确指出：凡在饮用水生产和供应过程中与水接触的输配水设备、防护材料、化学处理剂、水质处理器、饮水消毒设备等均称为涉及饮用水卫生安全产品，简称“涉水产品”。

需要注意的是，涉水产品的安全性要求不适用于 GB 4806. 1—2016《食品安全国家标准 食品接触材料及制品通用安全要求》。GB 4806. 1—2016 的 2. 1 中的相关规定如图 1 所示。

> 2. 1　食品接触材料及制品
>
> 在正常使用条件下，各种已经或预期可能与食品或食品添加剂（以下简称食品）接触、或其成分可能转移到食品中的材料和制品，包括食品生产、加工、包装、运输、贮存、销售和使用过程中用于食品的包装材料、容器、工具和设备，及可能直接或间接接触食品的油墨、黏合剂、润滑油等。不包括洗涤剂、消毒剂和公共输水设施。

图 1　GB 48061. 1 中对涉水产品的说明

2　法律法规和相关标准中有哪些规定?

1997 年颁布实施的《生活饮用水卫生监督管理办法》明确规定国家对涉水产品实行卫生许可制度。生产涉及饮用水卫生安全产品的单位，必须按规定向政府卫生行政部门申请办理产品卫生许可批准文件，取得批准文件后，方可进行生产和销售。

2018 年 10 月 23 日，为贯彻落实国务院“放管服”改革要求，国家卫生健康委员会颁发《关于印发省级涉及饮用水卫生安全产品卫生行政许可规定的通知》（国卫办监督发〔2018〕25 号）[①]，将饮用水卫生安全产品卫生行政许可工作由国家下放到各个

① http：//www. nhc. gov. cn/zhjcj/s5853/201811/93a1e682ab1c46b1881bf332567fd5ab. shtml

省，同时发布了《省级涉及饮用水卫生安全产品卫生行政许可规定》，供各个省进一步细化、优化，制定适用各省的相关许可程序和规定。

所以，涉水批件，不是某个协会也不是某个组织发放的，而是由卫生健康委员会统一管理和监督执行的。生产厂家只有办理了涉水卫生批件才能进行生产，而制造和销售无证涉水产品属非法行为，并将被取缔和处以罚款。

接下来我们来看看相关国内外标准中的规定。

2.1 GB 14881—2013《食品安全国家标准 食品生产通用卫生规范》中的规定

在 GB 14881—2013 中 5.1.1.4 的要求描述如图 2 所示。

5 设施与设备

5.1 设施

5.1.1 供水设施

5.1.1.1 应能保证水质、水压、水量及其他要求符合生产需要。

5.1.1.2 食品加工用水的水质应符合 GB 5749 的规定，对加工用水水质有特殊要求的食品应符合相应规定。间接冷却水、锅炉用水等食品生产用水的水质应符合生产需要。

5.1.1.3 食品加工用水与其他不与食品接触的用水（如间接冷却水、污水或废水等）应以完全分离的管路输送，避免交叉污染。各管路系统应明确标识以便区分。

5.1.1.4 自备水源及供水设施应符合有关规定。供水设施中使用的涉及饮用水卫生安全产品还应符合国家相关规定。

图 2 GB 14881—2013 中的涉水产品要求

而在 GB 14881—2013 中有具体的关于涉水产品的描述，如图 3 所示。

食品加工用水必须用单独的管道输送，可通过颜色与其他用水加以区别，避免交叉污染。管路系统的走向和名称应明确标示和区分以方便管理与维修。供水管道应尽量短并避免盲端（即存有死水的地方）。

应定期检查供水设施状况，避免其他生产用水（如夹层容器、热交换器用水等）有可能因意外泄漏导致产品或物料污染。

食品加工用水的储水设备（储水槽、储水塔、储水池等）应以无毒、不会导致水质污染的材料构筑，应采取有效措施防止落入异物，并定期清洗，必要时进行消毒。

处理水质涉及的设备、材料，包括在饮用水生产和供水过程中与饮用水直接接触的输配水设备（管材、管件、蓄水容器、无负压供水设备）、水质处理器及消毒等设备、密封、止水材料（密封胶条、密封圈等）、防护材料（环氧树脂涂料、聚酯涂料等）、水处理材料（活性炭、活性氧化铝、陶瓷、反渗透膜、离子交换树脂、碘树脂等及其组件）、化学处理剂（絮凝剂、助凝剂、阻垢剂、消毒剂），统称为“涉水产品”。“涉水产品”的使用应符合我国《涉及饮用水卫生安全产品分类目录》《新消毒产品和新涉水产品卫生行政许可管理规定》，以及《关于利用新材料、新工艺和新化学物质生产的涉及饮用水卫生安全产品判定依据的通告》等相关规定的要求。

图 3 GB 14881—2013 中关于涉水产品的说明

2.2 国际标准中的相关要求

AIB统一检查标准中5.27.1.6要求提供可与食品接触的许可证明文件，如图4所示。如提供NSF认证资料。

5.27.1.6 在蒸汽或水中使用的、与食品进行直接或间接接触的水处理化学品应具有可与食品接触的许可证明文件。

图4 AIB标准中涉水要求

IFS Food中4.17.2要求食品直接接触的设备和工具都要有符合性证明，如图5所示。

> 4.17 设备
>
> 4.17.1 设备的设计应与预期用途相适应，并详细说明。正式投入使用之前，应验证其能保证满足产品的要求。
>
> 4.17.2 直接与食品接触的所有设备和工具都应有符合性的证明，以证明满足现行的法规要求。如果没有使用的专门法规要求，应提供证据表明所有的设备和工具是适合使用的。这也适用于直接与原材料、半成品和成品接触的所有设备和工具。

图5 IFS Food标准中的食品接触要求

BRCGS中4.6.2也要求与食品直接接触的设备要满足适用的法律法规要求，如图6所示。

4.6 设备

所有的加工设备均应适合预期的目的，而且其使用应能最大限度地减少产品的污染风险。

条款	要求
4.6.1	所有的设备均应采用适当的材料制造。设备的设计和安装应确保便于进行有效的保洁和维护。
4.6.2	与食品直接接触的设备应适合与食品接触且满足一切适用法律的要求。

图6 BRCGS标准中食品接触要求

3 涉水证明是什么样子的？在哪里可以查询？

由于涉水证明的审批已经下放到了每个省的卫生健康委员会，因此每个省发的涉水批件在格式和内容上可能会稍有不同。如图7是浙江省与广东省的涉水批件示例。

在国家卫生部门没有下放时，有一个总的查询数据库可查询涉水卫生批件，目前涉水卫生批件被下放到各个省，因此没有统一的查询渠道，有些省份有相应的数据库供查询，但是有些省份没有相应的查询渠道。

如下是上海市关于已经颁发的涉水卫生批件的清单数据库网址，供大家参考。

https：//data. sh. gov. cn/view/detail/index. html? type = cp&&id = AB8002016014&&dataset _ name=%E6%B6%89%E5%8F%8A%E9%A5%AE%E7%94%A8%E6%B0%B4%E5%8D%AB%E7%94%9F%E5%AE%89%E5%85%A8%E7%9A%84%E4%BA%A7%E5%93%81%E5%8D%AB%E7%94%9F%E8%AE%B8%E5%8F%AF

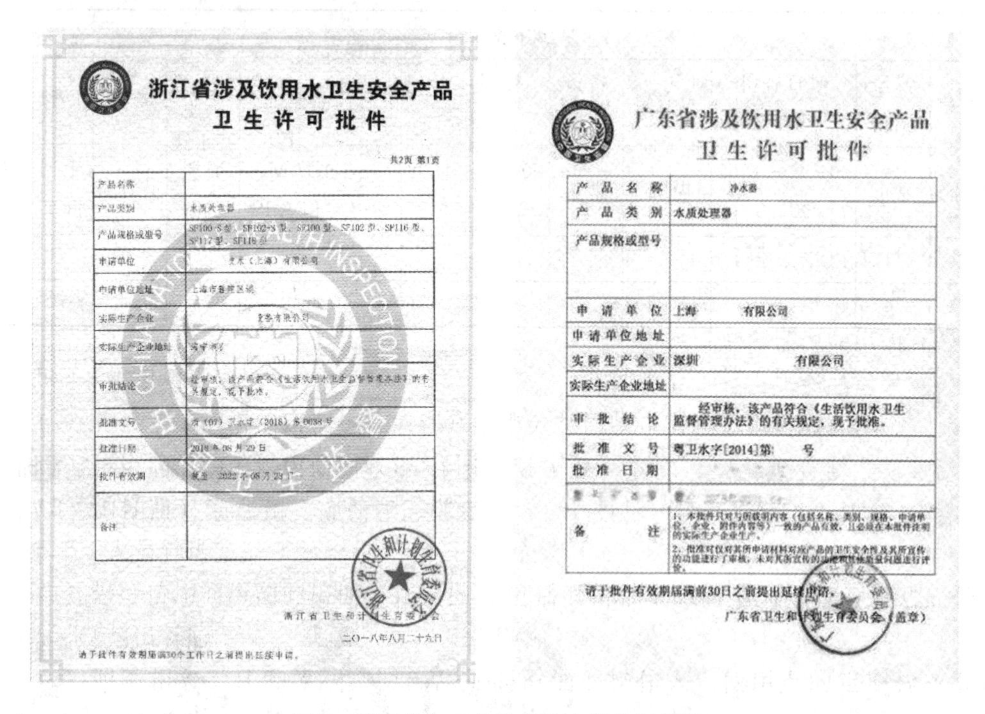

浙江省涉及饮用水卫生安全产品
卫生许可批件

共2页 第1页

产品名称	
产品类别	水质处理器
产品规格或型号	SF100-S型、SF102-S型、SF100型、SF102型、SF116型、SF117型、SF118型
申请单位	[illegible]（上海）有限公司
申请单位地址	上海市[illegible]区[illegible]
实际生产企业	[illegible]有限公司
实际生产企业地址	[illegible]
审批结论	经审核，该产品符合《生活饮用水卫生监督管理办法》的有关规定，现予批准。
批准文号	浙（07）卫水字（2018）第0038号
批准日期	2018年08月29日
批件有效期	截至 2022年08月28日
备注	

浙江省卫生和计划生育委员会
二〇一八年八月二十九日

请于批件有效期届满30个工作日之前提出延续申请。

广东省涉及饮用水卫生安全产品
卫生许可批件

产品名称	净水器
产品类别	水质处理器
产品规格或型号	
申请单位	上海　　有限公司
申请单位地址	
实际生产企业	深圳　　有限公司
实际生产企业地址	
审批结论	经审核，该产品符合《生活饮用水卫生监督管理办法》的有关规定，现予批准。
批准文号	粤卫水字[2014]第　　号
批准日期	
[illegible]	[illegible]
备注	1、本批件只对与所载明内容（包括名称、类别、规格、申请单位、企业、附件内容等）一致的产品有效，且必须在本批件注明的实际生产企业生产。 2、批准时仅对其所申请材料对应产品的卫生安全性及其所宣传的功能进行了审核，未对其所宣传的功能和整体质量问题进行评价。

请于批件有效期届满前30日之前提出延续申请。
广东省卫生和计划生育委员会（盖章）

图 7　浙江省与广东省的涉水批件示例①

4　哪些产品需要涉水证明

原中华人民共和国卫生部印发的《涉及饮用水卫生安全产品分类目录》中，列出了如下几种产品需要涉水卫生批件。

4.1　输配水设备

（1）管材、管件（见图 8）；

（2）蓄水罐（见图 9）；

（3）无负压供水设备；

（4）饮水机；

（5）密封、止水材料：密封胶条、密封圈。

① https：//baijiahao. baidu. com/s? id=1719668236706427931&wfr=spider&for=pc

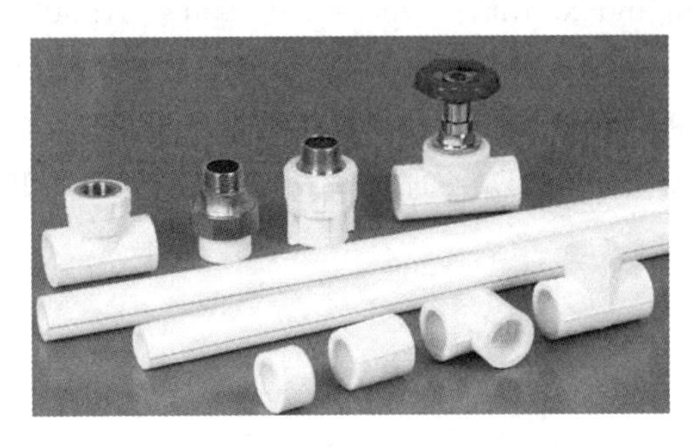

图 8　涉水管件

图 9　蓄水罐

4.2　防护材料

(1) 环氧树脂涂料；

(2) 聚酯涂料（含醇酸树脂）；

(3) 丙烯酸树脂涂料；

(4) 聚氨酯涂料。

4.3　水处理材料

活性炭、活性氧化铝、陶瓷、分子筛（沸石）、锰砂、熔喷聚丙烯（聚丙烯棉）、铜锌合金（KDF）、反渗透膜（见图 10）、超滤膜、纳滤膜、微滤膜（见图 11）、离子交换树脂、碘树脂等及其组件。

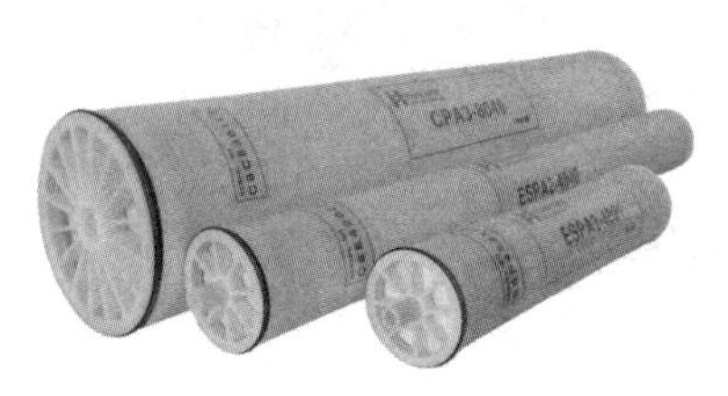

图 10　反渗透膜

图 11　微滤膜

4.4　化学处理剂

4.4.1　絮凝剂、助凝剂

聚合氯化铝（碱式氯化铝、羟基氯化铝）、硫酸铁、硫酸亚铁、氯化铁、氯化铝、硫酸铝（明矾）、聚丙烯酰胺、硅酸钠（水玻璃）及其复配产品。

4.4.2　阻垢剂

磷酸盐类、硅酸盐类及其复配产品。

4.4.3　消毒剂

次氯酸钠、二氧化氯、高锰酸钾、过氧化氢。

4.5　水质处理器

(1) 以市政自来水为原水的水质处理器。

活性炭净水器、粗滤净水器、微滤净水器、超滤净水器、软化水器、离子交换装置、蒸馏水器、电渗析水质处理器、反渗透净水器、纳滤净水器等。

（2）以地下水或地表水为水源的水质处理设备（每小时净水流量≤25 m³）。

（3）饮用水消毒设备。

二氧化氯发生器、臭氧发生器、次氯酸发生器、紫外线消毒器等。

4.6　与饮用水接触的新材料和新化学物质

使用新材料或新化学物质制造的与生活饮用水接触的输配水设备、防护材料、水处理材料和化学处理剂。

5　如何办理涉水卫生批件

中华人民共和国国家卫生健康委员会发布的《省级涉及饮用水卫生安全产品卫生行政许可规定》（国卫办监督发〔2018〕25号），详细列出了如何办理涉水卫生批件。以上海为例，在上海的涉水卫生批件的相关生产企业，可以参看上海市政府一网通办的链接了解详情：

http：//zwdt.sh.gov.cn/govPortals/bsfw/findBsfw.do?_itemId=SH00SH310100636001&_itemType=%E5%AE%A1%E6%89%B9&_organCode_=SHWSSH

6　对于进口产品如何查询 NSF 数据库

上文提及的产品，不论是进口的还是国产的，都需要涉水批件，但是某些设备的配件是国外配套进口的，在国内不单独销售，所以这些配件就没有申请涉水批件。如某企业采购了国外的锅炉，其蒸汽直接和产品接触，但是其与锅炉配套的除垢剂是进口的，此除垢剂没有涉水证明，那么如何才能知道其是否满足安全要求呢？

NSF 数据库（https：//info.nsf.org/usda/psnclistings.asp）如图12所示，其中的“G6”表示是否是食品接触“food contact”，如果查询结果中有此产品，则表示此产品是安全的。

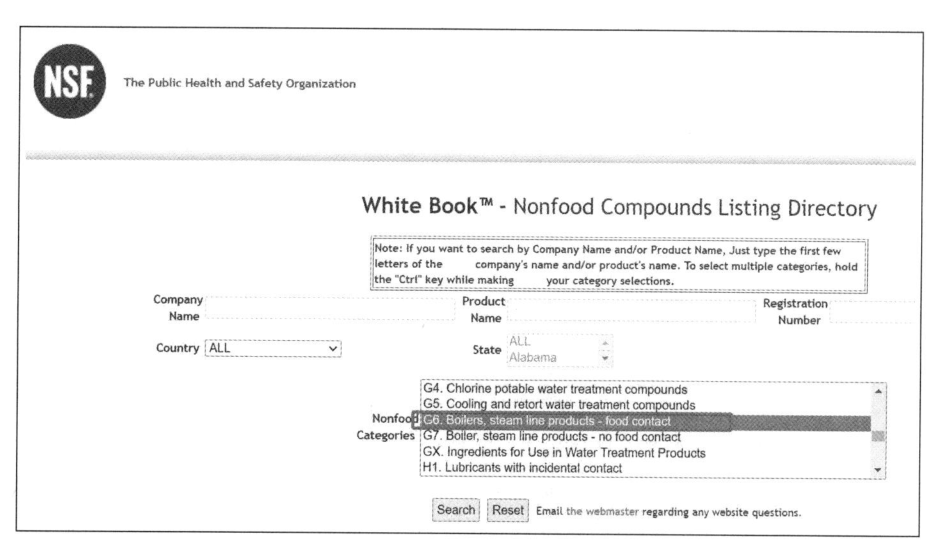

图12　NSF 数据库查询网站截图

7 老工厂的很多设备没有涉水批件怎么办?

有些企业的工厂比较老，安装的设备（如管道、蓄水池等）供应商可能已经找不到了，提供不了相应的涉水证明，此时补充涉水证明可能性较低，那么该怎么办呢？如何判断风险呢？

以下有两个建议：(1) 这些产品对食品安全的风险可能也不大，因为工厂已运行多年，若每年的水质检测都是合格的，说明这些设备虽然合规手续不齐全，但是可能也是安全的。

(2) 企业应当加强对耗材的涉水批件的管理，提高要求，比如过滤膜、交换树脂、软化剂、消毒剂等耗材的供应商变化可能更为频繁，其食品安全风险相比于固定不动的管材和罐体会更高些。

压缩空气管理最佳实践及内外部检测

汪伟伟　上海悦孜企业信息咨询有限公司

1　压缩空气使用情况

压缩空气在食品工业中使用得非常频繁，主要有如下几种使用情况。

（1）直接接触物料：主要是用压缩空气来传送和吹扫物料的，如使用压缩空气进行管道物料运输、喷涂物料、吹瓶等。

（2）间接接触物料：主要用于设备表面的一些清洁和吹扫，管道吹扫等。

（3）不接触物料：用于非食品直接接触的动力作用，如一些阀门的动力源等。

在很多企业的食品安全管理过程中，压缩空气的危害经常容易被人们忽略，从而形成了管理上的盲区。压缩空气的主要危害分析见表1所列。

表1　压缩空气的主要危害分析

危害类型	危害描述	来源	主要控制方法
物理危害	固体颗粒	空气	安装过滤器
	管道异物	管道	改善管道材质，焊接，安装过滤器
化学危害	水	空气	使用冻干/吸干机，安装排水装置，安装过滤器
	油	设备部件	使用无油空压机，安装过滤器，安装排油装置
	气态污染物（CO、SO_2、NO_X等）	空气（不常见）	提高环境空气质量
微生物危害	浮游菌	空气中	安装过滤器，降低空气湿度

2　危害控制方法的最佳实践

在上表1所列的各种危害的控制方法中，安装过滤器与排油、排水装置是最为常见的两种措施。接下来谈谈这两种控制方法及其最佳实践。

2.1　过滤器

空气中悬浮的粒状污染物质是由固体或液体微粒子所组成的。大气中既含有固态微粒，也含有液态微粒的多分散的气溶胶。压缩空气过滤器通过设置不同性能的多级过滤器，除去空气中的粒径大于10 μm的尘埃粒子、0.1～10 μm气溶胶和0.5～5 μm细菌微生物。图1是食品企业中比较典型的压缩空气流程图。

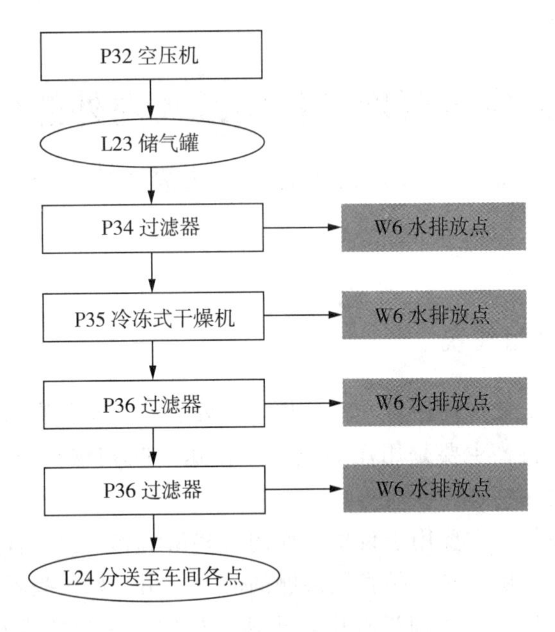

图 1 压缩空气流程图

为了满足过滤器的精度要求，通常根据产品的风险等级不同，设置不同组合的过滤器精度及数量。图 2 中的第三种情况是很多食品企业选择的配置组合。

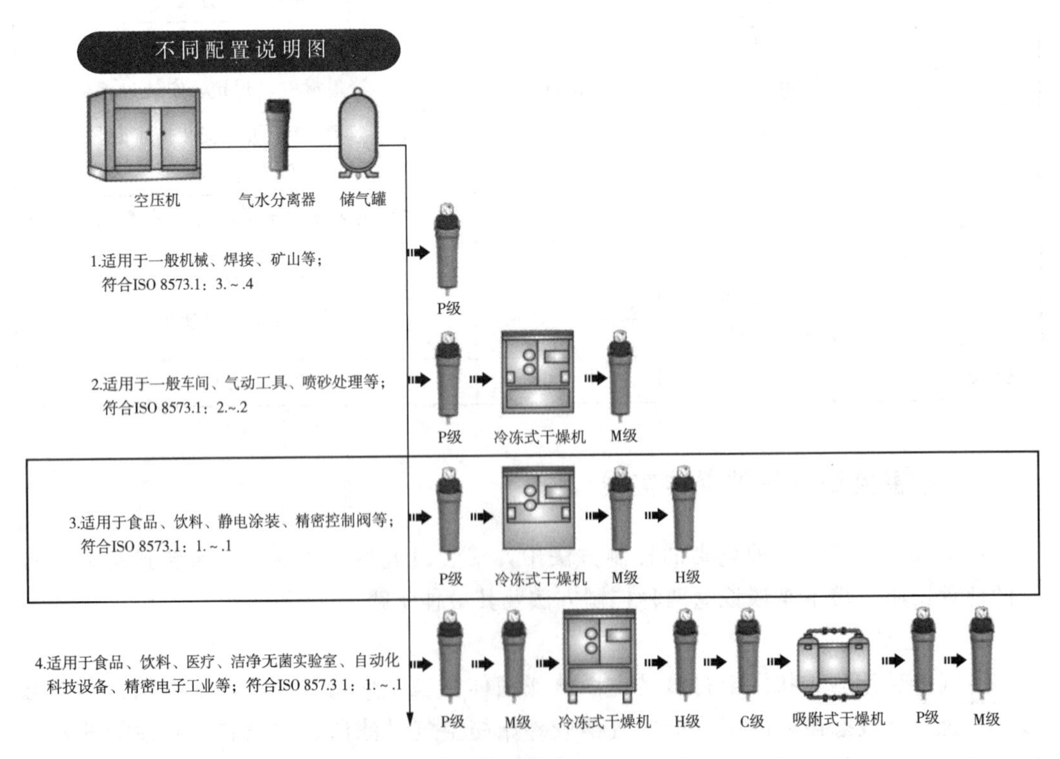

图 2 过滤器配置图

AIB 国际标准对过滤器的性能有一个最低的要求，是其至少能够去除 5 μm 或者更大的粒子。IFS Food 的相关要求如图 3 所示。

2.17.1.1 必须适当过滤在加工区域使用的压缩空气，以除去 5 μm 或更大的粒子。压缩空气设备不能含有尘土、油或水。

图 3 IFS Food 中的相关要求

实际上企业选择的都是比 5 μm 更精密的过滤器，多数为 0.01μm 或者 0.1 μm 的过滤器，这样还能够去除气溶胶及空气中的细菌。当然过滤器的层级越多，精度越大，压力损失越多，因此不能够无限制地添加过滤器的数量或者精度。

很多企业的过滤器以每年一次或几次的频率进行更换，由于更换的时间间隔较长，人员很难记住上一次的更换时间，此时可以采用在过滤器上用标签标注的方法，如图 4 所示，标示过滤器的名称、编号、过滤等级、本次滤芯更换时间、下次更换时间等信息。

图 4 过滤器上的标注

2.2 排水或排油装置

排水/排油阀门如图 5 所示。

图 5 是手动排放形式阀门，经常因为员工排放不及时，内部的水/油太多而浸泡着滤芯。因此企业通常安装自动排放装置。

电磁排水器是通过在底部安装一个电磁阀使水、油定期定时排放，这是应用最为普遍的装置之一，如图 6 所示。

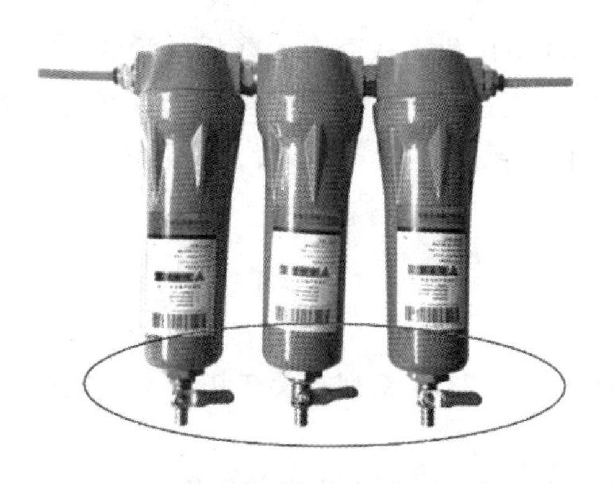

图 5 排水/排油阀门

图 6 电磁自动排水/排油阀门

浮球式自动排水器内置不锈钢浮球，水满后浮球浮起打开排水，如图 7 所示。

杯型自动排水器使用的是机械式浮球排水方法，如图 8 所示。

通常会对过滤器进行水/油的集中收集，以避免对环境造成影响，如图 9 和图 10 所示。

图7 浮球式自动排水器

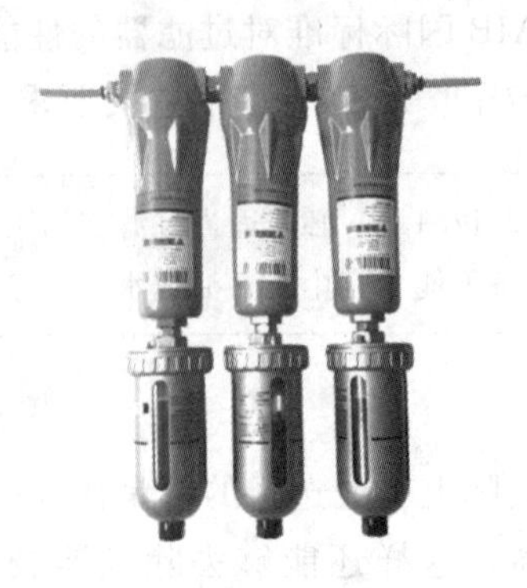

图8 杯型自动排水器

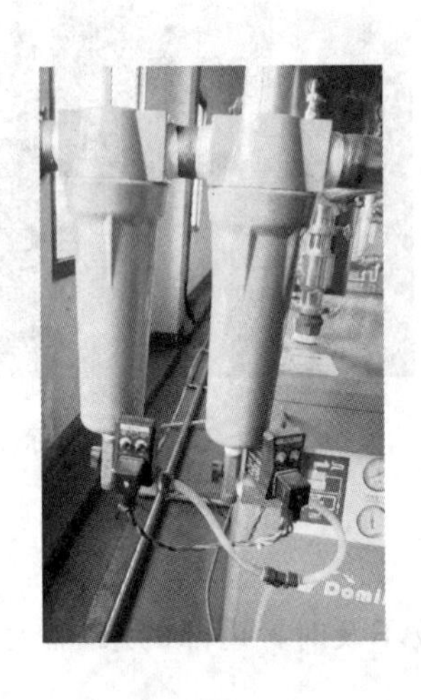

图9 集中收集排放的废水/油

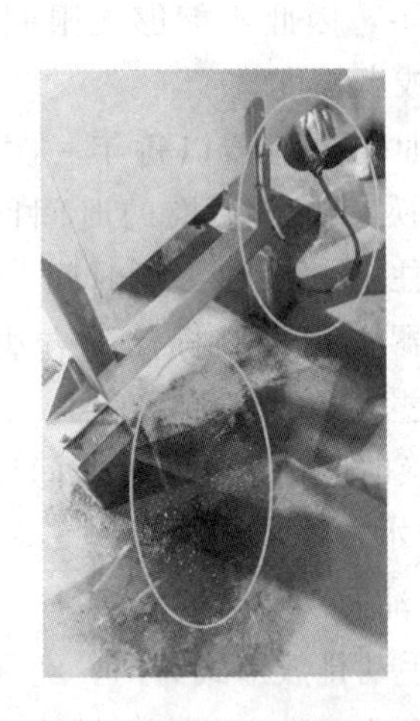

图10 油没有被集中排放，导致地面油污很严重

2.3 设备选型

对于与食品接触的空压机，建议选择无油的空压机，从而大大降低油污的风险。若使用有油或者微油空压机，应当选用食品级润滑油进行维护保养。当然这些都会涉及成本的投入，但是考虑到压缩空气可能会使批量的产品不合格，这些投入还是值得的。

3 相关标准对压缩空气的要求

3.1 国家标准要求

我们国家对压缩空气的标准要求主要引用ISO 8573系列，关于压缩空气的国家标准系列共有9部分：

（1）GB/T 13277.1—2008《压缩空气 第1部分：污染物净化等级》
（2）GB/T 13277.2—2015《压缩空气 第2部分：悬浮油含量测量方法》
（3）GB/T 13277.3—2015《压缩空气 第3部分：湿度测量方法》
（4）GB/T 13277.4—2015《压缩空气 第4部分：固体颗粒测量方法》
（5）GB/T 13277.5—2019《压缩空气 第5部分：油蒸气及有机溶剂测量方法》

(6) GB/T 13277.6《压缩空气　第 6 部分：气态污染物含量测量方法》

(7) GB/T 13277.7《压缩空气　第 7 部分：活性微生物含量测量方法》

(8) GB/T 13277.8《压缩空气　第 8 部分：固体颗粒质量浓度测量方法》

(9) GB/T 13277.9《压缩空气　第 9 部分：液态水含量测量方法》

目前第 1～5 部分已经发布，第 6～9 部分正在制定或处于征求意见稿阶段。这也是判定压缩空气质量的主要依据之一。

3.2　国际相关标准对压缩空气的要求

接下来，我们来介绍 AIB 标准及 GFSI 认可的 IFS、BRCGS、FSSC 22000、SQF 四个标准对压缩空气的要求。

在 AIB 标准中，关于压缩空气共有 5 条要求，如图 11 所示。

2.17　压缩空气/与产品接触的气体

和产品接触的压缩空气或其他气体可能会含有颗粒物质、微生物、霉菌、水或油，从而可能会污染食品产品。

关键要求

2.17.1.1　必须适当过滤在加工区域使用的压缩空气，以除去 5μm 或更大的粒子。压缩空气设备不能含有尘土、油或水。

2.17.1.2　油水分离器和过滤器应定期检查和更换。油水分离器和过滤器的安装和设计应确保在进行检查或更换时，不会污染产品。

2.17.1.3　与产品直接接触的其他气体必须达到合适的纯度或通过过滤器除去污染物，以保护产品不会受到污染。

2.17.4　保存过滤器检查与更换的记录。

非关键要求

2.17.2.1　用在食品接触面的空气过滤器应当安装在离使用地点尽可能近的位置。

图 11　AIB 关于压缩空气的要求

其次，在 IFS 标准中，有 2 条要求，如图 12 所示。

4.9.10　压缩空气和气体

4.9.10.1　应基于危害分析和相关风险评估，监测直接与食品或内包装材料接触的压缩空气质量。如果使用气体，它们应通过符合性声明证明其安全和质量，并适用于预期用途。

4.9.10.2　压缩空气不应有造成污染的风险。

图 12　IFS 压缩空气要求

在 BRCGS 标准中，关于压缩空气仅有 1 条要求，如图 13 所示。

4.5.3　应对所有作为产品的成分或直接与产品接触的空气或其他气体进行监控，以确保不会产生污染风险。应对所有直接与产品接触的压缩空气在使用点进行过滤。

图 13　BRCGS 关于压缩空气的要求

虽然BRCGS关于压缩空气仅有一个条款要求，但其也发布了关于压缩空气的一个指南文件《了解食品生产中的空气质量要求和空气过滤器的规格》（见图14）。

图14 BRCGS关于压缩空气的指南文件

在FSSC 22000的前期方案ISO 22002-1中，共有6个条款要求，如图15所示。

6.5 压缩空气和其他气体

压缩空气、二氧化碳、氮气和其他使用在制造和（或）罐装中的气体系统设计和建造应防止污染。

其他直接或意外与产品接触（包括运输、吹气或干燥物料、产品或设备），应确保许可与食品接触的气源，并过滤除去灰尘、油和水。

压缩机用油时，空气可能接触到食品，所用油应为食品级。

建议使用无油压缩机。

应规定过滤、相对湿度和微生物的要求。

空气过滤需接近使用处，以便操作。

图15 FSSC 22000压缩空气要求

在SQF标准中，共有2个条款要求，如图16所示。

11.5.5 空气和其他气体的品质

11.5.5.1 接触食品或食品接触表面之加压空气或其他气体（例如氮气、二氧化碳）应干净且不对食品安全造成风险。

11.5.5.2 接触食品或食品接触表面之加压空气系统，和用于储藏或排放其他生产加工的气体，应维护且定期监视品质与食品安全危害。

图16 SQF关于压缩空气的要求

4 压缩空气检测

4.1 外部第三方检测

检测压缩空气质量如何的最好方式是进行外部第三方检测，目前市场上有一些专业第三方机构可进行压缩空气的检测，并出具报告，见表2所列。不过目前压缩空气的检验机构多数需要上门使用专业设备进行取样检测，因此费用相对比较贵。

表2 压缩空气第三方机构检测报告示例

检测工具	压缩空气质量检测仪、计时器、检油盒、露点仪、粒子计数器、高压扩散器、浮游菌采样仪、TSA培养皿					
检测项目	检测结果					结果判定
水分含量	露点温度：－19.9 ℃					合格
油分含量	油分含量＜0.1 mg/m³					合格
固体颗粒	粒径 d/μm	第一次检测粒子数（个·m⁻³）	第二次检测粒子数（个·m⁻³）	第三次检测粒子数（个·m⁻³）	最大值（个·m⁻³）	合格
	0.5＜d≤1.0	54860	48420	48610	54860	—
	1.0＜d≤5.0	14360	13960	12710	14360	—
微生物	测试皿	0 cfu/m³	—	—	—	不做判定
	对照皿	阴性	—	—	—	—

压缩空气是否需要同产品或者包装材料一样，每年进行第三方检测呢？有些企业比较困惑于这个问题。上文介绍的我国标准和国际标准中要求，需要对压缩空气进行风险评估和监控，但是并没有明确具体的风险估计方法（外校还是内校）和监控频率。企业对于压缩空气更主要的是开展风险评估的确认，比如对于敏感产品（如吹塑包装使用的压缩空气，烘焙中使用的喷涂工艺等），建议在新设备投入使用前或者设备大修后，进行第三方检测确认空气质量。若检测确认其没有问题，后期可以通过内部检测进行风险的监控。

4.2 内部检测监控

除了外部的专业检测，内部也可以进行检测监控。下面介绍某企业采用的内部风险评估方法，供读者参考了解。

4.2.1 水分和油分检测

取一张干燥洁净的试验用滤纸，打开压缩空气1 min，放掉一部分压缩空气后，将试验用滤纸置于距离出口约2 cm的位置，打开压缩空气阀，使压缩空气正喷滤纸10 min，关掉阀门，目测观察，与另一张干燥洁净的滤纸进行空白对照。

4.2.2 悬浮粒子数检测

开启尘埃粒子计数器（见图17），使用过滤器净化仪器5 min后，开始采样，采样时间设置为 1 min。把仪器的采样管和压缩空气管一并插入洁净大塑料袋（先用压缩空气吹 5 min，消除塑料袋影响），将袋口收拢，但是留有气的出口。吹3 min后开始采样，1 min 后仪器打印结果，记录数据。

4.2.3　微生物测定

先用消毒剂（0.1％新洁尔灭或 75％酒精）擦拭采样器与压缩空气接头，打开压缩空气取样阀，排气 5 min 以上，将压缩空气采样口与浮游菌采样器口相连接：每次根据采样的流量计来采集体积不小于 100 L 的样品。采样完成后，取下培养基，在 32 ℃条件下培养 2 d。

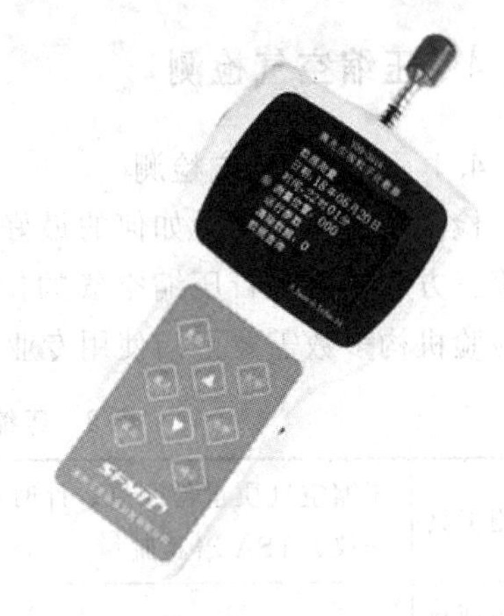

图 17　尘埃粒子计数器

食品级润滑油管理类

食品工厂如何做好润滑油管理

黄永杰

作为消费者，如果你正在吃的食物里有一块黑色、油腻的污迹，你会怎么想?

作为管理者，如果因为在存放润滑油时没有做标识，油枪没有分开使用，而在审核时被扣分，你会怎么想?

作为岗位操作员，如果因为没有按照SOP要求添加润滑油和定期检查漏油情况而被扣绩效，你又会怎么想?

如果我们都不想发生这样的事，接下来我们一起来学习如何做好润滑油的管理。

1 润滑油污染案例

案例一：

事件经过：某面包生产公司员工在包装前检查面包底部有黑色污迹，经过分析怀疑是润滑油污迹，立即检查每个阶段，发现面团落入烤盘后有油污出现，经过对比，油污属于同一种物质，现场检查和确认是由放盘链条在运转时润滑油滴落到空烤盘上造成面包底部的污染。

原因调查：放盘链条在前一天加上了润滑油，运转过程中润滑油慢慢积累滴落，下方正好是空烤盘经过的位置，后续面团进入烤盘而被污染。

后续措施：

(1) 产品按照不合格品流程处理；

(2) 在链条下方安装接盘，每班工作人员清理接盘；

(3) 测试链条需要的加油量，每次固定加油量；

(4) 接盘安装后，前三次添加润滑油后安排人员全程观察润滑油滴落情况，持续一个班，如果烤盘都没有问题，则取消专人检查。

案例二：

事件经过：某饼干制作公司的员工在配料时发现食材中有油污，经检查，是物料过筛时从转轴上飞出了润滑油掉落到了物料上。

原因调查：润滑油添加过多，转轴运动时将润滑油甩出，如图 1 所示。

图 1 设备油污

后续措施：

（1）确定加油量，完善 SOP 操作要求；

（2）添加润滑油后空转 10 min，如有油溢出继续空转，擦拭多余的润滑油；

（3）加润滑油后通知生产部门，生产过程中每 4 h 检查一次，持续 24 h。

看完案例，我们再来系统看看润滑油的管理。

2 润滑油的介绍

2.1 润滑油的分类

食品级润滑油：在食品、化妆品、药品等的制造加工和包装过程中，可用于偶然或技术上不可能完全避免会与产品和/或包装发生接触的润滑点使用的润滑剂，即使是偶然接触产品，也不会造成影响产品安全性的污染。

非食品级润滑油：允许在维修或维护时于生产区域内使用，是不允许接触产品接触面、产品、原料和包装材料的润滑材料。

2.2 润滑油的用途

主要用于减少运动部件表面间的摩擦，同时对机器设备具有冷却、密封、防腐、防锈、绝缘、传送功率、清洗杂质等作用。

2.3 常用的润滑油种类

液压油、齿轮油、空压机油、导热油、白油等。

3 标准中对润滑油的要求（见表 1）

表 1 标准中对润滑油的要求

标准	要求
GB 14881—2013	8.3.4 生产设备上可能直接或间接接触食品的活动部件假如需润滑，应当使用食用油脂或能保证食品安全要求的其他油脂
FSSC 22000	8.2.4 在制订前提方案时，组织应考虑： ① 供应商批准和保证过程（如原料、辅料、化学品和包装材料）； ② 来料接收、贮存、分销、运输和产品的处理； ③ 交叉污染的预防措施
BRCGS Food	4.7.6 设备或机器所用的材料以及直接或间接地与原材料、中间品和成品接触可导致风险的材料，如润滑油，应为食品级材料，且具备已知的过敏原状态
IFS Food	4.16.3 维修保养所采用的材料应符合预期的使用目的

（续表）

标准	要求
麦当劳 SQMS	5.2.5　设备和器具 设备状况 基于润滑点的位置和风险评估，食品加工区仅能使用食品级润滑油。 所有润滑油都应标识、隔离并储存在上锁和指定的区域。 机器经维护后，应去除过量的润滑油。 6.1.3　化学品控制 所有工厂使用的非食用化学品（如杀虫剂、消毒剂、维护用化学品和食品接触消毒剂等）应有最新的 MSDS 或当地同等文件。文件使用员工易懂的语言，同时员工知道如何获取这些安全数据表或适用的化学品文件

4　日常检查和审核中关于润滑油管理的常见问题

4.1　生产车间的问题

（1）润滑油添加过多，飞溅到周边的设备、地面、物料或产品上；

（2）设备密封圈老化而漏油；

（3）设备安装不到位，渗漏油；

（4）接油盘、桶未清理，变黑溢出。

4.2　储存的问题

（1）食品级和非食品级润滑油混放；

（2）加油枪没有分开使用；

（3）油、加油枪没有做标识；

（4）没有进行上锁管理；

（5）没有设置废油收集区。

4.3　记录文件的问题

（1）入库记录、领用记录、使用记录、库存数量或批号不一致；

（2）使用记录中的使用点描述不准确；

（3）使用点没有明确规定使用食品级或非食品级润滑油；

（4）食品级润滑油没有食品级证明；

（5）现场的 MSDS 不齐全或没有中文版的 MSDS。

4.4　人员的问题

（1）不清楚润滑油的添加操作要求和添加量；

（2）没有安排日常检查；

（3）车间润滑点的检查及维护责任不清。

5　食品工厂如何做好润滑油的管理

5.1　入厂管理

（1）取得相关证件，包括厂家的生产许可证、营业执照、食品级证明（食品级润滑油为必须）（见图 2）、中文版的 MSDS、来料单；

NSF International / Nonfood Compounds Registration Program

July 09, 2021

食品级证明

Petro-Canada Lubricants Inc.
2310 Lakeshore Road West
Mississauga,ON L5J 1K2
Canada

RE: PURITY™ FG EP Gear Fluid 320
Category Code:H1
NSF Registration No.102596

NSF has processed the application for Registration of **PURITY™ FG EP Gear Fluid 320** to the *NSF International Registration Guidelines for Proprietary Substances and Nonfood Compounds* (2021), which are available upon request by contacting NonFood@nsf.org . The NSF Nonfood Compounds Registration Program is a continuation of the USDA product approval and listing program, which is based on meeting regulatory requirements including FDA 21 CFR for appropriate use, ingredient and labeling review.

This product is acceptable as a lubricant with incidental food contact (H1) for use in and around food processing areas. Such compounds may be used on food processing equipment as a protective anti-rust film, as a release agent on gaskets or seals of tank closures, and as a lubricant for machine parts and equipment in locations in which there is a potential exposure of the lubricated part to food. The amount used should be the minimum required to accomplish the desired technical effect on the equipment. If used as an anti-rust film, the compound must be removed from the equipment surface by washing or wiping, as required to leave the surface effectively free of any substance which could be transferred to food being processed.

图 2　NSF 食品级证明示例

（2）做好相关记录，包括记录物料名称、生产厂家名称、批号、生产日期、保质期、数量，见表 2 所列。

表 2　润滑油入库领用表

润滑油入库、领用记录表									
物料名称	生产厂家	批号	生产日期	有效期至	入库量/kg	领用量/kg	库存量/kg	入库人签名	领用人签名
Purity™ FG2	加拿大石油润滑剂公司	210506039	2021－05－06	2023－05－05	10	1	9	张三	李四

5.2　储存管理

（1）食品级与非食品级的润滑油分开进行上锁管理，需要设置物理间隔（见图 3）；

（2）现场做好标识，明确标识食品级润滑油和非食品级润滑油；

（3）现场摆放中文版的 MSDS；

（4）现场摆放润滑油领用记录表和使用记录表（见表 3）。

图 3　润滑油的储存

5.3　使用管理

（1）明确使用点的位置，使用润滑油的种类，添加润滑油的维护保养计划；

（2）按照 SOP 的要求添加润滑油，添加后要定期检查和确认；

（3）润滑油包装必须有防护，如用密封圈密封防漏油，放置链条油接盘、转轴润滑油接盘等。

表 3　润滑油使用记录表

润滑油使用记录									
区域	设备	位置	润滑油名称	使用日期及时间	设备情况	操作人	检查日期及时间	运转情况	检查人
苏打饼干生产车间	搅拌机	搅拌轴封	MAGNA－PLATE 44－2	2021－07－02 15：00	正常	张三	2021－07－03 8：00	正常	李四

5.4　报废管理

（1）将接盘的润滑油定期进行清理并集中分类回收，实施上锁管理；

（2）报废润滑油由供应商回收；

（3）做好登记与记录。

5.5　人员管理

（1）做好使用润滑油的培训工作，内容包括润滑油的入厂管理、储存管理、使用要求、报废管理等；

（2）明确相关责任和流程，明确添加润滑油的操作人，使用点的定期检查和确认人；

（3）培训人员包括工程人员、使用和检查人员、新员工。

可以用色拉油、动物油脂代替食品级润滑剂吗？

姚立霞　上海悦孜企业信息咨询有限公司
安徽质安选食品安全科技有限公司

图1　润滑剂

某食品工厂生产经理咨询："您好！上次我们审核中，因为设备中使用了非食品级润滑油被开了不符合项，于是我们积极整改，全部采用可以食用的色拉油来维护设备，可是，审核老师说还是不行，我们该怎么办？人都能吃，机器还不能用吗？"

作为食品生产企业，润滑剂（见图1）的交叉污染一直都是审核中的关注重点之一，有些企业都对以上的问题有疑问：食用油脂是否可以代替食品级润滑剂？本文将从标准与法规要求、食用油脂及食品级润滑剂的组成和性能等方面为大家进行归纳。

1　食用油脂可以作为润滑剂使用在食品机械上吗？

标准中跟润滑剂相关的要求见"食口工厂如何做好润滑油管理"中表1所列。从标准可以得知，只要是能保证食品安全的油脂或食品级的产品都是可以使用于食品机械上的。那我们日常食用的植物油脂或动物油脂（见图2）符合食品安全的要求吗？

图2　植物油脂及动物油脂

1.1　食用油脂作为润滑剂使用的安全性

植物油脂的主要成分是直链高级脂肪酸和甘油生成的酯及多种不饱和酸，含有丰富的矿物质，具有很高的营养价值，是安全的、适合人类食用的。回想一下，我们平时在什么环境下保存植物油脂才是安全的呢？

植物油脂中不饱和脂肪酸的双键在氧气的作用下会产生过氧化物，光照也会加快油脂氧化的速度，另外，温度越高，油脂的氧化作用也就越明显，在夏天油脂更容易出现酸败现象。

对于动物油脂，以猪油为例，猪油中的饱和脂肪酸含量通常比植物油脂高，因为动物油脂一般要经过熬炼而成，含有光敏化剂血红蛋白和金属离子，并经历了高温阶段，因此比植物油脂更容易氧化酸败。

在食品工厂高温高湿环境中以及食品机械高速运转的情况下，食用植物油脂或动物油脂更易发生氧化反应，很快就会生长细菌导致油脂发霉变质并产生有害物质，一旦与食品接触，就会造成食品污染问题，不能保证食品安全；如果不慎混入产品，可能会导致产品过氧化值超标；同时，使用植物油如大豆油时，还有可能引入过敏原（非精炼油）和转基因的问题。

1.2 食用油脂的润滑性能

润滑剂在生产过程中要解决的最重要的问题就是机械的摩擦和磨损，故对润滑剂密度、黏度指数、闪点、凝点和倾点、酸碱值、中和值、水分、机械杂质、热氧化稳定性、低温性能和黏温性能等指标均有要求。虽然食用植物油脂或动物油脂都具有一定润滑性能，但是这些产品的预期用途不同，很难满足润滑剂的要求，如果使用食用油脂作为润滑剂，不但达不到润滑效果，氧化后的物质可能还会腐蚀金属，更易造成机械部件的磨损。

2 食品级润滑剂的要求及性能

2.1 食品级润滑剂的定义

食品级润滑剂是指在食品、化妆品、药品等的制造加工和包装过程中，可在偶然或技术上不可能完全避免会与产品和/或包装发生接触的情况下使用的润滑剂，即使偶然接触产品也不会造成影响产品安全性的污染。

2.2 食品级润滑剂的要求

1999年起，NSF接管USDA认证润滑剂的安全工作，采用了之前对润滑剂的审评条件，在达到食品级要求的基础上要符合相关机构的规定。润滑剂产品需要在美国基金会毒理学家的审核通过下才能予以认证。提请NSF注册并达到标准要求的产品会获得唯一注册号，同时NSF会通过其官方网站进行公布，获得注册的产品在产品包装上可使用其NSF的标识。

NSF认为食品级润滑剂应该满足以下5个条件：

（1）满足机械使用要求，符合化学物品管理规定；

（2）无毒、无色、无味，满足食品卫生要求；

（3）符合食品添加剂的使用规定；

（4）对原料有严格限制；

（5）取得了NSF认证方可用于食品机械的润滑。

2.3 食品级润滑剂的分类

NSF将食品级润滑剂分为以下几类，见表1所列。

表1 食品级润滑剂的分类

类别	用途
H1 级	用于偶尔与食品接触的润滑剂，无毒无害
H2 级	主要使用在不可能与食品发生接触的设备或部件上
HT1 级	可与食品发生间接接触，主要作为导热油使用
3H 级	能与水相混或相溶的润滑剂，典型的乳化油（水溶性油）或食用油，常用于烤架、烤箱、面包盘等的脱模或清洁（防止设备生锈）

食品工厂中常见的食品级润滑剂主要是 H1 级认证的润滑油，如图 3 所示。

图 3 H1 级食品级润滑剂示例

2.4 食品级润滑剂的成分

从成分上来看，食品级润滑剂是由基础油和添加剂调配而成的。基础油主要有两种，一种是精制矿物油（白油），通常为 C17～C35 的支链烷烃，为无色透明油状液体，不含芳香烃类，含硫量小于 10 mg/L；另一种基础油由人工合成，主要有聚 α-烯烃（PAO）、硅油、全氟聚醚。食品级润滑剂与普通润滑油最大的区别就是其组分包括基础油和添加剂都是无毒无害的，偶尔和食品接触也不会污染食品。

工业级润滑剂的基础油精度不够，含有多达 16 种多环芳香烃的致癌物，如 3，4-苯并芘、苯、甲苯、苯酚等。另外，工业级润滑剂为了增强性能，使用的添加剂含有重金属、硫、磷和氯等有害成分，会对人类健康产生危害。

2.5 食品级润滑剂的性能

食品级润滑剂是针对食品行业不同的工作环境、工艺及设备性能开发的，不同配方的食品级润滑剂具备良好的抗氧化、耐高（低）温、抗乳化性能及润滑性能。并且，食品级润滑剂操作温度范围宽，黏温性能好，黏度指数高，倾点低和蒸发损失小，使用寿命长，能很好地减少机械磨损率，防止金属表面锈蚀，而且组分纯净单一、无毒无害无色，对添加剂感受性好，与食用油脂相比，有更好的疏水性能和耐温抗氧化性能。另外，润滑剂常处于高速运转的传动系统以及高温等环境中，这对润滑剂优良的氧化稳定性、负载能力、减磨性以及防腐蚀性具有较高的要求。食品级润滑剂性能见表 2 所列。

表2 食品级润滑剂性能表

特性	试验方法	PURITY™ FG EP 食品组初齿轮油				
		100	150	220	320	460
ISO 等级	—	100	150	220	320	460
黏度						
cSt@40 ℃（SUS@100 ℉）	D445	105（547）	142（744）	225（1189）	302（1603）	424（2264）
cSt@100 ℃（SUS@210 ℉）	D445	12.0（68）	14.6（75）	19.7（100）	23.8（118）	29.8（146）

（续表）

特性	试验方法	PURITY™ FG EP食品组初齿轮油				
		100	150	220	320	460
黏度指数	D2270	103	101	100	99	99
闪点，开口，℃（℉）	D92	264（507）	240（464）	204（399）	184（363）	198（388）
倾点，℃（℉）	D5950	−39（−38）	−39（−38）	−36（−33）	−39（−38）	−39（−38）
颜色	D1500	<0.5	<0.5	<0.5	<0.5	<0.5
水分离性 82℃（180℉），mL（min）	D1401	43-37-0 （10）	43-37-0 （10）	43-37-0 （10）	43-37-0 （15）	43-37-0 （20）
锈蚀保护 A-蒸馏水 B-人造海水	 D665 D665	 通过 通过	 通过 通过	 通过 通过	 通过 通过	 通过 通过
抗起泡性 顺序	D892	80/0	20/0	0/0	0/0	0/0
抗磨保护 四球磨损试验，mm （40 kg，1200 r/min，1 h）	D4172	0.42	0.42	0.44	0.43	0.42
极限压力保护 四球极压烧结负荷，kg/lb	D2783	126（278）	160（353）	160（353）	160（353）	160（353）

3 小结

采用食用油脂替代食品级润滑剂存在着很大的食品安全风险，对食品的污染程度并不比普通工业级润滑剂低，还会对机器设备的运转性能造成很大损害，大幅降低机器设备寿命，增加了企业运行成本。

对于食品企业来说，每台加工设施及机器的适用条件不尽相同，企业应根据设备（可查看设备铭牌）的使用需求、温度及转速等条件选择合适的食品级润滑剂，采购人员应从具有相关资质的厂家采购，并索取相关资质证件。如所采购的润滑剂属于进口产品，至少应附有进口商品检验证明、产品中文标签及中文使用说明等内容。

4 我们可以从哪里开始？

（1）您可以扩展阅读下一篇文章："工厂如何选择食品级润滑剂"，了解更多关于食品级润滑剂的信息；

（2）查看本工厂使用的润滑剂是否合规？

（3）查看现有食品级润滑剂的资质报告是否齐全、符合规范，提前准备，满足审核员和客户的要求。

工厂如何选择食品级润滑剂

邵　磊　安徽质安选食品安全科技有限公司
李启邦　王有增　加拿大石油润滑剂公司

作为食品生产企业，设备设施（例如齿轮、轴承、液压装置、气压装置、压缩机、滑道、链条等）需要使用不同类型的润滑剂以保证其正常、有效的运转，食品被润滑剂污染一直都是人们关注的问题，在食品生产过程中，可能发生软管泄露、封口破损、飞溅、链条滴落、操作不当等问题，导致润滑剂污染食品。受润滑剂污染的食品一旦流入市场，可能会造成一系列食品安全问题。本文将为食品级润滑剂的选择、储存、应用和废物处理提供最佳实践指导。

1　食品级润滑剂的相关知识

1.1　食品级润滑剂是否可食用?

食品级润滑剂是用于食品加工领域的润滑剂，偶然或直接与食物接触。食品级润滑剂的功能与常规矿物油相似。在许多情况下，使用完全合成基础油（食品级白油）以改善性能，延长使用寿命。在产品加工过程中，如果食品级润滑剂少量或技术上不可避免地被引入产品，对产品的安全、味道和气味方面不存在危害。但是，食品级润滑剂不能直接被人食用或与皮肤黏膜直接接触。

1.2　为什么食品级润滑剂的生产要进行 ISO 21469 认证

ISO 21469 认证着眼于整个润滑剂产品的生命周期，即从调配到生产和包装的全过程环节，它规定了在任何加工阶段可能发生偶然性接触的润滑剂在配制、生产、使用和装卸时的相关卫生要求。这一认证需要对每一款润滑剂进行全面的风险评估，从而确保符合所有的程序、要求和标准。ISO 21469 认证是对偶然性食品接触适用润滑剂之 NSF（美国国家卫生基金会）H1 注册工作的一种有价值的补充，但是不会取代这一关键性证书，ISO 21469 更侧重于对工厂制造环节的管理体系的运行和持续改进，H1 等级认证更侧重于产品认证。

2　选择合适的食品级润滑剂

食品生产企业应根据所加工产品的工业特点及设备技术要求，选择食品级润滑剂。具体要考虑满足以下要求。

（1）应考虑设备的工作环境：如温度、负荷、湿度、微生物繁殖等因素。企业可以参考设备厂家提供的技术参数，也可由企业设备管理人员、食品安全管理人员等根据企业的时间情况确定需要使用的润滑剂。

（2）企业适用的食品安全法律法规要求，包括：国内外产品的相关法律法规、技术标准，相关认证要求及其他适用的法律法规要求。企业应充分识别这些要求并定期更新，保持记录。

（3）其他要求，如成本、客户要求等。

3　食品级润滑剂的采购和验收

企业应根据设备使用需求制订润滑剂采购计划，采购计划经过审核并批准后方可实施。采购人员按照润滑剂采购计划实施采购。采购人员应从具有相关资质的厂家采购，并索取相关资质证件。

润滑剂到货后，库房管理员和采购员按照购货清单核对品名、规格、数量及购货单位等。相关人员应检查润滑剂外包装是否完好、产品标记是否明显且易于识别、抽检单位包装与标识量是否一致等。必要时，可按照 GB/T 12494—1990 和 GB 4853—2008 中的技术要求和方法验收。

4　食品级润滑剂的标识和储存

企业应制定相应的润滑剂标识、储存等管理规定。食品级润滑剂产品应与非食品级润滑剂分开存放，并上锁管理，避免受到污染或人为破坏等，注意存放条件如温度、湿度等的影响。不符合标准的案例如图 1 至图 3 所示，符合标准的案例如图 4 所示。库房管理员应凭领料单发放润滑剂，并做好出库记录，包括领用人、使用区域、领取时间、润滑剂型号、数量等信息。

图 1　盛放油脂的容器无标识，可能导致人员错误使用

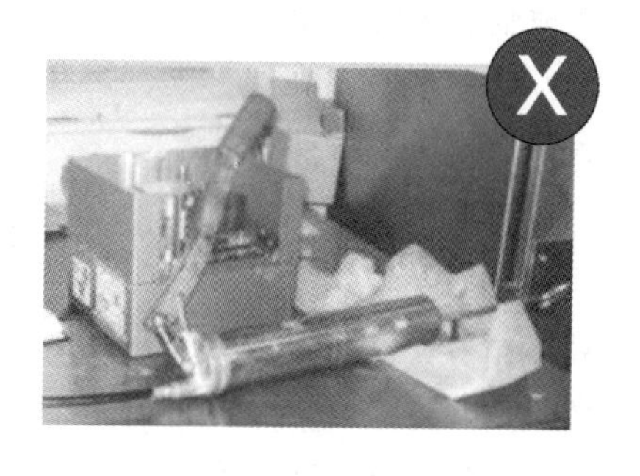

图 2　没有标识的黄油枪

图 3　轴承图面被油脂过度涂抹，可能会附着其他污染物

图 4　符合标准的存储方式与清晰的标识

5 食品级或非食品级润滑剂的废弃物处理

所有润滑剂及其空容器在某个阶段都需要被妥善处理。所有车间应该有一个专门的废物处理区域，并标识“废弃润滑剂”，将该区域与未使用的润滑剂存储区域完全分开。

严禁将润滑剂废旧包装用于其他与食品生产相关的环节。集中回收废旧包装后，交由有资质的机构或人员处理，处理过程应符合环境保护和相关法规的要求。保留润滑剂更换和废弃记录。

6 能不能使用猪油或植物油代替食品级润滑剂

国内的中小型食品加工企业中有时会用猪油、花生油和色拉油来润滑食品机械，以满足他们认为的无污染要求。这是一种观念上的错误。比如植物油作为一种环境友好型润滑剂，具有良好的生物降解能力、可再生性和优良的润滑性能。但是植物油在热氧化稳定性、低温性能和黏温性能上的缺陷却制约了其在食品工业上的应用。

使用植物油代替食品级润滑剂，容易发生油品氧化、变质的现象，具体表现为油黏度增加、润滑性能下降，机械部件的磨损和腐蚀。并且，变质的油品一旦与食品接触，会造成食品污染问题，威胁食品的质量安全。而且食用油润滑性能远远比不上专业润滑剂，这些东西在高温、高湿环境下使用，很快就会长出细菌，发霉变质，产生有毒有害物质，从而污染食品。

7 工厂使用润滑油最佳实践小结

（1）使用经认可的食品级润滑剂产品（如NSF注册的H1级润滑剂并由ISO 21469认证的厂家生产）；

（2）凡生产符合认证标准的产品的企业，所使用的润滑剂也必须符合这些标准；

（3）使用分色管理体系管理盛放润滑剂的容器，配合不同颜色标记标签，确保所有材料都正确清晰地被标记；

（4）建立食品级润滑剂管理制度，包括采购、储存、使用及对废弃油脂的管理；

（5）确保润滑剂储存区域和分配设备的清洁和标签完整，应将之纳入内审或工厂检查体系中；

（6）对润滑剂的使用设备和使用状态进行监控；

（7）食品级润滑剂应存放在原来的容器中，远离其他润滑剂和润滑剂废油；

（8）保证所有润滑剂在有效期内使用，禁止使用过期的润滑剂；

（9）保证所有润滑剂适用的文档（包括电子档）能够及时被获取；

（10）应从设备制造商处获取润滑剂的使用建议；

（11）确保工厂相关人员能安全正确地使用润滑剂，并接受过相关培训；

（12）维护保养前需要将润滑剂从仓库运输至设备时，确保具有专用的、标识清晰的容器；

（13）确保外包的第三方油料处理供应商的资质。

过敏原管理类

过敏原及其风险控制

熊传武　上海悦孜企业信息咨询有限公司
安徽质安选食品安全科技有限公司

随着人们生活和工作环境的改变，过敏疾病发生率也逐年提高，其中由食物引发的过敏大约占过敏疾病总数的90%。有数据称全球约有8%的儿童和3%～5%的成年人在经受食物过敏的困扰。食物过敏问题作为21世纪重点防治的三大疾病之一，迫切需要人们采取有效措施来预防和解决。本文对过敏原的定义、识别、检测和风险控制进行了系统的介绍，希望能帮助大家更好地理解和掌控过敏原的风险。

1　过敏反应和过敏原

食物过敏也称为食物变态反应或消化系统变态反应、过敏性胃肠炎等，是由某种食物或食品添加剂等引起的IgE介导型和非IgE介导型的免疫反应，从而导致消化系统内或全身发生应激反应。

食物中能引发食物过敏反应的组分称为食物过敏原。而且各个国家和地区的消费群体对不同的食物过敏原发生过敏反应的程度不同。目前，临床上治疗食物过敏最有效、最直接的方法就是避免食用含有过敏原的食物，这就要求生产商在食品标签上正确标示出会导致过敏的成分，使消费者自己去评估食品对身体健康的危害，以免消费者因不知情而误食引起过敏。

2　过敏原的检测

目前，研究和应用于食物过敏原的检测方法主要分为体内诊断和体外检测。体内诊断主要利用皮肤敏感试验或双盲对照食物激发试验等手段，评价过敏人群是否对食物过敏以及对哪些食物过敏原会产生过敏反应。而针对食物中过敏原的检测主要是体外检测技术，体外检测常用蛋白质和DNA作为过敏原标记物。常见体外检测主要有两大类。

2.1 基于过敏蛋白的免疫学检测方法

酶联免疫吸附技术（ELISA），又称酶标法，主要包括两种试验方法：免疫层析技术和免疫传感器检测技术。

2.2 基于DNA的检测方法

常见的有聚合酶链式反应（PCR）技术和实时荧光定量。

3 过敏原的风险控制

虽然食物过敏原只会影响到小部分人群，但它对这类特定人群所产生的潜在威胁是很大的。对食物过敏原风险的控制要从源头——供应商开始，并贯彻于生产和销售的全过程中，重点应集中在法律法规的识别，标签、标示的管理，交叉污染的预防以及建立无过敏原的清洁规范等方面。

3.1 过敏原的识别

应根据生产国和销售目的国的相关法规要求，对过敏原原辅料及含过敏原产品进行识别，制定过敏原识别表。

3.2 过敏原的采购、仓储管理

在采购（含）过敏原原辅料时，应要求供应商对过敏原原料进行标识，采用批号识别的方式与非过敏原原料进行区分。对于有过敏原要求的产品，无论是原辅料还是半成品、成品，均需加贴标识以区别。

工厂在接收过敏原原辅料时，应对运输车辆进行检查，确认其他原辅料未受到过敏原原辅料的污染，并记录检查结果；入库后过敏原物料与其他物料分区存放，并做好过敏原原辅料标识。例如美国《FDA食品安全现代化法案》新增过敏原交叉控制条款第25条要求：属于食品过敏原的原辅料，以及含有食品过敏原的返工品，必须予以识别并采用能够防止过敏原交叉接触的方式进行储存。

3.3 过敏原原料使用过程管理

首先，在制订生产计划时或车间每日排产时，将“过敏原识别表”中产品安排至最后生产。然后，在生产过程中使用含有过敏性物质的原辅料时应进行标识，并避免与其他原辅料混放。取用含有过敏性物质的工具、器具必须为专用，严禁用其取用其他原辅料。对于含有过敏性物质的废弃物，在转运过程中应做好防护，防止跑冒滴漏；对含有过敏原物质的产品进行返工时应在不会形成交叉污染的专用场所进行；原辅料移动会成为交叉污染的重要来源，在移动含有过敏性物质的原辅料时，应对物料、运输工具做好防护措施，以免其对其他物料造成交叉污染。最后，在清洗方面，含过敏原物质的产品生产结束后，应对生产车间环境、生产线所有设备、器具进行彻底清洗、消毒，对清洗消毒效果应实施过敏原残留测试，不合格的重新清洗，直至符合要求。

3.4 过敏原标签控制

设计产品标签时，按照要求对产品含有过敏原的成分以及消费者注意事项进行标示。具体的要求分为两种情况，一是在配料中使用了过敏原成分时，可以在配料表中列出产品所含的过敏原成分的具体名称，并列出过敏原成分的来源物质名称；也可以在配料表附近以带有标题“过敏原信息：含有……”的声明方式进行标示；也可以同时选择上述两种方式进行标示。二是无意引入过敏原成分的标示方法，可在紧邻配料表的地方声明“可能含有……”“生产设备同时加工含有……的产品”“生产线同时加工含有……的产品”“生产工厂同时加工含有……的产品”，可采取这几种标示方式中的一种或几种，“含有”后应写明过敏原成分的具体名称。

3.5 人员培训

应对员工进行过敏原知识和管理的培训，提高员工对过敏原安全的意识，对于关键敏感岗位还需进行确认和验证来保证培训的效果。

3.6 产品的追溯与召回

产品应建立有效的可追溯制度，并事先准备突发应急预案和模拟演练，当存在过敏原造成产品安全质量事故时，可以立即响应与召回相关产品。

4 小结

食物过敏作为公共卫生领域影响人类身体健康的重要问题之一，得到了国际上各国的日益重视。奶、蛋、鱼、甲壳类、花生、大豆、坚果和小麦这 8 种食物引发的过敏反应占患者过敏反应总数的 90%以上，因此被作为最普遍的过敏原物质来进行管理。而目前可用的食物过敏医疗干预手段非常有限，因此对过敏原管理的重点是预防食品企业加工过程中的污染和对终产品进行清晰的标示，以最大限度地减少和避免易过敏人群摄入过敏原。目前，对食品中过敏原的风险管理的良好实践，包括了过敏原的识别、标示、检测，人员培训和交叉污染的预防等。

全球25个国家/地区的过敏原清单和对比

汪伟伟　上海悦孜企业信息咨询有限公司

GB 7718—20××征求意见稿中最大的变化之一是计划将过敏原的标示由推荐要求变为强制要求，那么从全球角度来看，各国对于过敏原的要求是怎样的？本文列出全球25个国家/地区的过敏原清单，见表1所列。

表1　全球25个国家/地区的过敏原清单

序号	国家/地区	过敏原数量/个
1	欧盟	14
2	海湾阿拉伯国家	14
3	澳大利亚/新西兰	14
4	韩国	13
5	加拿大	12
6	新加坡	10
7	巴西	10
8	美国	9
9	中国香港	9
10	泰国	9
11	菲律宾	9
12	阿根廷	9
13	玻利维亚	9
14	智利	9
15	哥伦比亚	9
16	哥斯达黎加	9
17	古巴	9
18	墨西哥	9
19	尼加拉瓜	9
20	南非	9
21	委内瑞拉	9
22	马拉维	9
23	中国大陆	8
24	日本	6
25	中国台湾	5

中国大陆目前有 8 个过敏原：甲壳类动物，蛋，鱼，牛奶，花生，大豆，坚果，小麦/谷物/麸质。为了便于记忆，可以记成“雨（鱼）果（坚果）卖（小麦）虾（甲壳类动物），蛋奶豆花”。

对于如下的 25 个国家和地区，大致可以分为三大派系：

（1）欧盟系；

（2）美国系；

（3）“奇葩”系。

1 欧盟系（8+6 型，中国 8 类，加上其他 6 类）

（1）欧盟地区：欧盟是目前对过敏原关注度最高的区域，其比中国的 8 个过敏原数量多了 6 个，具体是芹菜、羽扇豆、软体动物、芥末、芝麻、亚硫酸盐。

（2）海湾地区：与欧盟基本一致。

（3）澳新地区：澳大利亚和新西兰的过敏原共有 14 个，但是与欧盟的 14 个不太相同。其中 12 个是相同的，不同的是欧盟的芹菜和芥末被视为过敏原，澳新则为蜂花粉/蜂胶、蜂王浆，澳新地区是唯一将蜂产品列为过敏原的国家。

（4）加拿大：有 12 个过敏原。与欧盟相比少了 2 个过敏原：芹菜、羽扇豆。

2 美国系（8+1 型，中国 8 类，加上亚硫酸盐），

该系包括美国、泰国、菲律宾、南美各国、新加坡、南非、中国香港。在中国的 8 个过敏原基础上，加上了亚硫酸盐，共计 9 个。

其中新加坡和南非还将软体动物纳入过敏原清单，共计 10 个。

3 “奇葩”系（8±X 型，中国 8 类，加上或减去某几类）

这一系里面的国家的过敏原要求标注与其他的都不太一样，主要有：

（1）韩国：韩国共有 13 大类，除了中国的 8 大类外，另外 5 类是荞麦、软体动物、桃子、猪肉、西红柿。韩国是唯一将桃子、猪肉、西红柿这 3 种产品列为过敏原的国家。

（2）日本：8 大类过敏原中的鱼、大豆和坚果这三种并不被列为日本和中国台湾的过敏原，取而代之的是荞麦。共计 6 种。日本和中国台湾是“唯二”两个不将鱼、大豆和坚果列为过敏原的国家/地区。同时日本除了规定的 6 大过敏原外，还推荐企业自愿标注如下过敏原：鲍鱼、鲭鱼、鱿鱼、三文鱼、三文鱼子、腰果、核桃、松茸蘑菇、芝麻、大豆、山药、苹果、香蕉、猕猴桃、橙、桃、牛肉、鸡肉、明胶、猪肉。

对于小麦和麸质，不同国家进行了一些区分，但是正常情况是将它们汇总为一大类的。每个国家和地区的过敏原的详细清单见表 2 所列。

表 2　25 个国家和地区的过敏原详细清单

过敏原	美国	加拿大	欧盟	澳大利亚/新西兰	中国	中国香港	中国台湾	韩国	新加坡	日本	泰国	菲律宾	海湾阿拉伯国家	阿根廷	玻利维亚	巴西	智利	哥伦比亚	哥斯达黎加	古巴	墨西哥	尼加拉瓜	南非	委内瑞拉	马拉维
甲壳类动物	×	×	×	×	×	×	×	×	×	×	×	×	×	×	×	×	×	×	×	×	×	×	×	×	×
蛋	×	×	×	×	×	×	×	×	×	×	×	×	×	×	×	×	×	×	×	×	×	×	×	×	×
鱼	×	×	×	×	×	×		×	×		×	×	×	×	×	×	×	×	×	×	×	×	×	×	×
牛奶	×	×	×	×	×	×	×	×	×	×	×	×	×	×	×	×	×	×	×	×	×	×	×	×	×
花生	×	×	×	×	×	×	×	×	×	×	×	×	×	×	×	×	×	×	×	×	×	×	×	×	×
大豆	×	×	×	×	×	×		×	×		×	×	×	×	×	×	×	×	×	×	×	×	×	×	×
坚果	×	×	×	×	×	×		×	×		×	×	×	×	×	×	×	×	×	×	×	×	×	×	×
小麦	×	×	×	×	×			×		×					×	×		×	×	×		×	×	×	
谷物/麸质		×	×	×	×	×			×		×	×	×	×	×	×	×	×	×	×	×	×		×	×
荞麦								×		×															
芹菜			×										×												
羽扇豆			×	×									×												
软体动物		×	×	×				×	×				×										×		
芥末		×	×										×												

（续表）

过敏原	美国	加拿大	欧盟	澳大利亚/新西兰	中国	中国香港	中国台湾	韩国	新加坡	日本	泰国	菲律宾	海湾阿拉伯国家	阿根廷	玻利维亚	巴西	智利	哥伦比亚	哥斯达黎加	古巴	墨西哥	尼加拉瓜	南非	委内瑞拉	马拉维
芝麻		×	×	×									×												
亚硫酸盐	×	×	×	×		×			×		×	×	×	×	×	×	×	×	×	×	×	×		×	×
蜂花粉/蜂胶				×																					
蜂王浆				×																					
芒果							×																		
桃子								×																	
猪肉								×																	
西红柿								×																	
乳胶（天然橡胶）																×									

说明：

1. 上表将小麦和谷物/麸质进行了区分。
2. 韩国的过敏原中，鱼仅指鲭鱼，坚果仅指核桃，软体动物指鱿鱼、蛤、牡蛎、鲍鱼和贻贝。
3. 日本的过敏原中的软体动物仅指蛤。
4. 海湾阿拉伯国家包括沙特阿拉伯、阿联酋、科威特、巴林、阿曼、卡塔尔和也门。
5. 表格中的“×”表示该过敏原被纳入该国清单。

说一说可能会被人忽略的食品致敏物

曹红丽

大家对食源性致敏原都已经不陌生了，平日里吃到的食物如小麦、花生、大豆、海鲜、鱼类、蛋类、奶类、坚果都属于国际公认的8大类致敏原，GB/T 23779—2009《预包装食品中的致敏原成分》将其定义为："能够诱发机体发生过敏反应的抗原物质"。食品致敏原指的是："普通食品中正常存在的天然或人工添加物质，被过敏体质人群消耗后能够诱发过敏反应"。

食品过敏轻症者，会出现皮疹、瘙痒、呼吸急促、咳嗽、心率改变、恶心呕吐等症状；中度症状者，继而出现咽喉和舌头干燥、腹部痉挛、胃胀、腹泻、虚脱、呕吐等现象；症状严重者会喉咙肿胀、呼吸困难，如果不及时送医，极有可能引起死亡。正是因为致敏原对特定人群凶险，因此对它的控制需贯穿在整个供应链的质量管理中。

有一类物质严格来说并不属于食品致敏原，但如果达到一定的量，依然可以引起与食品过敏一样的症状和反应，特别是对于有哮喘病史的人群，这类物质称为"致敏（不耐）物质"（material associated with food sensitivity or intolerance，MSI），如乳糖、组胺等。除此之外，被识别出来的MSI主要还有其他两种：亚硫酸盐类和麸质。

1 亚硫酸盐类

1.1 亚硫酸盐

亚硫酸盐是亚硫酸所形成的盐，含有亚硫酸根离子 SO_3^{2-}；加入食品中作为添加剂的亚硫酸盐可以有多种形式，包括二氧化硫、亚硫酸氢钾或焦亚硫酸氢钾、亚硫酸氢钠、焦亚硫酸氢钠或亚硫酸钠。

即使不是有意添加的，某些原材料本身或在食物的生产过程中也可能会产生亚硫酸盐，如葡萄酒的酿造过程。

1.2 使用范围

亚硫酸盐在食品中的使用可以追溯到古罗马时代；目前，其已经成为一类在世界范围内被广泛使用的食品添加剂，主要体现在四个方面：作为漂白剂，用在糖类、蜜饯类食品中；作为防腐剂，可对蔬菜瓜果等进行保鲜、防腐；抑制褐变；作为疏松剂等。常见的含有亚硫酸盐的原材料和食物有白砂糖、淀粉、糊精、葡萄酒、啤酒、蜜饯、干果等。

1.3 不良反应

亚硫酸盐过敏者在食用含亚硫酸盐的食物或饮料后，几分钟内就会呼吸困难，还可出现急性哮喘、昏迷或过敏性休克等症状；患有哮喘或对阿司匹林有过敏反应的人应该尽量避免食用含有亚硫酸盐的食物。

1.4 限量要求

世界各国都对食品中的亚硫酸盐做了最大限量的规定。如日本规定对盐渍蔬菜、淀粉等食品中亚硫酸盐的限量为 30 mg/kg；美国食品药品监督管理局（FDA）规定，凡食品中含有亚硫酸盐超过 10 mg/kg 的，必须在食品标签上注明该种食品含有亚硫酸盐；2005 年欧盟也出台了类似的标注要求，为了计算终产品的亚硫酸盐含量是否超出规定限值，需在收集原料信息时要求供应商对此类物质进行识别。

1.5 中国现状

亚硫酸盐作为一种食品添加剂，国家标准对其的使用范围、最大使用量及残留量均有明确规定，按食品不同，残留量范围在 50～200 mg/kg，但对终产品中含有亚硫酸盐的预包装食品没有标注要求。近年来，主管单位正在收集意见修订相关标准，对过敏原或致敏物进行强制性标注将是一个趋势。

2 麸质

2.1 麸质

麸质是一种蛋白质，俗称面筋蛋白，又称麸质蛋白、麦胶、面筋、谷胶蛋白，是存在于多种谷物中的一种谷蛋白，是大麦、小麦、燕麦、黑麦等谷物中最普遍存在的蛋白质。麸质蛋白是多个单一蛋白质的混合物，主要由醇溶谷蛋白以及谷蛋白两种蛋白质组成。醇溶谷蛋白又称“麸朊”。

2.2 不良反应

小麦是国际公认的 8 大类过敏原中的一种，除了小麦过敏，麸质对食用人群还会造成哪些影响和疾病呢？

麸质相关失调是指摄入麸质后引起的免疫相关的疾病，分为乳糜泻、非乳糜泻小麦敏感和小麦过敏，其中乳糜泻是最为严重的一种，据统计，世界上约有 1%的人群患有乳糜泻，它是一种自身免疫疾病；在文章的开头讲过，麸质主要由醇溶谷蛋白（也称“麸朊”）和谷蛋白组成，而乳糜泻患者在食用含麸质的食物后，免疫系统里产生过多的麸朊抗体，使小肠绒毛受到损害，不能吸收食物中的有效营养成分，从而引起腹泻、餐后胀气、共济失调、骨质疏松、反复腹痛等症状，严重时可危及生命。目前治疗该疾病的唯一方式是避免再次摄入麸质。

2.3 限量要求

乳糜泻患者对麸质非常敏感，0.05 g 的麸质就可以引起患者出现不适症状；美国 FDA 在 2007 年 1 月发布了对“无麸质食品”的标注要求，规定麸质含量不超过 20 mg/kg的食品才可以称为“无麸质蛋白”食品。另外，可以从食物的配料清单里来识别其是否含有燕麦、大麦、麦芽以及啤酒酵母等含有麸质的物质，需要注意的是，小麦的衍生物如小麦变性淀粉也是含有麸质的，所以，有些企业要求在标注“变性淀粉”时要具体写明源头是玉米、小麦还是其他成分。

2.4 中国现状

中国人中约有 1%的人群对麸质敏感；从基因易感性上来看，北方人群，特别是西北地区的少数民族，麸质过敏的风险要更高。而因为缺乏基础研究和数据统计，我国尚未建立关于以麸质作为致敏物质的法律法规。

3 过程控制

MSI 的这些特性，促使我们在质量管理过程中进行风险识别和管控；而管控的严格程度是基于法律法规要求、客户要求、质量体系要求等来确定的；在一些欧美外资企业中，对 MSI 物质的管控等同于对其他 8 大类致敏原的管控，如应储存在“致敏原专用区域”，配料时在“致敏原专用区域”进行操作，在生产过程中不仅应按照“食品添加剂”的管控方式对其用法用量进行严格控制，还对其清洁提出了更高的要求，以防止可能产生的交叉污染。

过敏原清单大变，大豆“落榜”，谁将“上位”？

——关于过敏原的最新分享，八大过敏原即将发生变化！

熊传武　上海悦孜企业信息咨询有限公司
安徽质安选食品安全科技有限公司

食物过敏是指人体免疫系统对特定食物蛋白/食物过敏原的异常反应。在过敏的发展过程中，个体首先会变得敏感。当免疫系统遇到过敏原并产生抗体时，就会发生致敏。根据文献纪录，已证实有 170 多种食物可能引起过敏体质人群产生不良反应。奶、蛋、鱼、甲壳类动物、花生、大豆、坚果和小麦这 8 种食物引发的过敏占过敏反应的 90%以上。过敏者对这些食物的反应程度可能会从口腔和嘴唇周围有麻刺感、出现荨麻疹到死亡。食物过敏在儿童中的发生率比在成人中更为普遍，有些受影响的儿童会随着年龄的增长而“摆脱”食物过敏。然而，食物过敏有时会成为人们终身关注的问题。食物过敏会极大地影响儿童及其家庭的健康水平。近年来的研究发现，全球范围内的食物过敏现象日益严峻，包括过敏原的数量、致敏率和流行率。

由于各个国家和研究机构都对食品过敏原都非常关注，本文将给大家介绍关于食品过敏原的最新研究进展。

1　国家和地区对过敏原的规定

如前所述，不同国家或地区对特定食物的过敏患病率存在显著差异，因此国际上不同国家和地区过敏原法规的要求有相似之处也有不同之处。具体可见本篇“全球 25 个国家/地区的过敏原清单和对比”中的内容。

2　关于过敏原的最新发现

2020 年，联合国粮食及农业组织/世界卫生组织（FAO/WHO）就食品过敏原的风险评估成立了特别专家委员会（见图 1），由来自学术界、政府和食品行业的科学家、监管者、医生和风险管理人员组成。主要的工作内容为：

（1）通过风险评估审查和验证国际食品法典委员会的优先过敏原清单（2020 年 11 月至 12 月）；

（2）审查并确定优先过敏原食品中的阈值水平（2021 年 3 月至 4 月）；

（3）审查和评估支持预防性标识的证据（2021 年 10 月）。

2021 年 5 月 10 日，该委员会工作组已经将第一阶段过敏原风险评估的结果进行了公布。基于使用了三个标准（流行率、严重程度和效力）的系统和彻底的评估，专家委员会建议将下列过敏原列为优先过敏原：

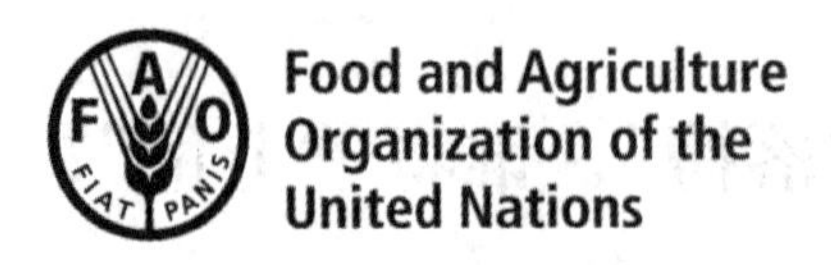

图 1　FAO/WHO 成立过敏原专家委员会

（1）含麸质谷物（即小麦和其他小麦种、黑麦和其他黑麦种、大麦和其他禾木种及其杂交品种）；

（2）甲壳类；

（3）鸡蛋；

（4）鱼；

（5）牛奶；

（6）花生；

（7）芝麻；

（8）特定树木坚果（杏仁、腰果、榛子、山核桃、开心果和核桃）。

由于缺乏有关流行率、严重程度和/或效力的数据以及某些食物的地区消费情况数据，委员会建议荞麦、芹菜、芥末、燕麦、大豆和树木坚果（巴西坚果、澳洲坚果、松子），不应被列为全球优先过敏原，但可考虑将其列入个别国家的优先过敏原清单。由于目前植物性食物和替代蛋白质来源的饮食的消费量增加，因此建议将豆类、昆虫和猕猴桃等食物列入观察名单，并在流行率、严重性和效力数据可用时重新进行风险评估。

从本次风险评估的结果来看，大豆不再作为八大过敏原了，取而代之的是芝麻。这个结论将对食品企业过敏原的管理和控制产生重要的影响。

3　中国过敏原法规和标准的最新进展

3.1　法律要求

《中华人民共和国食品安全法》第二十六条第四款规定：食品安全标准应当包括与卫生、营养等食品安全要求有关的标签、标志、说明书的要求；第三十四条第十三款规定：禁止生产经营不符合法律、法规或者食品安全标准的食品。《中华人民共和国食品安全法》中对标签和食品安全有了明确要求，过敏原属于涉及食品安全的重要管理内容。因此，如食品标签未能正确声明过敏原，将不符合《食品安全国家标准 预包装食品标签通则》（征求意见稿），生产经营该食品即属违反《中华人民共和国食品安全法》的行为。

3.2 食品安全国家标准

现行GB 7718—2011《食品安全国家标准 预包装食品标签通则》在4.4.3“致敏物质”中提出8类食品及其制品“可能导致过敏反应，如果用作配料，宜在配料表中使用易辨识的名称，或在配料表邻近位置加以提示”。同时提出：“如加工过程中可能带入上述食品或其制品，宜在配料表临近位置加以提示”。

《食品安全国家标准 预包装食品标签通则》标准于2016年11月被列入食品安全国家标准修订计划，2017年1月正式启动。2018年11月26日国家卫生健康委员会发布了新版《食品安全国家标准 预包装食品标签通则》（征求意见稿），2019年9月，食品安全国家标准审评委员会食品标签专业委员会第一次会议审查标准送审稿，并建议按照审查意见修改后提交国家卫生健康委员会，面向社会公开再次征求意见。在最新的征求意见稿中，调整了致敏物质标示的要求。食品标签标示是防止消费者食物过敏的最有效措施。为充分保障消费者知情权，标准中将致敏物质标示相关条款由推荐性标示变为了强制性标示。强制性标示的内容不仅包括致敏物质用作配料的情况，也包括生产过程中可能带入的情况。修订过程中沿用了GB 7718—2011版中规定的致敏物质目录，并规定了免于标示的配料。

如果将食品过敏原视为一种化学污染（危害），GB 14881—2013《食品安全国家标准 食品生产通用卫生规范》则从防止污染的角度对生产设备布局、材质和设计提出了原则性要求。该标准8.3.1节提出食品企业应建立防止化学污染的管理制度，分析可能的污染源和污染途径，制定适当的控制计划和控制程序。

3.3 中国HACCP认证要求

2018年5月14日，国家认证认可监督管理委员会发布了关于更新《危害分析与关键控制点（HACCP体系）认证依据》的公告（2018年第17号），将《危害分析与关键控制点（HACCP体系）认证补充要求1.0》（以下简称《补充要求》）增加为HACCP认证依据。

《补充要求》对食品企业致敏物质的管理提出了5点要求。

（1）建立并实施针对所有食品加工过程及设施的致敏物质管理方案，以最大限度减少或消除致敏物质交叉污染。

（2）对原辅料、中间品、成品、食品添加剂、加工助剂、接触材料及任何新产品开发引入的新成分进行致敏物质评估，以确定致敏物质存在的可能性，并形成文件化信息。

（3）识别致敏物质的污染途径，并对整个加工流程可能的致敏物质污染进行风险评估，避免致敏物质交叉污染。

（4）制定减少或消除致敏物质交叉污染的控制措施，并对控制措施进行确认和验证。

（5）对于产品设计所包含的致敏物质成分，或在生产中由交叉接触而引入产品的致敏物质成分，应按照工厂所在国家和目的国家的法律法规要求进行标示。

4 总结

基于风险评估，各国对食品过敏原清单的识别各有不同。从国际的食品法典委员会（CAC）专家工作组的工作成果来看，八大过敏原清单将发生更新，芝麻将取代大豆成为全球的主要过敏原之一。中国目前参考的是 CAC 的八大过敏原清单，未来是否也会随着更新，还需要该领域的专家对我国消费人群进行食物过敏流行病学的调查、分析与评估，我们拭目以待。